A. M. Grimm / Georg Hoffmann

Die geographischen Positionen Europas

A. M. Grimm/Georg Hoffmann

Die geographischen Positionen Europas

Ebertin Verlag · Freiburg im Breisgau

7. Auflage 1982
ISBN 3-87186-003-4

Gesamtherstellung: May & Co Nachf., Darmstadt.
Printed in Germany.

Vorwort zur 7. Auflage

Das vorliegende Buch enthält ein Verzeichnis der geographischen Länge und Breite von Städten in Europa und die Angabe des Zeitunterschiedes zwischen Greenwich-Zeit und Ortszeit. Damit ist eine Unterlage zur Berechnung des genauen Medium coeli (kulminierenden Punktes) und des Aszendenten (Aufgangspunkt im Osten) gegeben.

A. M. Grimm gab erstmals 1923 innerhalb seines *Lehrbuch der Astrologie* eine solche Zusammenstellung geographischer Positionen heraus. Das 1953 in unserem Verlag erschienene Buch *Die geographischen Positionen Europas* ist seit vielen Jahren vergriffen und wird hiermit erneut einem großen Interessenkreis vorgelegt.

Der Verlag hat Herrn Georg Hoffmann beauftragt, das Manuskript zu überarbeiten und auf den neuesten Stand zu bringen.

Da noch viele Menschen am Leben sind, die in den früheren deutschen Ostgebieten geboren wurden, haben wir die alten deutschen Namen beibehalten.

Der Verlag hofft, daß mit diesem ausführlichen Verzeichnis eine langjährige Lücke wieder ausgefüllt ist.

Ebertin Verlag

Vorwort zur 7. Auflage

Im Laufe der Jahre hat sich herausgestellt, daß die Positionsangaben für verschiedene Orte berichtigt werden müssen. Wir sind zahlreichen Lesern und Mitarbeitern dankbar, daß sie uns auf einige Fehler aufmerksam gemacht haben. Ich habe mich bemüht, das Buch auf den heutigen Stand zu bringen und wünsche ihm eine weitere Verbreitung.

April 1979 *Reinhold Ebertin*

Erläuterungen

Das hier vorliegende Ortsverzeichnis ist als ein bequemes Hilfsmittel zur Berechnung des Kulminierenden Punktes im Kosmogramm zu betrachten, da alle notwendigen Zeitwerte in den einzelnen Spalten angegeben sind. Dadurch wird das mühevolle Aufsuchen der einzelnen Orte in Atlanten überflüssig; außerdem sind die hier gebotenen Werte wesentlich genauer, als sie durch das Nachsuchen im Atlas gewonnen werden können.

Die Positionen wurden teils trigonometrisch, teils kartographisch bestimmt, teils geographischen und astronomischen Werken entnommen (z. B. den umfangreichen Werken von Bagay, Perthes, Vivien, Meyer, Brockhaus, Hann, Stieler und Andree). Von einer besonderen Bezeichnung eines Ortsteils (Kirche, Schulhaus, Observatorium) wurde abgesehen; im allgemeinen handelt es sich um den Mittelpunkt der Orte.

Alle Orte, die auf demselben Meridian liegen, haben zum selben Zeitpunkt Mittag und jeweils dieselben Tageszeiten. Nimmt man den Nullmeridian von Greenwich als Ausgangspunkt, wie es allgemein üblich ist, so zeigen im selben Augenblick die östlich gelegenen Orte eine bereits weiter vorgeschrittene Zeit, während die westlich gelegenen Orte der Greenwichzeit gegenüber zurückliegen. Die Differenzen betragen jeweils für 1 Längengrad = 4 Zeitminuten und für 15 Längengrade = 1 Stunde.

Diese Unterschiede werden in Abbildung 1 illustriert. Wenn es in Greenwich auf 0 Grad Länge 12 h mittags ist, dann ist es auf dem 15. Längengrad in Stargard oder Görlitz bereits 13 h, auf dem 30. Grad in Leningrad oder Kiew bereits 14 h und auf dem 45. Grad östlicher Länge in Wolgograd schon 15 h. Auf dem 15. Grad westlicher Länge, etwa auf Island, ist es aber erst 11 h. Man muß sich hierbei immer vorstellen, daß die Sonne im Osten aufgeht und demnach die östlichen Orte gegenüber den westlichen früher erreicht.

In Abbildung 2 sind Orte zwischen 4. und 20. Grad angegeben. Für diese Orte gilt die Mitteleuropäische Zeit (MEZ), die auf den 15. Grad östlicher Länge bezogen ist.

Für alle Orte auf dem 15. Längengrad stimmt die Mitteleuropäische Zeit mit der Ortszeit überein, jedoch ergeben sich für Orte westlich oder östlich dieses 15. Längengrades Differenzen zwischen MEZ und Ortszeit (OZ).

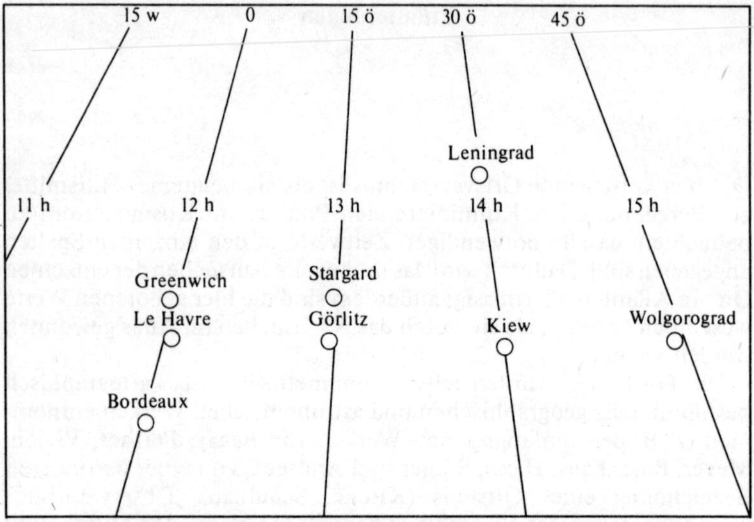

Abbildung 1

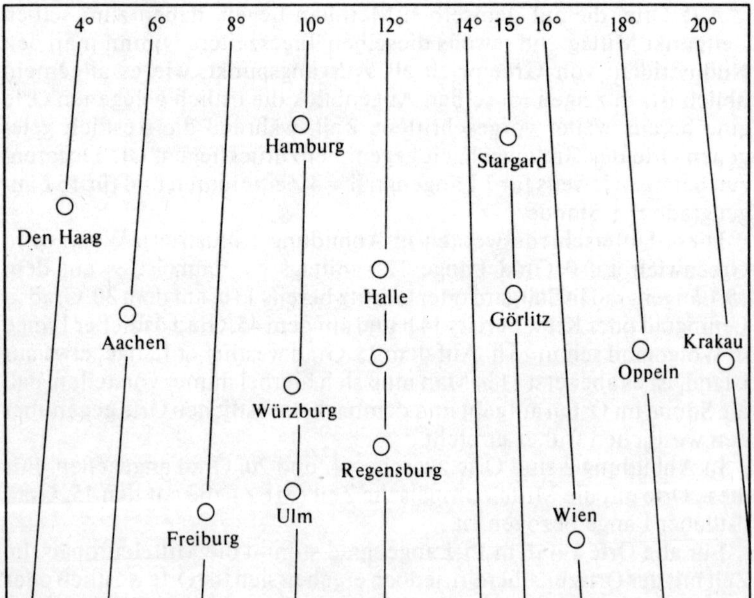

Abbildung 2

Das ergibt nun folgende Entsprechungen für MEZ, WZ und OZ:

Aachen	Hamburg	Halle
6° ö. L.	10° ö. L.	12° ö. L.
12.oo h MEZ	12.00 h MEZ	12.00 h MEZ
11.00 h WZ	11.00 h WZ	11.00 h WZ
11.24 h OZ	11.40 h OZ	11.48 h OZ
Görlitz	Oppeln	Krakau
15° ö. L.	18° ö. L.	20° ö. L.
12.00 h MEZ	12.00 h MEZ	12.00 h MEZ
11.00 h WZ	11.00 h WZ	11.00 h WZ
12.00 h OZ	12.12 h OZ	12.20 h OZ

Zur Berechnung der Ortszeit können wir von der jeweiligen Zonenzeit (MEZ) oder von der Greenwich-Zeit ausgehen. Hierzu folgende Beispiele:

Aachen ist 9° vom 15. östl. Längengrad entfernt. 9 x 4 Zeitminuten = 36 Zeitminuten. 12 h 00 m MEZ – 36 m = 11 h 24 m Ortszeit.

Aachen ist 6° vom nullten Längengrad entfernt. 6 x 4 Zeitminuten = 24 Zeitminuten. 11 h 00 m WZ + 24 m = 11 h 24 m Ortszeit.

Oppeln ist 3° vom 15. östl. Längengrad entfernt. 3 x 4 Zeitminuten = 12 Zeitminuten. 12 h 00 m MEZ + 12 m = 12 h 12 m Ortszeit.

Oppeln ist 18° vom nullten Längengrad entfernt. 18 x 4 Zeitminuten = 72 Zeitminuten. 11 h 00 m GZ + 72 m = 12 h 12 m Ortszeit.

Für die verschiedenen Zeitarten gelten folgende Abkürzungen:

OZ = Ortszeit
GZ = Greenwichzeit oder WZ = Weltzeit
SZ = Sommerzeit
ZZ = Zonenzeit
AZZ = Allgemeine Zonenzeit
LZ = Landeszeit
WEZ = Westeuropäische Zeit (0 Grad)
MEZ = Mitteleuropäische Zeit (15 Grad)
OEZ = Osteuropäische Zeit (30 Grad).

Wenn für eine Geburt die OZ angegeben ist, muß man trotzdem die WZ berechnen, weil nach dieser die Ephemeriden ausgerichtet sind.

Angenommen, es handelt sich um 8 h Ortszeit in Hamburg, so muß man - da Hamburg in 10° ö. L. liegt, 10mal 4 m = 40 m abziehen, um zur WZ zu kommen. Demnach wäre es in Greenwich erst 7 h 20 m, und die WEZ würde 8 h 20 m betragen.

Die OZ brauchen wir jeweils zur Berechnung des Kulminierenden Punktes oder des Medium coeli, die WZ zur Berechnung der Gestirne nach der Ephemeride (eine ausführliche Anleitung zur Berechnung der Geburtskonstellationen ist in dem Lehrbuch von Reinhold Ebertin *Mensch im All* enthalten).

Sehen wir uns nun die Tabellen etwas genauer an:

①	②	③	④	⑤	⑥	⑦

① = Orte, nach Alphabet geordnet
② = international übliche Abkürzungen der Ländernamen
③ = geographische Breite zur Feststellung des Aszendenten*
④ = geographische Länge
⑤ = „ö" für östliche und „w" für westliche Länge
⑥ = Zeitunterschied zwischen WZ und OZ für die geographische Länge
⑦ = Sternzeitkorrektur

Die Sternzeitkorrektur (SZK) ist so minimal, daß man sie im allgemeinen unberücksichtigt lassen kann, soweit es den mitteleuropäischen Raum angeht. Hierzu ein Beispiel:

Wenn der Kulminierende Punkt oder die Sternzeit der Geburt berechnet wird, kann man auch den Unterschied der Sternzeit einbeziehen, der innerhalb eines Tages 3′56″ beträgt. Für den Zeitunterschied von 1 h beträgt er z. B. für Görlitz 10″, so daß man ihn unberücksichtigt lassen kann.

Die Ortsnamen sind allgemein so geschrieben, wie es in Deutschland üblich ist. Zuweilen ergeben sich kleine Abweichungen, die A. M. Grimm damit erklärt, daß er die Ortsnamen verschiedenen Quellen in den verschiedenen Sprachen entnommen hat.
Die deutschen Ortsbezeichnungen in den von Fremdstaaten besetzten Gebieten sind weiter mit D=Deutschland bezeichnet, da die gegenwärtige Generation, die dort geboren wurde, ihre Geburtsorte immer noch unter den alten Bezeichnungen sucht.

* Das Medium coeli (MC) ist immer gleich, soweit die Orte auf demselben Längengrad liegen; der Aszendent (Aufgangspunkt) verschiebt sich aber der geographischen Breite entsprechend.

Abkürzung der Ländernamen

AL = Albanien
AND = Andora
B = Belgien
BG = Bulgarien
DK = Dänemark
D = Deutschland
SF = Finnland
F = Frankreich
GR = Griechenland
GB = Großbritannien
NL = Niederlande (Holland)
IRL = Irland
IS = Island
I = Italien
YO = Jugoslawien
FL = Liechtenstein
L = Luxemburg
MC = Monaco
N = Norwegen
A = Österreich
PL = Polen
P = Portugal
R = Rumänien
S = Schweden
CH = Schweiz
SU = Sowjetunion mit Baltikum*
E = Spanien
CS = Tschechoslowakei
TR = Türkei
H = Ungarn

* Sowjetunion wurde nicht in einen europäischen und asiatischen Raum geteilt, sondern das ganze Reich zusammengefaßt. Dabei konnten nur verhältnismäßig wenig Orte mit der genauen Position angegeben werden.

Ort	Land	Breite ° ' "	Länge ° ' "	ö w	Zeitunter. h m s	SZK
Aachen	D	50 46 34	6 04 32	ö	0 24 18	− 4
Aalborg	DK	57 02 46	9 55 31	ö	0 39 42	− 7
Aalen	D	48 50 16	10 05 42	ö	0 40 23	− 7
Aalesund	N	62 28 00	6 09 00	ö	0 24 36	− 4
Aarau	CH	47 23 31	8 02 00	ö	0 32 08	− 5
Aarhus	DK	56 09 00	10 12 00	ö	0 32 08	− 5
Abagaitul	SU	49 35 00	117 55 00	ö	7 51 40	−77
Abakan	SU	53 45 00	91 30 00	ö	6 06 00	−60
Abbach	D	48 55 00	12 00 00	ö	0 48 00	− 8
Abbas-Tourmau	SU	41 46 00	42 52 12	ö	2 51 29	−28
Abbazia	I	45 20 00	14 19 00	ö	0 57 16	− 9
Abbehausen	P	53 29 00	8 30 00	ö	0 34 00	− 6
Abbéville	F	50 07 05	1 49 57	ö	0 07 20	− 1
Abbeyfeale	IRL	52 23 00	9 18 00	w	0 37 12	+ 6
Abbiategrosso	I	45 16 30	8 56 48	ö	0 35 47	− 6
Abdalliar	SU	39 38 00	46 32 00	ö	3 06 08	−31
Abensberg	D	48 46 00	11 52 00	ö	0 47 28	− 8
Aberdare	GB	51 43 00	3 26 00	w	0 13 44	+ 2
Aberdeen	GB	57 08 54	2 05 07	w	0 08 20	+ 1
Aberystwith	GB	52 25 00	4 05 00	w	0 16 20	+ 3
Abingdon	GB	51 39 00	1 16 45	w	0 05 07	+ 1
Abisko	S	68 21 00	18 49 00	ö	1 15 17	−12
Abja	SU	58 06 40	25 24 30	ö	1 41 38	−17
Abo = Turko	SF	60 26 58	22 15 57	ö	1 25 49	−14
Abrantes	P	39 28 00	8 13 00	w	0 32 52	+ 5
Accrington	GB	53 45 00	2 22 00	w	0 09 28	+ 1
Accum	D	53 33 00	8 00 00	ö	0 32 00	− 5
Achern	D	48 38 00	8 04 00	ö	0 32 16	− 5
Acireale	I	37 36 00	15 10 00	ö	1 00 40	−10
Acton	GB	51 30 00	00 16 00	w	0 01 04	+ 0
Adamovo	PL	52 06 24	16 08 36	ö	1 04 34	−11
Adelsberg	A	45 46 41	14 12 45	ö	0 56 51	− 9
Adelsnäs	S	58 11 00	16 00 00	ö	1 04 00	−11
Adenau	D	50 23 30	6 56 30	ö	0 27 46	− 5
Admont	A	47 35 00	14 27 00	ö	0 57 48	− 9
Adolfsfors	S	59 48 00	12 14 00	ö	0 48 56	− 8
Adorf	D	50 19 00	12 15 00	ö	0 49 00	− 8
Adra	E	36 44 40	3 10 55	w	0 12 44	+ 2
Adrano	I	37 40 00	14 50 00	ö	0 59 20	−10
Agen	F	44 13 27	0 37 19	ö	0 02 29	− 0
Aggersöe	DK	55 15 00	11 10 00	ö	0 44 40	− 7
Aggsbach	A	48 18 00	15 25 00	ö	1 01 40	−10
Agnano	I	43 27 30	10 28 48	ö	0 41 55	− 7

Ort	Land	Breite ° ′ ″	Länge ° ′ ″	ö w	Zeitunter. h m s	SZK
Agnone	I	37 20 00	15 13 50	ö	1 00 55	−10
Agram	YU	45 49 00	15 55 00	ö	1 03 40	−10
Aguilas	E	37 23 24	1 26 55	w	0 05 48	+ 1
Ahaus	D	52 05 00	7 00 00	ö	0 28 00	− 5
Ahlen	D	51 46 00	7 53 00	ö	0 32 00	− 5
Ahlhorn	D	52 53 48	8 12 12	ö	0 32 49	− 5
Ahrweiler	D	50 32 00	7 05 00	ö	0 28 20	− 5
Ähtäri	SF	62 33 00	24 09 00	ö	1 36 36	−16
Aibling, Bad	D	47 50 00	12 00 00	ö	0 48 32	− 8
Aidos	BG	42 42 00	27 18 21	ö	1 49 13	−18
Aigina	GR	37 45 00	23 26 00	ö	1 33 44	−15
Aigion	GR	38 14 00	22 05 00	ö	1 28 20	−14
Aiguesmorth	F	43 34 00	0 04 11	ö	0 00 17	− 0
Ailly	F	49 55 12	1 11 03	ö	0 04 44	− 1
Ainazi	SU	57 52 13	24 21 30	ö	1 37 24	−16
Airolo	CH	46 31 00	8 36 00	ö	0 34 24	− 6
Aizpute	SU	56 44 00	21 37 00	ö	1 26 28	−14
Aken De	D	51 51 42	12 00 12	ö	0 48 01	− 8
Akkermanovka	SU	51 14 00	58 15 00	ö	3 53 00	−38
Akkrum	NL	53 03 00	5 51 00	ö	0 23 24	− 4
Akmolinsk	SU	51 10 00	71 30 00	ö	4 46 00	−47
Akranes	IS	64 10 00	22 06 00	w	1 28 24	+14
Akureyri	IS	65 40 00	18 06 00	w	1 12 24	+12
Alahärmä	SF	60 17 00	22 50 00	ö	1 31 20	−15
Alais	F	44 07 26	0 35 53	ö	0 26 24	− 4
Alassio	I	44 00 00	8 10 00	ö	0 32 40	− 5
Alatornio	SF	65 50 00	24 09 00	ö	1 36 36	−16
Alatri	I	41 26 30	13 21 48	ö	0 53 27	− 9
Albacete	E	39 00 25	1 55 39	w	0 07 43	+ 1
Alba-Julia	R	46 06 00	23 35 00	ö	1 34 20	−15
Albarese	I	37 33 30	13 10 48	ö	0 52 43	− 7
Alberga	S	58 45 00	16 33 00	ö	1 06 12	−11
Albergo Romobel	I	45 34 30	9 46 45	ö	0 39 07	− 6
Albertseich	D	48 01 00	12 30 00	ö	0 50 00	− 8
Albertville	F	45 40 27	6 23 35	ö	0 25 34	− 4
Albese	I	45 27 30	9 16 48	ö	0 37 07	− 6
Alby	F	43 55 44	2 08 32	ö	0 08 34	− 1
Alcala de Henares	E	40 29 00	3 22 00	w	0 13 28	+ 2
Alcoy	E	38 21 00	0 30 00	w	0 02 00	+ 0
Aldboraugh	GB	52 08 00	1 30 00	ö	0 06 00	− 1
Aldershot	GB	51 15 00	0 46 00	w	0 03 04	+ 0
Alencon	F	48 25 49	0 05 23	ö	0 00 22	− 0
Ales	F	44 07 00	4 05 00	ö	0 16 20	− 3

Ort	Land	Breite ° ′ ″	Länge ° ′ ″	ö w	Zeitunter. h m s	SZK
Alesheim	D	49 03 00	10 45 00	ö	0 43 00	− 7
Alessandria	I	44 55 00	8 37 48	ö	0 34 31	− 6
Alessano	I	39 32 15	18 22 45	ö	1 13 31	−12
Alessio	AL	41 47 30	19 41 15	ö	1 18 45	−13
Alexandria	GB	56 00 00	4 35 00	w	0 18 20	+ 3
Alexandropo	SU	40 48 00	43 49 00	ö	2 55 16	−29
Alexandroupolis	GR	40 50 00	25 51 00	ö	1 43 24	−17
Alexandrowsk	SU	44 31 00	50 08 00	ö	3 52 00	−38
Alexen	D	54 50 12	21 30 24	ö	1 26 02	−14
Alfonsine	I	44 18 30	11 13 48	ö	0 44 55	− 7
Algeberg	SU	55 17 42	21 34 00	ö	1 26 16	−14
Algeciras	E	36 07 39	5 26 58	w	0 21 48	+ 4
Alghero	I	40 33 26	8 19 12	ö	0 33 17	− 5
Alicante	E	38 20 40	0 26 07	w	0 01 44	+ 0
Alicudie	I	38 32 42	14 21 30	ö	0 57 26	− 9
Alkmaar	NL	52 37 55	4 45 09	ö	0 19 01	− 3
Allach	D	48 12 00	11 30 00	ö	0 46 00	− 8
Alland	A	48 03 00	16 04 00	ö	1 04 16	−11
Allenburg	D	54 29 00	21 15 00	ö	1 25 00	−14
Allendorf	D	51 17 00	10 00 00	ö	0 40 00	− 7
Allenstein	D	53 46 38	20 28 50	ö	1 21 55	−13
Allerheiligen	CH	47 21 00	7 49 49	ö	0 31 16	− 5
Alling	D	49 00 00	11 59 00	ö	0 47 56	− 8
Alloa	GB	56 07 00	3 47 00	w	0 15 08	+ 2
Almada	P	38 40 00	9 10 00	w	0 36 40	+ 6
Almelo	NL	52 22 00	6 38 00	ö	0 26 32	− 4
Almeria	E	36 52 30	2 31 27	w	0 10 06	+ 2
Alnar	S	55 39 00	13 05 00	ö	0 52 20	− 9
Alost	B	50 56 00	4 02 00	ö	0 16 08	− 2
Alpl	A	47 30 00	15 38 00	ö	1 02 32	−10
Alsberg	D	50 16 00	9 30 00	ö	0 38 00	− 6
Alsfeld	D	50 45 10	9 16 30	ö	0 37 06	− 6
Altastenberg	D	51 12 00	8 29 00	ö	0 33 56	− 6
Alt-Aussee	A	47 39 00	13 46 00	ö	0 55 04	− 9
Alt-Boick	D	54 08 24	15 30 00	ö	1 02 00	−10
Alt-Breisach	D	48 02 00	7 35 00	ö	0 30 20	− 5
Altdamm	D	53 23 00	14 45 00	ö	0 59 00	−10
Altdorf	D	47 45 08	9 34 15	ö	0 38 17	− 6
Altdorf	CH	46 53 00	8 39 00	ö	0 34 36	− 6
Alteburg	D	48 56 00	11 00 00	ö	0 44 00	− 7
Altena	D	51 17 39	7 40 45	ö	0 30 43	− 5
Altenbeken	D	51 44 00	8 45 00	ö	0 35 00	− 6
Altenberg	D	50 46 00	13 45 00	ö	0 55 00	− 9

Ort	Land	Breite ° ′ ″	Länge ° ′ ″	ö w	Zeitunter. h m s	SZK
Altenbruch	D	53 50 00	8 45 00	ö	0 35 00	− 6
Altenburg/Thür.	D	50 58 20	12 26 02	ö	0 49 44	− 8
Altenesch	D	53 08 00	8 35 00	ö	0 34 20	− 6
Altenessen	D	51 28 52	7 00 22	ö	0 28 01	− 5
Altengaard	N	69 55 00	23 04 36	ö	1 32 18	−15
Altenheustdorf	D	53 12 00	8 30 00	ö	0 34 00	− 6
Altenkirchen	D	50 41 00	7 39 00	ö	0 30 36	− 5
Altenmarkt	D	48 00 00	12 30 00	ö	0 50 00	− 8
Alter Berg	D	50 20 54	10 14 30	ö	0 40 58	− 7
Alt-Gleiwitz	D	50 17 54	18 37 00	ö	1 14 28	−12
Altheimerdorf	D	48 55 00	11 00 00	ö	0 44 00	− 7
Altheide	D	50 24 00	16 32 00	ö	1 06 08	−11
Altjauer	D	51 05 00	16 15 00	ö	1 05 00	−11
Altkirch	F	47 37 30	7 13 05	ö	0 28 14	− 1
Alt-Kuttendorf	D	50 20 12	17 54 36	ö	1 11 38	−12
Altona	D	53 32 45	9 56 33	ö	0 39 46	− 7
Altötting	D	48 14 00	12 45 00	ö	0 51 00	− 8
Altstadt	D	51 03 00	14 00 00	ö	0 56 00	− 9
Altstadt	D	53 28 00	20 00 00	ö	1 20 00	−13
Altstätten	CH	47 23 00	9 33 00	ö	0 38 12	− 6
Aluksere	SU	57 24 46	27 02 05	ö	1 48 08	−18
Alytus	SU	54 25 33	24 08 06	ö	1 36 32	−16
Amata	SU	57 11 07	25 20 30	ö	1 41 22	−17
Amberg	D	49 26 40	11 51 30	ö	0 47 26	− 8
Ambert	F	45 23 33	3 44 54	ö	0 15 00	− 2
Amboise	F	47 27 15	1 00 00	ö	0 04 00	− 1
Amersfoort	NL	52 10 00	5 25 00	ö	0 21 40	− 4
Amerting	D	48 35 00	10 30 00	ö	0 42 00	− 7
Amginsk	SU	61 00 00	132 20 00	ö	8 49 20	−87
Amiens	F	49 53 43	2 18 11	ö	0 09 13	− 2
Ammerfeld	D	48 49 00	11 00 00	ö	0 44 00	− 7
Amöneburg	D	50 48 00	9 00 00	ö	0 36 00	− 6
Amorbach	D	49 38 00	9 15 00	ö	0 37 00	− 6
Ampfing	D	48 15 00	12 30 00	ö	0 50 00	− 8
Amphissa	GB	38 31 00	22 22 00	ö	1 29 28	−15
Amrum	D	54 38 30	8 22 30	ö	0 33 30	− 6
Amsterdam	NL	52 22 30	4 55 09	ö	0 19 41	− 3
Amstetten	A	48 08 00	14 51 00	ö	0 59 24	−10
Anacapri	I	40 33 00	14 13 15	ö	0 56 53	− 9
Ancenis	F	47 22 01	1 10 32	w	0 05 18	+ 1
Ancona	I	43 37 29	13 30 08	ö	0 54 01	− 9
Andalsnes	N	62 34 00	7 37 00	ö	0 30 28	− 5
Andermatt	CH	46 38 00	8 35 00	ö	0 34 20	− 6

Ort	Land	Breite ° ′ ″	Länge ° ′ ″	ö w	Zeitunter. h m s	SZK
Andernach	D	50 26 26	7 24 14	ö	0 29 37	− 5
Andesnes	N	69 20 00	16 05 00	ö	1 04 20	−11
Andidjan	SU	40 45 00	72 22 00	ö	4 29 28	−48
Andorra	AND	42 30 00	1 30 00	ö	0 06 00	− 1
Andover	GB	51 13 00	1 28 15	w	0 05 53	+ 1
Andros	GR	37 50 00	24 57 00	ö	1 39 48	−16
Ange	S	62 32 00	15 39 00	ö	1 02 36	−10
Angern	CS	48 42 00	14 26 00	ö	0 57 44	− 9
Angers	F	48 28 17	0 33 19	w	0 02 13	+ 0
Angoulême	F	45 39 00	0 08 57	ö	0 00 36	− 0
Anholt	DK	56 44 16	11 39 20	ö	0 46 37	− 8
Anklam	D	53 51 27	13 41 11	ö	0 54 45	− 9
Annaberg	D	50 34 06	13 00 12	ö	0 52 01	− 9
Annecy	F	45 53 59	6 07 48	ö	0 24 31	− 4
Ansbach	D	49 18 13	10 34 20	ö	0 42 18	− 7
Antrim	GB	54 43 00	6 13 00	w	0 24 52	+ 4
Antwerpen = Anvers	B	51 12 30	4 24 42	ö	0 17 39	− 3
An Uaimh	IRL	53 39 00	6 40 00	w	0 26 40	+ 4
Anzio	I	41 27 00	12 39 00	ö	0 50 36	− 8
Aosta	I	45 44 00	7 19 48	ö	0 29 19	− 5
Apatin	YU	45 41 00	18 59 00	ö	1 15 56	−12
Apeldoorn	NL	52 13 00	5 55 00	ö	0 23 40	− 4
Apen	D	53 13 12	7 49 00	ö	0 31 16	− 5
Apice	I	41 48 15	14 44 45	ö	0 58 59	−10
Apolda	D	51 01 00	11 30 30	ö	0 46 02	− 8
Appenzell	CH	47 19 35	9 25 08	ö	0 37 41	− 6
Appleby	GB	54 34 00	2 30 00	w	0 10 00	+ 2
Apt	F	43 52 34	5 23 48	ö	0 21 35	− 4
Aquila	I	42 21 00	13 23 48	ö	0 53 35	− 9
Aquila	CH	46 30 00	8 57 00	ö	0 35 48	− 6
Aquileja	I	45 46 12	13 22 18	ö	0 53 29	− 9
Arabba	I	46 30 00	11 52 00	ö	0 47 28	− 8
Arad	R	46 10 00	21 19 00	ö	1 25 16	−14
Aranda de Duero	E	41 40 00	3 41 00	w	0 14 44	+ 2
Aralsk	SU	46 02 41	61 47 06	ö	4 07 08	−41
Aranjuez	E	40 02 30	3 36 05	w	0 14 24	+ 2
Archangelsk	SU	64 32 08	40 33 42	ö	2 42 15	−27
Arco	I	45 55 00	10 54 00	ö	0 43 36	− 7
Arendal	N	58 26 20	8 47 31	ö	0 35 10	− 6
Arendsee	D	52 53 00	11 30 00	ö	0 46 00	− 8
Arensburg	SU	58 15 10	22 57 15	ö	1 31 49	−15
Arezzo	I	43 28 00	11 53 00	ö	0 47 32	− 8
Argentan	F	48 44 43	0 01 14	w	0 00 05	+ 0

Ort	Land	Breite ° ′ ″	Länge ° ′ ″	ö w	Zeitunter. h m s	SZK
Arget	D	47 57 00	11 45 00	ö	0 47 00	− 8
Argos	GR	37 38 09	22 42 59	ö	1 30 52	−15
Argostolion	GR	38 11 00	20 29 00	ö	1 21 56	−13
Argyrokastron	AL	40 03 45	20 09 30	ö	1 20 38	−13
Aria	AL	40 31 00	19 27 30	ö	1 17 50	−13
Ariano di Puglia	I	41 54 30	14 56 48	ö	0 59 47	−10
Arkasse	GR	35 28 00	27 08 00	ö	1 48 32	−18
Arkona	P	54 40 54	13 26 15	ö	0 53 45	− 9
Arles sur Rhone	F	43 40 40	4 37 46	ö	0 18 31	− 3
Arlon	B	49 41 36	5 48 45	ö	0 23 15	− 4
Armagh	GB	54 21 13	6 38 52	w	0 26 35	+ 4
Armentieres	F	50 42 00	2 52 00	ö	0 11 28	− 2
Arneburg	D	52 41 00	12 00 00	ö	0 48 00	− 8
Arnhem	NL	51 58 47	5 54 40	ö	0 23 39	− 4
Arnsberg	D	51 23 57	8 03 53	ö	0 32 16	− 5
Arnsfeld	D	50 35 00	13 00 00	ö	0 52 00	− 9
Arnstadt	D	50 50 04	10 56 30	ö	0 43 46	− 7
Arnswalde	D	53 11 00	15 30 00	ö	1 02 00	−10
Arolsen	D	51 24 00	9 00 00	ö	0 36 00	− 6
Arosa	CH	46 47 00	9 39 00	ö	0 38 36	− 6
Arras	F	50 17 31	2 46 36	ö	0 11 06	− 2
Arsdorf	L	49 50 20	5 49 50	ö	0 23 19	− 4
Arta	GR	39 12 00	20 59 30	ö	1 23 58	−14
Artemovsk	SU	54 24 00	93 26 00	ö	6 13 44	−61
Artjärvi	SF	60 45 00	26 04 00	ö	1 44 16	−17
Aruküla	SU	59 23 20	25 03 45	ö	1 40 15	−16
Asch	CS	50 13 00	12 12 00	ö	0 48 48	− 8
Aschaffenburg	D	49 58 30	9 08 40	ö	0 36 35	− 6
Aschendorf	D	53 03 00	7 15 00	ö	0 29 00	− 5
Aschersleben	D	51 45 19	11 27 23	ö	0 45 50	− 8
Ascoli Piceno	I	42 51 00	13 34 00	ö	0 54 16	− 9
Aseri	SU	59 28 53	26 43 30	ö	1 46 54	−18
Askersund	S	58 53 00	14 54 00	ö	0 59 36	−10
Askhabad	SU	37 57 00	58 23 00	ö	3 53 32	−39
Assake	SU	40 35 05	76 19 08	ö	5 05 17	−50
Assel	D	53 41 36	9 26 15	ö	0 37 45	− 6
Assen	NL	52 59 00	6 32 00	ö	0 26 08	− 4
Assisi	I	43 04 00	12 37 00	ö	0 50 28	− 8
Assling	D	48 00 00	11 59 00	ö	0 47 56	− 8
Asso	I	45 30 30	9 22 48	ö	0 37 31	− 6
Astara	SU	38 26 00	48 55 10	ö	3 15 41	−32
Asten	D	48 06 00	12 45 00	ö	0 51 00	− 8
Asti	I	44 54 00	8 12 00	ö	0 32 48	− 5

Ort	Land	Breite ° ′ ″	Länge ° ′ ″	ö w	Zeitunter. h m s	SZK
Astrachan	SU	46 20 53	48 03 00	ö	3 12 22	−32
Aszod	H	47 39 00	19 30 00	ö	1 18 00	−13
Atens	P	53 29 00	8 30 00	ö	0 34 00	− 6
Athen	GR	37 58 12	23 43 12	ö	1 34 53	−15
Athlone	IRL	53 25 00	7 56 00	w	0 31 44	+ 5
Atina	I	41 21 15	14 47 48	ö	0 59 11	−10
Attef	D	48 01 00	12 15 00	ö	0 49 00	− 8
Attendorn	D	51 07 40	7 54 14	ö	0 31 37	− 5
Aubing	D	48 09 00	11 30 00	ö	0 46 00	− 8
Aubusson	F	45 57 22	2 10 07	ö	0 08 40	− 1
Auch	F	43 38 50	0 35 02	ö	0 02 20	− 0
Aue	D	50 34 00	12 45 00	ö	0 51 00	− 8
Auen	CH	46 54 00	8 59 00	ö	0 35 56	− 6
Auerbach/Vogtl	D	50 31 00	12 24 00	ö	0 49 36	− 8
Auerberg	D	47 45 00	10 30 00	ö	0 42 00	− 7
Auernheim	D	48 58 00	10 45 00	ö	0 43 00	− 7
Augsburg	D	48 22 20	10 54 03	ö	0 43 36	− 7
Augustenburg	D	54 56 48	9 52 15	ö	0 39 29	− 6
Augustow	PL	53 51 00	22 59 00	ö	1 31 56	−15
Augustusburg	D	50 49 00	13 00 00	ö	0 52 00	− 9
Aulendorf	D	47 59 00	9 45 00	ö	0 39 00	− 6
Aulié-Ata	SU	42 53 44	71 23 14	ö	4 45 33	−47
Auma	D	50 12 00	12 00 00	ö	0 48 00	− 8
Auray	F	47 40 00	3 01 00	w	0 12 04	+ 2
Aurich	D	53 28 11	7 28 44	ö	0 29 55	− 5
Aurillac	F	44 55 41	2 26 32	ö	0 09 46	− 2
Auschwitz = Oswiecim	PL	50 02 00	19 14 00	ö	1 16 56	−13
Aussig = Usti	CS	50 40 00	14 02 00	ö	0 56 08	− 9
Austerlitz = Slavkov	CS	49 09 00	16 52 00	ö	1 07 28	−11
Autun	F	46 56 43	4 17 57	ö	0 17 12	− 3
Auvere	SU	59 10 30	27 52 05	ö	1 51 28	−18
Auxerre	F	47 47 54	3 34 20	ö	0 14 17	− 2
Avallon	F	47 29 12	3 54 27	ö	0 15 38	− 3
Aveio	P	40 39 00	8 39 00	w	0 34 36	+ 6
Avellino	I	40 54 00	14 48 00	ö	0 59 12	−10
Avesnes	F	50 07 22	3 56 07	ö	0 15 44	− 3
Aviano	I	46 30 30	13 10 45	ö	0 52 43	− 9
Avignon	F	43 57 13	4 48 25	ö	0 19 14	− 3
Avila	E	40 36 21	4 40 00	w	0 18 40	+ 3
Avranches	F	48 41 06	1 21 51	w	0 05 27	+ 1
Axien	D	51 42 00	13 00 00	ö	0 52 00	− 9
Ayan	SU	56 27 47	138 15 22	ö	9 13 01	−91
Aylsdorf	D	51 04 42	12 07 54	ö	0 48 32	− 9

Ort	Land	Breite ° ′ ″	Länge ° ′ ″	ö w	Zeitunter. h m s	SZK
Ayr	GB	55 27 54	4 37 42	w	0 18 31	+ 3
Adrianopel	TR	41 40 42	26 33 42	ö	1 46 15	+17
Bachtel	CH	47 17 00	8 52 00	ö	0 25 28	− 6
Backnang	D	48 51 00	9 30 00	ö	0 38 00	− 6
Badajoz	E	38 52 00	6 58 00	w	0 27 52	+ 5
Badbergen	D	52 38 00	8 00 00	ö	0 32 00	− 5
Baden-Baden	D	48 45 40	8 14 30	ö	0 32 58	− 5
Baden b. Wien	A	48 00 42	16 14 12	ö	1 04 57	−11
Baden	CH	47 28 00	8 19 00	ö	0 33 16	− 5
Bagnères de Bigorre	F	43 03 54	0 08 48	ö	0 00 35	− 0
Bagni di Boretta	I	44 54 15	11 09 48	ö	0 44 39	− 7
Bagnone	I	43 12 15	12 06 45	ö	0 48 27	− 8
Bahn	D	53 07 00	14 42 00	ö	0 58 48	−10
Baia-Mara	R	47 40 00	23 35 00	ö	1 34 20	−15
Baierbrunn	D	48 00 00	11 30 00	ö	0 46 00	− 8
Baierfeld	D	48 48 00	10 45 00	ö	0 43 00	− 7
Baja	H	46 11 00	18 57 00	ö	1 15 48	−12
Baku	SU	40 25 00	49 50 10	ö	3 19 21	−33
Balaklava	SU	44 30 00	33 35 00	ö	2 14 20	−22
Balassagyarmat	H	48 04 00	19 18 00	ö	1 17 12	−13
Baldenburg	D	53 53 00	16 45 00	ö	1 07 00	−11
Balingen	D	48 16 00	8 51 00	ö	0 35 24	− 6
Ballenstedt	D	51 34 12	11 13 10	ö	0 44 53	− 7
Ballie	D	53 50 00	9 00 00	ö	0 36 00	− 6
Ballinaloe	IRL	53 20 00	8 14 00	w	0 32 56	+ 5
Ballum	D	55 05 31	8 39 30	ö	0 34 38	− 6
Ballymena	GB	54 52 00	6 17 00	w	0 25 08	+ 4
Balti	R	47 46 00	27 55 00	ö	1 51 40	−18
Baltimore	IRL	51 27 00	9 25 57	w	0 37 44	+ 6
Baltischki	SU	59 22 15	24 05 10	ö	1 36 21	−16
Balzers	FL	47 05 15	9 30 40	ö	0 38 03	−06
Bamberg	D	49 53 06	10 53 24	ö	0 43 34	− 7
Banbridge	GB	54 21 00	6 16 00	w	0 25 04	+ 4
Banff	GB	57 40 00	2 32 00	w	0 10 08	+ 2
Bangor	GB	53 13 00	4 07 30	w	0 16 30	+ 3
Banja Luka	YU	44 46 00	17 11 00	ö	1 08 44	−11
Banki = Krasnogorsk	SU	55 50 00	37 19 00	ö	2 29 16	−24
Banska Stiavnica	CS	48 28 00	18 54 00	ö	1 15 36	−12
Bantry	IRL	51 41 00	9 27 00	w	0 37 48	+ 6
Bantschikowo	SU	58 01 00	108 39 00	ö	7 14 36	−71
Baranowicze	PL	53 08 00	26 00 00	ö	1 44 00	−17

Ort	Land	Breite ° ′ ″	Länge ° ′ ″	ö w	Zeitunter. h m s	SZK
Barbezicux	F	45 28 24	0 09 18	w	0 00 37	+ 0
Barcelona	E	41 24 02	2 10 08	ö	0 08 35	− 1
Barchfeld	D	50 48 42	10 19 24	ö	0 41 18	− 7
Bardenfleth	D	53 14 00	8 30 00	ö	0 34 00	− 6
Bärenstein	D	50 48 00	13 45 00	ö	0 55 00	− 9
Barfleur	F	49 40 18	1 15 15	w	0 05 01	+ 1
Bargtheide	D	53 44 00	10 15 00	ö	0 41 00	− 7
Bari	I	41 10 00	17 07 57	ö	1 08 32	−11
Barkhausen	D	52 16 06	8 54 36	ö	0 35 38	− 6
Bar le Duc	F	48 46 08	5 09 34	ö	0 20 38	− 3
Barletta	I	41 11 30	15 56 48	ö	1 03 47	−10
Barmen	D	51 16 21	7 11 55	ö	0 28 48	− 5
Barnes	GB	51 29 00	0 15 00	w	0 01 00	+ 0
Barnet	GB	51 40 00	0 11 00	ö	0 00 44	− 0
Barnstorf	D	52 43 00	8 30 00	ö	0 34 00	− 6
Barnsley	GB	53 53 00	1 29 00	w	0 05 56	+ 1
Barnstaple	GB	51 06 00	4 04 00	w	0 16 16	+ 3
Barrehead	GB	55 48 00	4 24 00	w	0 17 36	+ 3
Barrow-in-Furness	GB	54 07 00	3 14 00	w	0 12 56	+ 2
Barry	GB	51 25 00	3 16 00	w	0 13 04	+ 2
Barssel	D	53 10 00	7 45 00	ö	0 31 00	− 5
Bartenstein	D	54 15 11	20 48 44	ö	1 23 15	−14
Barth	D	54 21 54	12 46 06	ö	0 51 04	− 8
Barvas	GB	58 21 00	6 31 00	w	0 26 04	+ 4
Bärwalde	D	53 44 00	16 23 00	ö	1 05 32	−11
Basel	CH	47 33 37	7 35 30	ö	0 30 22	− 5
Bassano	I	45 45 45	11 43 56	ö	0 46 56	− 8
Bassel	D	53 10 00	7 30 00	ö	0 30 00	− 5
Bassum	D	52 51 00	8 45 00	ö	0 35 00	− 6
Bastad	S	56 26 00	12 51 00	ö	0 51 24	− 8
Bath	GB	51 21 00	2 21 00	w	0 09 24	+ 2
Bathgate	GB	55 54 00	3 38 00	w	0 14 32	+ 2
Battin	D	51 46 00	13 00 00	ö	0 52 00	− 9
Baume les Dames	F	47 22 09	6 21 30	ö	0 25 26	− 4
Bauska	SU	56 24 00	24 10 00	ö	1 36 40	−16
Bautsch	CS	49 48 00	17 37 00	ö	1 10 28	−12
Bautzen	D	51 11 10	14 25 40	ö	0 57 43	− 9
Bayeux	F	49 16 35	0 42 17	w	0 02 49	+ 0
Bayonne	F	43 29 29	1 28 47	w	0 05 55	+ 1
Bayreuth	D	49 56 40	11 34 40	ö	0 46 19	− 8
Bazardjik	BG	43 34 17	27 53 50	ö	1 51 35	−18
Bazas	F	44 25 37	0 12 42	w	0 00 51	+ 0
Beachy Head	GB	50 44 24	0 15 15	ö	0 01 01	− 0

Ort	Land	Breite ° ′ ″	Länge ° ′ ″	ö w	Zeitunter. h m s	SZK
Beatenberg	CH	46 42 00	7 48 00	ö	0 31 12	− 5
Beaufort	L	49 49 00	6 18 00	ö	0 25 12	− 4
Beaune	F	47 01 29	4 50 13	ö	0 19 21	− 3
Beauvais	F	49 26 00	2 07 51	ö	0 08 31	− 1
Bebra	D	51 00 00	9 45 00	ö	0 39 00	− 6
Bechlin	D	52 56 00	12 45 00	ö	0 51 00	− 8
Beckerich	L	49 44 00	5 52 15	ö	0 23 29	− 4
Bedburg	D	50 59 57	6 34 36	ö	0 26 18	− 4
Bedford	GB	52 08 00	0 32 30	ö	0 02 10	− 0
Bedretto	CH	46 30 00	8 30 00	ö	0 34 00	− 6
Beelitz	D	52 13 00	12 58 00	ö	0 51 52	− 8
Beeskow	D	52 11 00	14 15 00	ö	0 57 00	− 9
Behrensen	D	52 07 30	9 28 48	ö	0 37 55	− 6
Beilngries	D	49 02 00	11 15 00	ö	0 45 00	− 7
Beja	PL	38 01 00	7 52 00	w	0 31 28	+ 5
Bek Budi	SU	38 50 00	65 48 00	ö	4 23 12	−43
Békés-Csaba	H	46 11 00	21 05 00	ö	1 24 20	−14
Bela Crkva	YU	44 54 00	21 25 00	ö	1 25 40	−14
Belchenberg	D	47 49 00	7 45 00	ö	0 31 00	− 5
Belfast	IRL	54 34 00	5 55 00	w	0 23 40	+ 4
Belfort	F	47 38 13	6 51 54	ö	0 27 28	− 5
Belforte	I	45 48 15	8 28 48	ö	0 33 55	− 6
Belgard	D	54 00 24	15 59 37	ö	1 03 58	−10
Belgern	D	51 29 00	13 15 00	ö	0 53 00	− 9
Belgioso	I	45 54 30	8 21 45	ö	0 33 27	− 5
Belgorod	SU	50 36 00	36 34 00	ö	2 26 16	−24
Belgrad = Beograd	YU	44 47 57	20 29 27	ö	1 21 58	−13
Bellac	F	46 07 23	1 02 50	ö	0 04 11	− 1
Bellano	I	46 12 30	9 21 48	ö	0 37 27	− 6
Belle-Isle	F	47 17 18	3 04 45	w	0 12 19	+ 2
Belley	F	45 45 28	5 41 19	ö	0 22 45	− 4
Belling	D	53 33 36	13 57 48	ö	0 55 51	− 9
Bellinzona	CH	46 11 20	9 01 10	ö	0 36 05	− 6
Bellshill	GB	45 49 00	4 01 00	w	0 16 04	+ 3
Belluno	I	46 07 59	12 12 53	ö	0 48 52	− 8
Belomorsk	SU	64 32 00	34 48 00	ö	2 19 12	−23
Belrock	GB	56 26 00	2 22 57	w	0 09 32	+ 2
Bembridge	GB	50 40 12	1 03 09	w	0 04 13	+ 1
Bender	FL	47 12 30	9 30 20	ö	0 38 01	− 6
Benediktbeuren	D	47 13 00	11 30 00	ö	0 46 00	− 8
Benevento	I	41 08 00	14 47 00	ö	0 59 11	−10
Bensberg	D	50 58 00	7 10 00	ö	0 28 40	− 4
Bensheim	D	49 40 50	8 37 20	ö	0 34 29	− 6

Ort	Land	Breite ° ′ ″	Länge ° ′ ″	ö w	Zeitunter. h m s	SZK
Benska Bystrica	CS	48 45 00	19 08 00	ö	1 16 32	−13
Bentheim	D	52 19 00	7 15 00	ö	0 29 00	− 5
Berat	AL	40 42 30	19 56 47	ö	1 19 47	−13
Berchtesgaden	D	47 38 00	13 00 00	ö	0 52 00	− 9
Berdichef	SU	49 55 00	28 35 00	ö	1 54 20	−19
Berdum	D	53 38 00	7 45 00	ö	0 31 00	− 5
Beregszasz	H	48 13 00	22 38 00	ö	1 30 32	−15
Berent	PL	54 07 00	17 59 00	ö	1 11 56	−12
Berettyó-Ujfalu	H	47 13 00	21 32 00	ö	1 26 08	−14
Berezof	SU	63 56 00	65 05 00	ö	4 20 21	−43
Bergamo	I	45 41 55	9 41 03	ö	0 38 44	− 6
Bergedorf	D	53 28 47	10 14 26	ö	0 40 58	− 7
Bergen/Dumme	D	52 54 00	11 06 00	ö	0 44 24	− 7
Bergen/Hanau	D	50 09 05	8 44 30	ö	0 34 58	− 6
Bergen/Rügen	D	54 25 08	13 26 15	ö	0 53 45	− 9
Bergen/Vogtl.	D	50 27 30	12 16 40	ö	0 49 07	− 8
Bergen	N	60 23 54	5 18 11	ö	0 21 13	− 3
Bergen op Zoom	NL	51 29 41	4 17 19	ö	0 17 09	−03
Bergerac	F	44 51 08	0 29 04	ö	0 01 56	− 0
Berggiesshübel	D	50 53 00	14 00 00	ö	0 56 00	− 9
Bergheim/Dillingen	D	48 38 00	10 30 00	ö	0 42 00	− 7
Bergheim/Erft.	D	50 57 00	6 38 00	ö	0 26 32	− 4
Bergisch Gladbach	D	50 59 00	7 08 00	ö	0 28 32	− 5
Bergovetz	BG	43 14 28	23 07 45	ö	1 32 31	−15
Bergstettin	D	48 48 00	10 45 00	ö	0 43 00	− 7
Berleburg	D	51 03 00	8 20 00	ö	0 33 20	− 5
Berlin	D	52 30 00	13 30 00	ö	0 54 00	− 9
Alte Sternwarte		52 31 13	13 23 36	ö	0 53 35	− 9
Neue Sternwarte		52 30 17	13 23 42	ö	0 53 35	− 9
Rathaus		52 31 12	13 24 37	ö	0 53 38	− 9
Reichstag		52 31 13	13 22 41	ö	0 53 31	− 9
Schloß		52 31 06	13 24 09	ö	0 53 37	− 9
Urania		52 31 13	13 21 51	ö	0 53 28	− 9
Babelsberg		52 24 24	13 06 22	ö	0 52 25	− 9
Charlottenburg		52 30 49	13 20 08	ö	0 53 21	− 9
Dahlem		52 27 36	13 17 18	ö	0 53 09	− 9
Friedenau		52 28 23	13 19 49	ö	0 53 19	− 9
Friedrichshagen		52 27 08	13 37 36	ö	0 54 30	− 9
Grunewald		52 29 20	13 16 50	ö	0 53 07	− 9
Lankwitz		52 26 25	12 21 21	ö	0 53 25	− 9
Lichterfelde		52 25 51	13 18 03	ö	0 53 12	− 9
Ober Schöneweide		52 28 00	13 31 00	ö	0 54 04	− 9
Mariendorf		52 26 27	13 23 20	ö	0 53 33	− 9

Ort	Land	Breite ° ′ ″	Länge ° ′ ″	ö w	Zeitunter. h m s	SZK
Pankow		52 34 20	13 24 39	ö	0 53 39	− 9
Reinickendorf		52 35 00	13 20 00	ö	0 53 20	− 9
Rixdorf		52 28 25	13 26 36	ö	0 53 46	− 9
Schmargendorf		52 28 58	13 17 37	ö	0 53 10	− 9
Schöneberg		52 29 04	13 21 05	ö	0 53 24	− 9
Steglitz		52 27 27	13 19 12	ö	0 53 17	− 9
Tempelhof		52 27 54	13 23 06	ö	0 53 32	− 9
Wilmersdorf		52 29 11	13 19 34	ö	0 53 18	− 9
Zehlendorf		52 26 13	13 15 42	ö	0 53 03	− 9
Berloch	D	48 06 00	11 30 00	ö	0 46 00	− 8
Bern	CH	46 57 09	7 26 15	ö	0 29 45	− 5
Bernay	F	49 05 32	0 35 53	ö	0 02 24	− 0
Bernburg	D	51 47 31	11 45 04	ö	0 47 16	− 8
Berne	D	53 11 00	8 30 00	ö	0 34 00	− 6
Bernhardin	CH	46 30 00	9 10 00	ö	0 36 40	− 6
Bernikow	P	52 58 48	14 27 36	ö	0 57 50	−10
Berninglauken	D	54 36 48	22 33 36	ö	1 30 14	−15
Bernkastel	D	49 55 00	7 06 00	ö	0 28 24	− 5
Bernstadt/Sachs.	D	51 03 00	14 45 00	ö	0 59 00	−10
Bernstadt/schles.	D	51 08 00	17 30 00	ö	1 10 00	−12
Berolsheim	D	49 01 00	10 45 00	ö	0 43 00	− 7
Beroun	CS	49 57 00	14 04 00	ö	0 56 16	− 9
Berry Head	GB	50 25 00	3 28 15	w	0 13 53	+ 2
Bersenbrück	D	52 53 00	8 00 00	ö	0 32 00	− 5
Bertinovo	I	44 12 30	12 20 45	ö	0 49 23	− 8
Bertrange	L	49 36 25	6 03 00	ö	0 24 12	− 4
Bertsdorf	D	50 53 00	14 45 00	ö	0 59 00	−10
Berwick	GB	55 46 21	1 59 41	w	0 07 59	+ 1
Besancon	F	47 14 59	5 59 17	ö	0 23 57	− 4
Besigheim	D	49 00 00	9 15 00	ö	0 37 00	− 6
Bethan	D	51 40 00	13 00 00	ö	0 52 00	− 9
Bethune	F	50 31 58	2 38 16	ö	0 10 38	− 2
Bettembourg	L	49 32 15	6 06 00	ö	0 24 24	− 4
Betzdorf/Sieg	D	50 48 00	7 53 00	ö	0 31 32	− 5
Beuthen/Oberschles.	D	50 20 53	18 55 33	ö	1 15 42	−12
Beuthen/Oder	D	51 44 00	15 50 00	ö	1 03 20	−11
Beutnersdorf	D	53 54 18	21 00 18	ö	1 24 01	−14
Bevergen	D	52 17 00	7 30 00	ö	0 30 00	− 5
Bevers	CH	46 33 00	9 53 00	ö	0 39 32	− 7
Beverungen	D	51 40 00	9 15 00	ö	0 37 00	− 6
Beyailiai	SU	55 48 53	24 40 05	ö	1 38 40	−16
Beyersdorf	D	51 40 00	9 30 00	ö	0 38 00	− 6
Beziers	F	43 20 31	3 08 58	ö	0 12 36	− 2

Ort	Land	Breite ° ′ ″	Länge ° ′ ″	ö w	Zeitunter. h m s	SZK
Bialla	D	53 36 00	22 00 00	ö	1 28 00	−14
Bialystock	PL	53 08 00	23 10 00	ö	1 32 40	−15
Biarritz	F	43 28 00	1 34 00	w	0 06 16	+ 1
Biberach	D	48 07 00	9 45 00	ö	0 39 00	− 6
Biburg	D	49 02 00	11 15 00	ö	0 45 00	− 7
Bie	S	59 05 00	16 13 00	ö	1 04 52	−11
Biebrich	D	50 03 00	8 15 00	ö	0 33 00	− 5
Biedenkopf	D	50 55 00	8 30 00	ö	0 34 00	− 6
Biel	CH	47 09 00	7 14 00	ö	0 28 56	− 5
Bielau	D	51 18 00	16 00 00	ö	1 04 00	−11
Bielefeld	D	52 01 21	8 31 59	ö	0 34 08	− 6
Bielitz = Bielsco	PL	49 49 36	19 03 24	ö	1 16 14	−13
Biella	I	45 34 00	8 01 48	ö	0 32 07	− 5
Biendorf	D	54 04 00	11 45 00	ö	0 47 00	− 8
Biene	D	52 35 30	7 19 42	ö	0 29 19	− 5
Bilbao	E	43 20 12	2 53 35	w	0 11 34	+ 2
Bilnitz	CS	49 05 00	18 01 00	ö	1 12 04	−12
Binasco	I	45 12 15	9 15 45	ö	0 37 03	− 6
Bingen	D	49 58 59	8 00 00	ö	0 32 00	− 5
Birkenfeld	D	49 38 59	7 10 30	ö	0 28 42	− 5
Birkenhead	GB	53 23 01	3 03 01	w	0 12 12	+ 2
Birkfeld	A	47 21 58	15 40 59	ö	1 02 44	−10
Birmingham	GB	52 28 01	1 51 58	w	0 07 28	+ 1
Birr Castle	IRL	53 05 47	7 45 13	w	0 31 41	+ 5
Birobidjan	SU	48 47 59	132 57 00	ö	8 51 48	−87
Birstein	D	50 21 02	9 14 58	ö	0 37 00	− 6
Birzai	SU	56 12 15	24 48 10	ö	1 39 13	−16
Bischofsburg	D	53 52 58	21 00 00	ö	1 24 00	−14
Bischofswerda	D	51 09 01	14 15 02	ö	0 57 00	− 9
Bischofswerder	D	53 29 57	19 26 58	ö	1 17 48	−13
Bisgarden	S	63 02 03	16 37 56	ö	1 06 32	−11
Bismantova	I	44 15 30	10 16 48	ö	0 41 07	− 7
Bissen	L	49 46 50	6 03 50	ö	0 24 15	− 4
Bistritz	CS	49 24 05	17 39 58	ö	1 10 40	−12
Biswang	D	48 55 59	10 59 57	ö	0 44 00	− 7
Bitburg	D	49 57 54	6 30 42	ö	0 26 03	− 4
Bitolj = Monastir	YU	14 03 02	21 19 03	ö	1 25 16	−14
Bitsch	F	49 03 10	7 25 40	ö	0 29 43	− 5
Bitterfeld	D	51 37 30	12 19 53	ö	0 49 20	− 8
Bjärka-Saby	S	58 15 59	15 45 03	ö	1 03 00	−10
Björn	S	60 38 02	17 57 58	ö	1 11 52	−12
Bjuraker	S	61 52 03	16 33 55	ö	1 06 16	−11
Bjuröklubb	S	64 28 59	21 35 05	ö	1 26 20	−14

Ort	Land	Breite ° ′ ″	Länge ° ′ ″	ö w	Zeitunter. h m s	SZK
Blackburn	GB	53 45 01	2 27 56	w	0 09 52	+ 2
Black-Head	GB	50 01 12	0 53 45	w	0 03 35	+ 1
Blackpool	GB	53 48 59	3 03 01	w	0 12 12	+ 2
Blackrock	IRL	53 18 03	6 10 03	w	0 24 40	+ 4
Blanc	F	46 37 47	1 03 28	ö	0 04 14	− 1
Blanj	AL	41 29 56	19 37 30	ö	1 18 30	−13
Blankenberghe	B	51 19 03	3 07 56	ö	0 12 32	− 2
Blankenburg	D	51 47 16	10 57 23	ö	0 43 50	− 7
Blarney	IRL	51 56 03	8 34 02	w	0 34 16	+ 6
Blasenau	D	48 49 57	10 59 58	ö	0 44 00	− 7
Blaubeuren	D	48 24 58	9 47 00	ö	0 39 08	− 6
Blaye	F	45 07 43	0 40 05	w	0 02 40	+ 0
Bleckendorf	D	54 16 58	10 45 05	ö	0 43 00	− 7
Bleddin	D	51 38 57	12 44 55	ö	0 51 00	− 8
Bleesern	D	51 40 59	12 30 05	ö	0 50 00	− 8
Bleiberg	A	46 37 01	13 40 59	ö	0 54 44	− 9
Blenheim	GB	50 01 12	5 03 45	w	0 20 15	+ 3
Blexen	D	53 32 56	8 30 58	ö	0 34 00	− 6
Blois	F	47 35 20	1 20 07	ö	0 05 20	− 1
Bludenz	A	47 10 03	9 47 48	ö	0 39 12	− 6
Bobriki = Stalingrad	SU	54 03 58	38 15 03	ö	2 33 00	−25
Bobritsch	D	50 33 57	13 29 58	ö	0 54 00	− 9
Bobruysk	SU	43 08 57	29 13 58	ö	1 56 56	−29
Boccum	D	53 35 03	6 44 57	ö	0 27 00	− 4
Bochmia	PL	49 58 05	20 25 58	ö	1 21 44	−13
Bocholt	D	51 50 22	6 36 52	ö	0 26 27	− 4
Bochum	D	51 29 01	7 13 17	ö	0 28 53	− 5
Bockau	D	50 31 58	12 45 03	ö	0 51 00	− 8
Bockendorf	D	50 55 57	13 14 55	ö	0 53 00	− 9
Bockhorn	D	53 23 58	7 59 57	ö	0 32 00	− 5
Bodenbach = Podmolky	CS	50 45 59	14 12 58	ö	0 56 52	− 9
Bodenteich	D	52 49 58	8 29 59	ö	0 34 00	− 6
Bodo	N	67 16 57	14 22 58	ö	0 57 32	−10
Bogschütz	D	51 15 12	17 23 57	ö	1 09 36	−11
Bogsolowsk	SU	59 44 58	60 00 59	ö	4 00 04	−39
Bohlschau	PL	54 36 24	18 10 54	ö	1 12 44	−12
Böhmisch Aicha	CS	50 39 39	15 00 00	ö	1 00 00	−10
Böhmisch Brod	CS	50 03 57	14 51 57	ö	0 59 28	−10
Böhmisch Leipa	CS	50 40 59	14 31 58	ö	0 58 08	−10
Bohnsack	D	54 20 48	18 51 12	ö	1 15 25	−12
Boitwarden	D	53 20 57	8 29 18	ö	0 33 57	− 6
Boitzenburg	D	53 21 58	10 44 58	ö	0 43 00	− 7
Bolcherietz	SU	55 55 30	156 50 10	ö	10 27 21	-103

Ort	Land	Breite ° ′ ″	Länge ° ′ ″	ö w	Zeitunter. h m s	SZK
Bollerup	S	55 29 58	14 02 59	ö	0 56 12	− 9
Bollstadt	D	48 44 59	10 30 05	ö	0 42 00	− 7
Bologna	I	44 29 52	11 20 43	ö	0 45 23	− 7
Bolton	GB	53 35 59	2 25 00	w	0 09 44	+ 2
Bolvi	SU	57 06 40	27 15 45	ö	1 49 03	−18
Bondeno	I	44 33 15	10 58 48	ö	0 43 55	− 7
Bonhill	GB	55 58 59	4 33 58	w	0 18 16	− 3
Bonn	D	50 43 45	7 05 48	ö	0 28 23	− 5
Bonneville	F	46 04 32	6 34 22	ö	0 26 17	− 4
Bonni	F	46 57 59	2 00 00	w	0 08 00	+ 1
Boppard	D	50 13 54	7 35 37	ö	0 30 22	− 5
Borack	D	51 24 58	13 15 05	ö	0 53 00	− 9
Boras	S	57 42 58	12 55 59	ö	0 51 44	− 9
Borbeck	D	51 28 32	6 54 02	ö	0 27 48	− 5
Bordeaux	F	44 50 07	0 31 38	w	0 02 07	+ 0
Borga = Porvo	SF	60 22 00	25 43 45	ö	1 42 40	−17
Borgholm	S	56 52 58	16 38 59	ö	1 06 36	−11
Borghorst	D	52 08 05	7 30 05	ö	0 30 00	− 5
Borgo San Siro	I	45 32 15	11 10 48	ö	0 44 43	− 7
Borgotaro	I	47 17 45	10 03 45	ö	0 40 15	− 7
Boritz	D	51 16 55	13 29 58	ö	0 54 00	− 9
Borizow	SU	54 15 05	28 30 55	ö	1 54 04	−19
Borken	D	51 50 59	6 51 57	ö	0 27 28	− 5
Borkum	D	53 34 48	6 42 48	ö	0 26 51	− 4
Bormio	I	46 17 15	9 58 46	ö	0 39 55	− 7
Borna	D	51 07 30	12 30 10	ö	0 50 01	− 8
Borodino	SU	55 28 58	35 49 58	ö	2 23 20	−24
Borognontsy	SU	62 34 55	131 06 05	ö	8 44 24	−86
Borrowstounness	GB	56 00 59	3 35 56	w	0 14 24	+ 2
Borssum	D	53 21 30	7 15 06	ö	0 29 00	− 5
Borszczow	PL	48 47 56	26 02 58	ö	1 44 12	−17
Bösewig	D	51 45 58	12 44 59	ö	0 51 00	− 8
Bothkamp	D	54 12 10	10 07 48	ö	0 40 31	− 7
Botosani	R	47 44 55	26 39 58	ö	1 46 40	−17
Bottrop	D	51 30 00	6 25 00	ö	0 25 00	− 5
Böttstein	CH	47 33 59	8 12 57	ö	0 32 52	− 4
Boulaide	L	49 29 59	5 47 56	ö	0 23 12	− 4
Boulogne sur mer	F	50 43 33	1 36 45	ö	0 06 27	− 1
Bourg-en-Presse	F	46 12 21	5 03 38	ö	0 20 15	−03
Bourganëuf	F	45 57 14	1 45 20	ö	0 07 01	− 1
Bourges	F	47 04 59	2 23 53	ö	0 09 36	− 2
Boxberg	D	49 26 58	9 44 55	ö	0 39 00	− 6
Bozen = Bolzano	I	46 29 58	11 22 57	ö	0 45 32	− 8

Ort	Land	Breite ° ′ ″	Länge ° ′ ″	ö w	Zeitunter. h m s	SZK
Bra	I	44 40 30	7 51 48	ö	0 31 27	− 5
Brake U-Weser	D	53 19 58	8 29 55	ö	0 34 00	− 6
Brackenheim	D	49 05 00	9 00 00	ö	0 36 00	− 6
Bradford	GB	53 47 58	1 44 55	w	0 07 00	+ 1
Braga	P	41 32 57	8 24 56	w	0 33 40	+ 5
Braganza	P	41 48 59	6 44 55	w	0 29 00	+ 5
Braggio	CH	46 17 58	9 06 57	ö	0 36 28	− 6
Braila	R	45 16 36	27 57 57	ö	1 51 52	−18
Bramsche	D	52 24 58	8 00 02	ö	0 32 00	− 5
Brand/Sachsen	D	50 51 55	13 18 59	ö	0 53 16	− 9
Brand/Schlesien	D	50 16 57	16 32 57	ö	1 06 12	−11
Brandenburg	D	52 24 37	12 33 47	ö	0 50 15	− 8
Brandvold	N	68 48 58	18 10 05	ö	1 12 40	−12
Branna	CS	50 36 58	15 32 55	ö	1 02 16	−10
Brasov = Kronstadt	R	45 38 56	25 34 57	ö	1 42 20	−17
Bratislava	CS	48 08 00	17 06 00	ö	1 08 24	−11
Brattendorf	D	50 24 59	10 44 58	ö	0 43 00	− 7
Brattkärr	S	58 07 58	11 41 59	ö	0 46 48	− 8
Braunau	A	48 14 55	13 03 30	ö	0 52 14	− 9
Bräunlingen	D	47 44 55	8 27 58	ö	0 33 52	− 6
Braunsberg	D	54 22 58	19 49 37	ö	1 19 18	−13
Braunschweig	D	52 16 10	10 31 16	ö	0 42 05	− 7
Braunwald	CH	46 55 57	8 58 57	ö	0 35 56	− 6
Bray	IRL	53 11 58	6 04 55	w	0 25 40	+ 4
Brecon	GB	51 56 59	3 22 30	w	0 13 20	+ 2
Breda	NL	51 35 22	4 46 33	ö	0 19 06	− 3
Bregenz	A	47 30 29	9 46 34	ö	0 39 06	− 6
Breitenberg	D	53 55 57	9 44 58	ö	0 39 00	− 6
Brembate di Sott.	I	45 27 59	10 07 45	ö	0 40 31	− 7
Bremen	D	53 04 36	8 48 42	ö	0 35 15	− 6
Bremerhaven	D	53 32 45	8 34 49	ö	0 34 19	− 6
Bremervörde	D	53 28 57	9 07 45	ö	0 36 31	− 6
Bremö	S	62 12 59	17 43 56	ö	1 10 56	−12
Breno	I	43 33 55	9 34 48	ö	0 38 19	− 6
Brescia	I	45 32 19	10 13 18	ö	0 40 53	− 7
Breslau	D	51 06 57	17 02 11	ö	1 08 09	−11
Bressanone	I	46 40 45	11 37 10	ö	0 46 29	− 8
Bressuire	F	46 50 33	0 29 34	w	0 01 58	+ 0
Brest	F	48 23 22	4 29 32	w	0 17 58	+ 3
Breteuil	F	48 49 48	2 13 13	ö	0 08 53	− 1
Brévine, la	CH	46 58 55	6 37 59	ö	0 26 32	− 4
Brezinek	CS	49 39 59	16 46 56	ö	1 07 08	−11
Briancon	F	44 53 57	6 38 30	ö	0 26 34	− 4

Ort	Land	Breite ° ′ ″	Länge ° ′ ″	ö w	Zeitunter. h m s	SZK
Bricon	F	48 05 05	5 01 10	ö	0 20 05	− 3
Bridgewater	GB	51 07 42	2 59 39	w	0 11 59	+ 2
Bridport	GB	50 42 10	2 46 04	w	0 11 04	+ 2
Brieg	D	50 51 46	17 28 21	ö	1 09 53	−11
Brielle	NL	51 54 11	4 09 47	ö	0 16 39	− 3
Brighton	GB	50 48 57	0 07 05	w	0 28 00	− 0
Brillon	D	51 23 44	8 34 06	ö	0 34 16	− 6
Brindisi	I	40 38 57	17 59 30	ö	1 11 58	−12
Brinkum	D	53 00 59	8 44 55	ö	0 35 00	− 6
Brioude	F	45 17 39	3 23 02	ö	0 13 32	− 2
Bristol	GB	51 27 06	2 35 05	w	0 10 20	+ 2
Britz	D	52 51 55	13 44 58	ö	0 55 00	− 9
Brive = La Gaillarde	F	45 09 34	1 31 54	ö	0 06 08	− 1
Brockwitz	D	51 07 57	13 29 56	ö	0 54 00	− 9
Bromberg = Bygdoszcz	PL	53 07 27	18 00 57	ö	1 12 04	−12
Bromley	GB	51 24 59	0 01 00	ö	0 00 04	− 0
Bruchköbel	D	50 10 58	8 59 55	ö	0 36 00	− 6
Bruchsal	D	49 07 30	8 35 50	ö	0 34 23	− 6
Bruck	D	48 09 55	11 14 55	ö	0 45 00	− 7
Bruck/Leitha	A	48 01 05	16 47 12	ö	1 07 09	−11
Bruck/Mur	A	47 25 10	15 16 55	ö	1 01 08	−10
Brückenau	D	50 18 55	9 44 55	ö	0 39 00	− 6
Brügge = Bruges	B	51 12 30	3 13 30	ö	0 12 54	− 2
Bruggen	D	47 55 59	8 29 55	ö	0 34 00	− 6
Brühl b. Köln	D	50 49 50	6 54 16	ö	0 27 37	− 5
Brunate	I	45 30 00	9 16 48	ö	0 37 07	− 6
Brunnthal	D	48 00 45	11 42 30	ö	0 46 50	− 8
Brünn	CS	49 11 39	16 36 45	ö	1 06 12	−11
Brunsbüttelkoog	D	53 54 10	9 05 10	ö	0 36 21	− 6
Brüssel = Bruxelles	B	50 51 10	4 21 54	ö	0 17 28	− 3
Brüx	CS	50 31 24	13 38 36	ö	0 54 34	− 9
Bryansk	SU	53 15 00	34 20 00	ö	2 17 20	−23
Brznankowka	PL	49 18 00	20 05 00	ö	1 20 20	−13
Brzesc = Brest-Litowsk	PL	52 05 55	23 40 55	ö	1 34 44	−16
Brzezany	PL	49 26 58	24 51 57	ö	1 39 28	−16
Bubenheim	D	50 43 15	6 32 30	ö	0 26 10	− 4
Bublitz	D	53 56 59	16 29 55	ö	1 06 00	−11
Buchara = Bukhara	SU	39 48 00	64 25 00	ö	4 17 40	−42
Buchau	D	47 45 58	11 29 55	ö	0 46 00	− 8
Buchbach	A	48 48 58	15 12 57	ö	1 00 52	−10
Buchdorf	D	48 46 57	10 44 55	ö	0 43 00	− 7
Bucheben	A	47 07 57	12 57 59	ö	0 51 52	− 9
Büchen	D	53 30 55	10 29 58	ö	0 42 00	− 7

Ort	Land	Breite ° ′ ″	Länge ° ′ ″	ö w	Zeitunter. h m s	SZK
Buchenau	D	49 01 55	13 19 56	ö	0 53 20	− 9
Buchloe	D	48 01 57	10 44 58	ö	0 43 00	− 7
Buchs	CH	47 10 00	9 28 12	ö	0 37 53	− 6
Bückeburg	D	52 15 44	9 03 15	ö	0 36 13	− 6
Buckingham	GB	52 01 15	0 58 30	w	0 03 54	+ 1
Budapest	H	47 28 49	19 03 25	ö	1 16 14	−13
Büdingen	D	50 17 40	9 06 55	ö	0 36 28	− 6
Budua	YU	42 16 33	18 50 22	ö	1 15 21	−12
Budweis = Ceske Budejovice	CS	48 57 59	14 27 58	ö	0 57 52	− 9
Buer	D	51 34 54	7 03 10	ö	0 28 13	− 5
Buffalora	CH	46 37 55	10 15 55	ö	0 41 04	− 7
Buhrkow	D	54 38 48	13 18 18	ö	0 53 13	− 9
Bukarest	R	44 24 34	26 06 45	ö	1 44 27	−17
Bünde	D	52 12 00	8 34 45	ö	0 34 19	− 6
Bunzlau	D	51 15 52	15 32 02	ö	1 02 16	−10
Burg	D	52 15 55	11 50 12	ö	0 47 21	− 8
Burgau	D	48 25 57	10 23 45	ö	0 41 35	− 7
Burgas	BG	42 29 37	27 48 45	ö	1 51 15	−18
Burgdorf	D	52 25 55	10 01 45	ö	0 40 07	− 7
Burghausen	D	48 09 30	12 50 10	ö	0 51 21	− 8
Burgos	E	42 20 38	3 43 03	w	0 14 52	+ 2
Burgsdorf	D	51 27 55	13 14 55	ö	0 53 00	− 9
Burgsteinfurth	D	52 08 55	7 20 20	ö	0 29 21	− 5
Burhave	D	53 34 55	8 21 56	ö	0 33 28	− 5
Burkhardsdorf	D	50 43 57	12 44 58	ö	0 51 00	− 8
Burnley	GB	53 45 58	2 14 57	w	0 09 00	+ 1
Burton-upon-Trent	GB	52 47 55	1 37 58	w	0 06 32	+ 1
Bury	GB	53 35 57	2 16 56	w	0 09 08	+ 1
Buschwitz	D	51 27 55	13 06 45	ö	0 52 27	− 9
Bussum	NL	52 16 45	5 09 55	ö	0 20 40	− 3
Bussenhausen	D	53 36 55	7 44 55	ö	0 31 00	− 5
Bütow	D	54 10 12	17 30 30	ö	1 10 02	−12
Büttelbrunn	D	48 52 56	10 44 58	ö	0 43 00	− 7
Buttle	S	57 25 50	18 30 00	ö	1 14 00	−12
Bützow	D	53 50 55	11 59 15	ö	0 47 59	− 8
Buzau	R	45 08 57	25 49 58	ö	1 47 20	−18
Buxtehude	D	53 28 58	9 39 30	ö	0 38 38	− 6
Cadiz	E	36 27 45	6 12 15	w	0 24 49	+ 4
Cadolzburg	D	49 24 50	10 45 05	ö	0 43 00	− 7
Caen	F	49 11 14	0 21 14	w	0 01 25	+ 0
Cagliari	I	39 13 06	9 05 21	ö	0 36 21	− 6

Ort	Land	Breite ° ′ ″	Länge ° ′ ″	ö w	Zeitunter. h m s	SZK
Cahors	F	44 26 52	1 26 29	ö	0 05 46	− 1
Calais	F	50 57 45	1 51 08	ö	0 07 25	− 1
Caldas da Reinha	P	39 23 55	9 09 00	w	0 36 36	+ 6
Calimera	I	40 33 55	18 21 48	ö	1 13 27	−12
Calmbach	D	48 45 55	8 35 12	ö	0 34 21	− 6
Caltagirone	I	37 13 58	14 30 57	ö	0 58 04	−10
Caltanisetta	I	37 28 55	14 04 12	ö	0 56 17	− 9
Calveslage	D	52 45 02	8 15 03	ö	0 33 00	− 5
Calw	D	48 42 57	8 44 45	ö	0 34 59	− 6
Calmadoli/Arezzo	I	43 46 57	11 49 59	ö	0 47 20	− 8
Calmadoli/Napoli	I	40 50 55	14 10 57	ö	0 56 44	− 9
Cambrai	F	50 10 39	3 03 50	ö	0 12 15	− 2
Cambridge	GB	52 12 52	0 05 51	ö	0 00 23	− 0
Cambuslang	GB	55 48 57	4 10 12	w	0 16 41	+ 3
Camerino	I	43 07 55	13 04 48	ö	0 52 19	− 7
Campobasso	I	41 38 57	14 57 48	ö	0 58 31	−10
Campobello di Mazzara	I	37 38 15	12 42 12	ö	0 50 49	− 8
Campobello-Ravanusa	I	37 18 45	13 58 30	ö	0 55 54	− 9
Campogalliano	I	44 40 55	11 07 45	ö	0 44 31	− 7
Campolieto	I	41 37 58	14 37 48	ö	0 58 31	−10
Campo Maier	PL	39 00 55	7 04 59	w	0 28 20	+ 5
Canillo	AND	42 28 56	1 30 57	ö	0 06 04	− 1
Cannara	I	42 58 57	12 20 45	ö	0 49 23	− 8
Cannes	F	43 32 55	7 01 15	ö	0 28 05	− 5
Canneto sull 'Oglio	I	45 08 55	12 24 48	ö	0 41 39	− 7
Cannstatt	D	48 48 20	9 12 55	ö	0 36 52	− 6
Canossa	I	44 34 54	10 28 48	ö	0 41 55	− 7
Canterbury	GB	51 16 48	1 04 51	ö	0 04 19	− 1
Cantu	I	45 43 57	9 07 45	ö	0 36 31	− 6
Capracotta	I	41 49 58	10 40 48	ö	0 42 43	− 7
Capri	I	40 31 55	14 14 30	ö	0 56 58	− 9
Caransebes	R	45 24 58	22 12 55	ö	1 28 52	−15
Carcasonne	F	43 12 45	2 20 56	ö	0 09 24	− 2
Carden	D	50 12 30	7 22 30	ö	0 29 30	− 5
Cardiff	GB	51 28 57	3 06 58	w	0 12 28	+ 2
Cardigan	GB	52 04 55	4 38 56	w	0 18 32	+ 3
Carlisle	GB	54 53 21	2 54 50	w	0 11 39	+ 2
Carlow	IRL	52 57 55	6 55 58	w	0 27 44	+ 4
Carlsfeld	D	50 25 55	12 36 30	ö	0 50 26	− 8
Carlscrona	S	56 09 58	15 35 35	ö	1 02 22	−10
Carmathen	GB	51 50 55	4 17 58	w	0 17 12	+ 3
Carmona	E	37 27 57	5 47 05	w	0 23 08	+ 4
Carnavon	GB	53 09 50	4 12 55	w	0 16 52	+ 3

Ort	Land	Breite ° ′ ″	Länge ° ′ ″	ö w	Zeitunter. h m s	SZK
Carpentras	F	44 03 16	5 02 50	ö	0 20 11	− 3
Carpesino	I	45 48 57	9 13 45	ö	0 36 55	− 6
Carpin	D	53 21 55	13 14 59	ö	0 53 00	− 9
Carrara	I	44 04 55	10 05 55	ö	0 40 24	− 7
Cartagena	E	37 35 40	0 59 50	w	0 03 59	+ 1
Caslae Monferrato	I	45 06 55	8 26 48	ö	0 33 47	− 6
Casalmaggiore	I	44 49 58	10 18 45	ö	0 41 15	− 7
Casamari	I	41 09 55	13 30 46	ö	0 54 03	− 9
Caserta	I	41 02 58	14 20 48	ö	0 57 23	− 9
Caslau	CS	49 54 57	15 22 55	ö	1 01 32	−10
Cassino	I	41 30 00	13 50 00	ö	0 55 20	− 9
Castasegna	CH	46 19 58	9 30 58	ö	0 38 04	− 6
Castellamaro di Golfo	I	38 01 56	12 52 57	ö	0 51 32	− 8
Castellamonte	I	45 23 55	7 40 45	ö	0 30 43	− 5
Castellaneta	I	40 37 58	16 55 59	ö	1 07 44	−11
Castellon de la Plana	I	39 58 57	0 02 58	w	0 00 12	+ 0
Castel d'Ario	I	45 10 10	10 57 48	ö	0 43 51	− 7
Castelnaudary	F	43 19 04	1 57 19	ö	0 07 49	− 1
Casteinuova Monti	I	44 25 55	10 25 45	ö	0 41 43	− 7
Castel-Sarrasin	F	44 02 32	1 05 25	ö	0 04 22	− 1
Castelo-Branco	P	39 50 00	7 30 00	w	0 30 00	+ 5
Castiglione Fior	I	43 19 55	11 51 48	ö	0 47 27	− 8
Castiglione delle Stiviere	I	45 22 55	10 29 45	ö	0 41 59	− 7
Castres	F	43 36 16	2 14 25	ö	0 08 58	− 1
Castrillo	E	42 21 45	6 05 30	w	0 24 22	+ 4
Castrogiovanni	I	37 32 58	14 16 57	ö	0 57 08	− 9
Castrop	D	51 32 56	7 18 58	ö	0 29 12	− 5
Catania	I	37 30 13	15 14 10	ö	1 00 57	−10
Catanzaro	I	39 04 57	17 07 57	ö	1 08 32	−11
Cattaro = Kotor	YU	42 25 30	18 45 30	ö	1 15 21	−12
Cavalese	I	46 17 57	11 28 58	ö	0 45 56	− 8
Cavan	IRL	53 59 45	7 20 30	w	0 29 32	+ 5
Cavour	I	44 26 56	7 21 48	ö	0 28 07	− 5
Cegled	H	47 10 00	19 48 57	ö	1 19 16	−13
Celana	I	45 43 55	9 28 45	ö	0 37 55	− 6
Celle	D	52 37 33	10 04 56	ö	0 40 20	− 7
Cento	I	44 42 55	11 37 48	ö	0 46 31	− 8
Centnerbrunn	D	50 35 55	16 31 45	ö	1 06 07	−11
Ceredolo	I	44 23 57	10 58 45	ö	0 43 55	− 7
Céret	F	42 29 09	2 44 48	ö	0 10 59	− 2
Cernier	CH	47 03 55	6 53 58	ö	0 27 36	− 5
Cernusco	I	45 39 45	9 18 46	ö	0 37 15	− 6

Ort	Land	Breite ° ′ ″	Länge ° ′ ″	ö w	Zeitunter. h m s	SZK
Cerreto	I	34 22 55	12 08 48	ö	0 48 35	− 8
Cervittela	I	44 00 55	11 56 58	ö	0 47 48	− 8
Cesena	I	44 11 55	12 15 15	ö	0 49 01	− 8
Cesenatico	I	44 12 30	12 20 45	ö	0 49 23	− 8
Cesis	SU	37 18 53	25 36 10	ö	1 42 25	−17
Cetinje	YU	42 23 55	18 54 56	ö	1 15 40	−12
Cette	F	43 23 48	3 42 02	ö	0 14 48	− 2
Chabarowsk	SU	48 27 56	135 06 58	ö	9 00 28	−89
Châlon-sur-Marne	F	48 57 21	4 21 28	ö	0 17 26	− 3
Châlon-sur-Saone	F	46 46 51	4 51 17	ö	0 19 25	− 3
Cham	D	49 14 55	12 44 58	ö	0 51 00	− 8
Chambéry	F	45 32 52	5 57 57	ö	0 23 52	− 4
Chardju	SU	39 07 55	63 35 38	ö	4 14 24	−42
Charkow	SU	49 59 25	36 13 40	ö	2 24 25	−24
Charleroi	B	50 24 55	4 25 57	ö	0 17 44	− 3
Charolles	F	46 26 10	4 16 39	ö	0 17 07	− 3
Chartres	F	48 26 53	1 29 11	ö	0 05 57	− 1
Chassiron	F	46 02 18	1 24 09	w	0 05 37	+ 1
Châteaubriant	F	47 43 10	1 22 43	w	0 05 31	+ 1
Château-Chninon	F	47 03 57	3 56 01	ö	0 15 44	− 3
Château d'Oex	CH	46 28 57	7 06 59	ö	0 28 28	− 5
Châteaudun	F	48 04 11	1 19 50	ö	0 05 19	− 1
Châtcau Gontier	F	47 49 50	0 42 24	w	0 02 50	+ 0
Châteaulin	F	48 11 23	6 06 25	w	0 24 26	+ 4
Châteauroux	F	46 48 50	1 41 38	ö	0 06 47	− 1
Château-Salines	F	48 50 16	6 28 07	ö	0 25 52	− 4
Château-Thierry	F	49 02 46	3 23 50	ö	0 13 35	− 2
Châtelleroult	F	46 48 50	0 32 30	ö	0 02 10	− 0
Châtillon-sur-Seine	F	47 51 47	4 34 08	ö	0 18 17	− 3
Chatam	GB	51 23 52	0 32 31	ö	0 02 10	− 0
Châtra la	F	46 34 53	1 59 13	ö	0 07 57	− 1
Chatres	F	48 29 58	3 49 58	ö	0 15 20	− 3
Chaumont	CH	47 01 10	6 58 55	ö	0 27 56	− 5
Chaumoret-sur Bassigny	F	48 06 47	5 08 29	ö	0 20 34	− 3
Chaux-de-Fonds	CH	47 06 55	6 49 50	ö	0 27 20	− 4
Cheb = Eger	CS	50 03 55	12 22 58	ö	0 49 32	− 8
Cheboksary	SU	56 08 55	47 14 55	ö	3 09 00	−31
Chelmsford	GB	51 45 20	0 29 10	ö	0 01 57	− 0
Cheltenham	GB	51 53 55	2 05 56	w	0 08 24	+ 1
Chelyabinsk	SU	55 10 10	61 23 58	ö	4 05 36	−40
Chemnitz	D	50 50 10	12 55 20	ö	0 51 41	− 8
Cherbourg	F	49 39 07	1 38 11	w	0 06 33	+ 1
Cherepovets	SU	59 07 55	37 53 58	ö	2 31 36	−25

Ort	Land	Breite ° ′ ″	Länge ° ′ ″	ö w	Zeitunter. h m s	SZK
Cherkessk	SU	44 13 57	42 02 57	ö	2 48 12	−28
Chermoye	SU	56 14 57	43 24 59	ö	2 53 40	−29
Chernigov	SU	51 29 55	31 15 57	ö	2 05 04	−21
Cherson	SU	46 37 48	32 56 59	ö	2 11 48	−22
Chester	GB	53 11 25	2 53 01	w	0 11 32	+ 2
Chesterfield	GB	53 13 55	1 24 58	w	0 05 40	+ 1
Chiarovalle	I	43 35 57	13 18 48	ö	0 53 15	− 9
Chiasso	CH	45 50 30	8 58 56	ö	0 35 56	− 6
Chiavari	I	44 18 55	9 22 58	ö	0 37 32	− 6
Chiavenna	I	46 17 58	8 52 48	ö	0 35 31	− 6
Chichester	GB	50 47 56	0 46 30	w	0 03 06	+ 1
Chieti	I	42 20 55	14 10 12	ö	0 56 41	− 9
Chimkent	SU	42 17 55	69 35 58	ö	4 38 24	−46
Chinon	F	47 10 07	0 14 12	ö	0 00 57	− 0
Chioggia	I	45 12 55	12 10 45	ö	0 48 43	− 8
Chisinau	R	47 01 57	28 49 58	ö	1 55 20	−19
Chivasso	I	45 10 55	7 50 48	ö	0 31 23	− 5
Chiwa	SU	41 22 55	60 24 10	ö	4 01 37	−40
Chkalov	SU	51 45 15	55 05 55	ö	3 40 24	−36
Chobt	F	47 03 40	0 58 31	w	0 03 54	+ 1
Chodschent	SU	40 16 57	69 36 58	ö	4 38 58	−46
Chokand	SU	40 31 38	70 56 58	ö	4 43 48	−47
Chomutov = Komotau	CS	50 28 56	13 24 55	ö	0 53 40	− 9
Chorczow = Hindenburg	PL	50 18 55	18 46 58	ö	1 15 08	−12
Christburg	D	53 55 57	19 19 55	ö	1 17 20	−13
Christiania	N	59 54 44	10 43 23	ö	0 42 54	− 7
Christiansand	N	58 08 10	8 00 31	ö	0 32 02	− 5
Christiansfeld	DK	55 21 36	9 28 57	ö	0 37 57	− 6
Christiansund	N	63 06 36	7 42 45	ö	0 30 51	− 5
Chrudim	CS	49 56 58	15 47 56	ö	1 03 12	−10
Chur	CH	46 50 55	9 31 58	ö	0 38 08	− 6
Cieszyn	PL	49 49 58	18 37 56	ö	1 14 32	−12
Cilli	YU	46 15 55	15 14 57	ö	1 01 00	−10
Ciminna	I	37 52 56	11 22 44	ö	0 45 31	− 7
Ciotat	F	43 10 30	5 36 57	ö	0 22 28	− 4
Cittanova	I	38 22 55	16 02 48	ö	1 04 11	−11
Citta Nuova	I	45 29 57	13 42 58	ö	0 54 52	− 9
Ciudad Real	E	38 58 58	3 55 57	w	0 15 44	+ 3
Civita Vecchia	I	42 05 24	11 44 45	ö	0 46 59	− 8
Civray	F	46 08 55	0 17 45	ö	0 01 11	− 0
Clamecy	F	47 27 37	3 31 08	ö	0 14 05	− 2
Clarahof	PL	52 02 50	17 29 55	ö	1 10 00	−12
Clarens	CH	46 26 56	6 53 57	ö	0 27 36	− 5

Ort	Land	Breite ° ′ ″	Länge ° ′ ″	ö w	Zeitunter. h m s	SZK
Claussnitz	D	50 44 55	13 29 58	ö	0 54 00	− 9
Clausthal	D	51 48 20	10 20 06	ö	0 41 20	− 7
Claut	I	46 14 57	12 38 48	ö	0 50 35	− 8
Clémency	L	49 35 45	5 25 05	ö	0 23 28	− 4
Clermont de L'Oise	F	49 22 49	2 05 02	ö	0 08 20	− 1
Clermont-Ferrand	F	45 46 46	3 05 07	ö	0 12 20	− 2
Clervaux	L	50 03 10	6 01 30	ö	0 24 06	− 4
Cleve	D	51 47 15	6 08 30	ö	0 24 34	− 4
Cleverns	D	53 32 58	5 14 57	ö	0 21 00	− 3
Clonmel	IRL	52 20 55	7 41 57	w	0 30 48	+ 5
Cloppenburg	D	52 51 35	8 02 45	ö	0 32 11	− 5
Cluj = Klausenburg	R	46 46 56	23 34 58	ö	1 34 20	−15
Clusone	I	45 53 56	14 50 48	ö	0 59 23	−10
Clydebank	GB	55 53 57	4 23 58	w	0 17 36	+ 3
Coatbridge	GB	55 51 58	4 01 59	w	0 16 08	+ 3
Codigoro	I	44 47 59	12 06 45	ö	0 48 27	− 8
Codogno	I	45 08 57	10 00 40	ö	0 40 03	− 7
Cognac	F	45 41 46	0 19 47	w	0 01 19	+ 0
Coimbra	P	40 12 25	8 25 46	w	0 33 43	+ 6
Cholchester	GB	51 51 55	0 51 57	ö	0 03 28	− 1
Colditz	D	51 07 55	12 47 58	ö	0 51 12	− 8
Coleraine	IRL	55 07 57	6 42 45	w	0 26 51	+ 4
Collagna	I	44 20 55	10 20 45	ö	0 41 23	− 7
Colljure	F	42 31 30	3 05 15	ö	0 12 21	− 2
Colmar	F	48 04 42	7 21 30	ö	0 29 26	− 5
Cologna Veneta	I	45 16 55	11 20 45	ö	0 45 23	− 7
Comacchio	I	44 41 33	12 11 28	ö	0 48 46	− 8
Commercy	F	48 45 54	5 35 28	ö	0 22 22	− 4
Como	I	45 48 27	9 04 46	ö	0 36 19	− 6
Compiègne	F	49 25 03	2 49 37	ö	0 11 18	− 2
Comprovasco	CH	46 27 55	8 55 57	ö	0 35 44	− 6
Condom	F	43 57 31	6 22 15	ö	0 01 29	− 0
Consdorf	L	49 46 20	6 20 55	ö	0 25 24	− 4
Constanta	R	44 11 30	28 40 10	ö	1 54 41	−19
Cookstown	GB	54 38 56	6 44 58	w	0 27 00	+ 5
Cordoba	E	37 52 15	4 49 50	w	0 19 19	+ 3
Cork	IRL	51 48 10	8 14 50	w	0 32 59	+ 5
Cornberg	D	51 02 00	9 52 00	ö	0 39 28	− 6
Correggio	I	44 45 56	10 46 58	ö	0 43 08	− 7
Coruna = La Coruna	E	43 23 10	8 22 30	w	0 33 30	+ 6
Cosenza	I	39 18 59	16 16 48	ö	1 05 07	−11
Cosne	F	47 24 40	2 55 29	ö	0 11 42	− 2
Coszdorf	D	51 26 55	13 14 57	ö	0 53 00	− 9

Ort	Land	Breite ° ′ ″	Länge ° ′ ″	ö w	Zeitunter. h m s	SZK
Coulommiers	F	48 48 52	3 05 06	ö	0 12 20	− 2
Courdouan	F	45 35 12	1 10 21	w	0 04 41	+ 1
Courtrai	B	50 49 43	3 16 01	ö	0 14 04	− 2
Coutances	F	49 02 54	1 26 45	w	0 05 47	+ 1
Coventry	GB	52 24 56	1 34 58	w	0 06 20	+ 1
Cowes	GB	50 45 36	1 16 15	w	0 05 05	+ 1
Crailsheim	D	49 07 58	10 04 45	ö	0 40 19	− 7
Craiova	R	44 18 55	23 47 58	ö	1 35 12	−16
Cranz	D	54 56 58	20 29 36	ö	1 21 58	−13
Cranzahl	D	50 30 15	13 01 45	ö	0 52 07	− 9
Craveggia	I	46 10 00	8 20 48	ö	0 33 23	− 5
Crema	I	45 21 47	9 41 16	ö	0 38 45	− 6
Cremella	I	45 45 00	9 16 48	ö	0 37 07	− 6
Cremona	I	45 07 45	9 01 00	ö	0 40 07	− 7
Crevalcuore	I	44 41 55	11 08 48	ö	0 44 35	− 7
Crewe	GB	53 05 55	2 25 57	w	0 10 44	+ 2
Crimmitschau	D	50 48 57	12 14 55	ö	0 49 00	− 8
Crispiano	I	40 35 58	17 15 48	ö	1 09 03	−11
Crkvice	YU	42 33 55	18 37 58	ö	1 14 32	−12
Cromarty	GB	57 40 58	4 02 56	w	0 16 12	+ 3
Crosara	I	45 45 55	11 56 45	ö	0 47 47	− 8
Crotone	I	39 04 57	17 07 57	ö	1 08 32	−11
Croydon	GB	51 20 56	0 05 00	w	0 00 20	+ 0
Csongrad	H	46 42 48	20 08 55	ö	1 20 36	−13
Culera	E	42 24 30	3 10 15	ö	0 12 41	− 2
Cumray	GB	55 42 56	4 26 57	w	0 17 48	− 3
Cuneo	I	44 23 58	7 32 56	ö	0 30 12	− 5
Cunewalde	D	51 05 57	14 32 30	ö	0 58 10	−10
Cunnersdorf	D	51 17 45	13 57 15	ö	0 55 49	− 9
Cuxhaven	D	53 52 24	8 42 30	ö	0 34 50	− 6
Cven	YU	46 32 55	16 12 58	ö	1 04 52	−11
Czernowitz	SU	48 17 50	25 55 48	ö	1 43 43	−17
Czersk	PL	53 47 48	17 57 30	ö	1 11 50	−12
Czestochowa	PL	50 48 57	19 06 55	ö	1 16 28	−13
Dabikine	SU	56 13 20	22 43 48	ö	1 30 55	−15
Dabrun	D	51 49 55	12 44 56	ö	0 51 00	− 8
Dachau	D	48 15 55	11 25 45	ö	0 45 43	− 7
Dahlen	D	51 21 55	12 59 58	ö	0 52 00	− 9
Dahme	D	51 51 51	13 25 57	ö	0 53 44	− 9
Dailly	CH	46 12 58	7 01 59	ö	0 28 08	− 5
Dalheim	L	49 32 55	6 15 45	ö	0 25 03	− 4
Dalkey	IRL	53 15 57	6 05 55	w	0 24 24	+ 4

Ort	Land	Breite ° ′ ″	Länge ° ′ ″	ö w	Zeitunter. h m s	SZK
Dalliden	S	65 01 55	20 19 57	ö	1 21 20	−13
Dambeck	D	52 47 56	11 09 12	ö	0 44 37	− 7
Damm	D	53 22 55	14 44 55	ö	0 59 00	−10
Damme	D	52 31 34	8 11 45	ö	0 32 47	− 5
Dannenberg	D	53 05 55	11 05 50	ö	0 44 23	−07
Danzig = Gdansk	D	54 21 18	18 39 52	ö	1 14 40	−12
Darbénai	SU	56 01 30	21 45 45	ö	1 27 03	−14
Dariel	SU	42 45 56	44 45 10	ö	2 59 01	−29
Darkehmen	D	54 25 57	22 01 55	ö	1 28 08	−14
Darlingten	GB	54 31 55	1 32 57	w	0 06 12	+ 1
Darmstadt	D	49 52 20	8 38 58	ö	0 34 38	− 6
Dartmouth	GB	50 17 56	3 35 56	w	0 14 24	+ 2
Daserort	D	54 28 57	12 30 00	ö	0 50 00	− 8
Daugavpils	SU	55 52 55	26 32 55	ö	1 46 12	−17
Daun	D	50 11 55	6 49 58	ö	0 27 20	− 5
Dautzschen	D	51 37 55	13 01 10	ö	0 52 05	− 9
Davos-Platz	CH	46 47 58	9 48 57	ö	0 39 16	− 7
Dax	F	43 42 44	1 03 55	w	0 04 16	+ 1
Deal	GB	51 13 17	1 24 22	ö	0 05 38	− 1
De Bilt	NL	52 05 55	5 10 55	ö	0 20 44	− 3
Debrecen	H	47 31 58	21 37 56	ö	1 26 32	−14
Dedesdorf	D	53 26 53	6 14 58	ö	0 25 00	− 4
Deggendorf	D	48 49 48	12 57 58	ö	0 51 52	− 9
Dehrn	D	50 24 58	8 05 55	ö	0 32 24	− 5
Deisselberg	D	51 34 55	6 59 55	ö	0 28 00	− 5
Delft	NL	52 06 45	4 21 40	ö	0 17 27	− 3
Delitzsch	D	51 31 34	12 20 29	ö	0 49 22	− 8
Delle	F	47 30 00	7 00 00	ö	0 28 00	− 5
Delle	D	51 16 45	7 25 10	ö	0 29 41	− 5
Delmenhorst	D	53 03 08	8 37 55	ö	0 34 32	− 6
Delve	D	54 20 15	9 14 45	ö	0 36 59	− 6
Delvinon	AL	39 57 30	20 11 15	ö	1 20 45	−13
Demitz-Thumitz	D	51 14 58	14 13 30	ö	0 56 54	− 9
Demmin	D	53 54 32	13 02 11	ö	0 52 09	− 9
Denbigh	GB	53 10 00	3 25 00	w	0 13 40	+ 2
Den Bosch	NL	41 40 00	5 18 00	ö	0 21 12	− 3
Dendermonde	B	51 01 58	4 04 56	ö	0 16 20	− 3
Denkendorf	D	48 41 30	9 40 30	ö	0 38 42	− 6
Dentlein	D	49 18 30	10 25 05	ö	0 41 40	− 7
Denzlingen	D	48 08 30	7 51 30	ö	0 31 26	− 5
Derbent	SU	42 01 59	48 13 10	ö	3 12 53	−32
Derby	GB	52 55 32	1 20 20	w	0 05 21	+ 1
Deschney	CS	50 17 55	16 20 57	ö	1 05 24	−11

Ort	Land	Breite ° ′ ″	Länge ° ′ ″	ö w	Zeitunter. h m s	SZK
Desenzano	I	45 27 55	10 31 58	ö	0 42 08	− 7
Dessau	D	51 50 05	12 14 52	ö	0 48 59	− 8
Desserto di Massalubrense	I	40 36 58	14 21 57	ö	0 57 28	− 9
Detern	D	53 12 15	7 41 45	ö	0 30 47	− 5
Detmold	D	51 55 59	8 52 50	ö	0 35 31	− 6
Detskoje Selo	SU	59 41 55	30 24 58	ö	2 01 40	−20
Dettenhausen	D	48 37 15	9 06 45	ö	0 36 47	− 6
Deutsch-Brod	CS	49 35 53	15 34 58	ö	1 02 20	−10
Deutsch-Eylau	D	53 35 54	19 33 47	ö	1 18 15	−13
Deutsch-Kravern	CS	49 56 48	18 00 06	ö	1 12 00	−12
Deutsch-Krone	D	53 16 19	16 28 10	ö	1 05 53	−11
Deutsch-Lissa	D	51 08 30	16 52 30	ö	1 07 30	−11
Deutsch-Wartenberg	D	51 51 45	15 43 30	ö	1 02 54	−10
Deutzen	D	51 07 45	12 27 30	ö	0 49 50	− 8
Deva	E	43 17 55	2 16 57	w	0 09 08	+ 2
Deva	R	45 53 55	22 55 00	ö	1 31 40	+15
Deventer	NL	52 15 08	6 09 21	ö	0 24 38	− 4
Devonport	GB	50 21 56	4 10 19	w	0 16 41	+ 3
Dewanger	D	48 57 30	10 02 05	ö	0 40 09	− 7
Dexheim	D	49 52 05	8 18 30	ö	0 33 12	− 5
Dhünn	D	51 06 40	7 16 30	ö	0 29 06	− 5
Didkienis	SU	55 23 20	22 12 50	ö	1 28 51	−15
Die	F	44 45 10	5 22 14	ö	0 21 29	− 4
Dieblich	D	50 18 15	7 27 30	ö	0 29 50	− 5
Diedenhofen	F	49 21 29	6 10 05	ö	0 24 40	− 4
Diekirch	L	49 03 15	6 08 57	ö	0 24 36	− 4
Diepholz	D	52 36 30	8 22 30	ö	0 33 30	− 6
Dieppe	F	49 55 35	1 04 39	ö	0 04 19	− 1
Dierdorf	D	50 03 15	7 40 02	ö	0 30 40	− 5
Diersburg	D	48 23 45	7 56 30	ö	0 31 46	− 5
Diessen	D	47 57 15	11 05 45	ö	0 44 23	− 7
Dietenheim	D	48 12 45	10 06 18	ö	0 40 25	− 7
Dieu	F	46 42 24	2 19 33	w	0 09 18	+ 2
Differdange	L	49 31 55	5 53 15	ö	0 23 33	− 4
Digne	F	44 05 32	6 13 47	ö	0 24 55	− 4
Dijon	F	47 19 25	5 01 59	ö	0 20 08	− 3
Dillenburg	D	50 44 22	8 17 12	ö	0 33 09	− 5
Dillingen/Donau	D	48 34 40	10 29 50	ö	0 41 59	− 7
Dillingen/Saar	D	49 21 00	6 44 00	ö	0 26 52	− 4
Dinan	F	48 27 15	6 42 54	ö	0 26 52	− 4
Dingelstädt-Eichsfeld	D	51 17 55	10 18 58	ö	0 41 16	− 7
Dinglingen	D	48 20 20	7 53 40	ö	0 31 35	− 5
Dingolfing	D	48 37 30	12 30 00	ö	0 50 00	− 8

Ort	Land	Breite ° ′ ″	Länge ° ′ ″	ö w	Zeitunter. h m s	SZK
Dingwall	GB	57 35 55	4 24 56	w	0 17 40	+ 3
Dinkelsbühl	D	49 07 05	10 18 30	ö	0 41 14	− 7
Dinkelscherben	D	48 40 05	10 36 30	ö	0 42 26	− 7
Dinklage	D	52 39 50	8 08 30	ö	0 32 34	− 5
Dinslaken	D	51 33 43	6 44 02	ö	0 26 56	− 4
Dippoldiswalde	D	50 51 55	13 39 57	ö	0 54 40	− 9
Dirmstein	D	49 31 57	8 14 55	ö	0 33 00	− 5
Dischingen	D	48 42 45	10 18 15	ö	0 41 13	− 7
Diso	I	40 05 55	18 34 48	ö	1 14 19	−12
Dison	B	50 36 40	5 50 50	ö	0 23 23	− 4
Dittersbach	D	50 56 05	13 05 30	ö	0 52 22	− 9
Dittmannsdorf-Sa.	D	51 09 16	12 32 28	ö	0 50 10	− 8
Dittmannsdorf-N.Schl.	D	50 46 57	16 22 16	ö	1 05 29	−11
Dittmannsdorf-O.Schl.	D	50 23 30	17 30 16	ö	1 10 01	−12
Ditzingen	D	48 49 56	9 03 28	ö	0 36 14	− 6
Divaca	I	45 40 55	18 57 58	ö	1 15 52	−12
Diwnitz	CS	49 05 00	17 35 00	ö	1 11 40	−12
Djabal-Abad	SU	40 55 00	73 00 00	ö	4 52 00	−48
Djambul	SU	42 55 00	71 22 55	ö	4 45 32	−47
Djursholm	S	59 23 55	18 04 56	ö	1 12 20	−12
Dnjepropetrowsk	SU	48 26 57	35 01 10	ö	2 20 04	−23
Döbeln	D	51 07 20	13 07 10	ö	0 52 29	− 9
Doberan	D	54 06 20	11 53 57	ö	0 47 36	− 8
Döhlen	D	50 42 55	12 01 36	ö	0 48 06	− 8
Dohma	D	51 22 52	15 54 20	ö	1 03 37	−10
Dohna	D	50 57 28	13 51 44	ö	0 55 27	− 9
Dolberg	D	51 43 04	7 55 32	ö	0 31 42	− 5
Dôle	F	47 05 33	5 29 39	ö	0 21 59	− 4
Dolina	PL	48 57 55	24 00 10	ö	1 36 00	−16
Dolina	YU	44 27 30	18 08 45	ö	1 12 35	−12
Domesnäs	SU	57 46 30	22 29 57	ö	1 30 00	−15
Domfront	F	48 35 39	0 38 57	w	0 02 36	+ 0
Dömitz	D	53 08 55	11 14 58	ö	0 44 01	− 7
Dommitzsch	D	51 38 28	12 53 12	ö	0 51 33	− 8
Domnau	D	54 25 44	20 49 58	ö	1 23 30	−14
Domodossola	I	46 06 43	8 18 48	ö	0 33 15	− 5
Domslau	D	51 00 55	16 57 36	ö	1 07 50	−11
Donaueschingen	D	47 57 10	8 29 40	ö	0 33 59	− 6
Donaustauf	D	49 01 58	12 12 40	ö	0 48 51	− 8
Donauwörth	D	48 43 11	10 46 44	ö	0 43 07	− 7
Doncaster	GB	53 31 55	1 07 58	w	0 04 32	+ 1
Doengal	IRL	54 36 00	8 06 00	w	0 32 24	+ 4
Dongo	I	46 06 56	9 15 45	ö	0 37 03	− 6

Ort	Land	Breite ° ′ ″	Länge ° ′ ″	ö w	Zeitunter. h m s	SZK
Donnersberg	CS	50 32 55	13 55 57	ö	0 55 44	− 9
Dorchester	GB	50 42 58	2 23 30	w	0 09 34	+ 2
Dordrecht	NL	51 48 53	4 39 39	ö	0 18 39	− 3
Dorf-Itter	D	51 14 36	8 53 06	ö	0 35 32	− 6
Dorfstadt	D	53 57 24	16 32 12	ö	1 06 09	−11
Dornach	D	48 37 52	12 53 48	ö	0 51 35	− 8
Dornach	CH	47 28 15	7 37 30	ö	0 30 30	− 5
Dornau	A	47 54 56	16 13 58	ö	1 04 56	−11
Dorna Watra	R	47 20 55	25 21 56	ö	1 41 28	−17
Dornbirn	A	47 25 00	9 45 00	ö	0 39 00	− 6
Dorndorf	D	50 50 08	10 05 12	ö	0 40 21	− 7
Dörnthal	D	50 44 24	13 21 08	ö	0 53 25	− 9
Dornum	D	53 39 16	7 26 24	ö	0 29 46	− 5
Dorpat	SU	58 22 47	26 43 18	ö	1 46 53	−18
Dörscheid	D	50 06 36	7 44 42	ö	0 30 59	− 5
Dorsten	D	51 39 43	6 57 59	ö	0 27 52	− 5
Dortmund	D	51 30 59	7 28 06	ö	0 29 52	− 5
Dorum	D	53 40 55	8 33 52	ö	0 34 23	− 6
Dossenheim	D	49 27 44	8 47 16	ö	0 35 09	− 6
Dotzheim	D	50 04 36	8 11 36	ö	0 32 45	− 6
Douai	F	50 22 15	3 04 51	ö	0 12 19	− 2
Douglas	GB	54 08 55	4 30 00	w	0 18 00	+ 3
Doui	SU	50 50 00	142 26 10	ö	9 29 45	−94
Doullens	F	50 09 17	2 20 24	ö	0 09 22	− 2
Dover	GB	51 07 46	1 19 10	ö	0 05 16	− 1
Doveren	D	50 47 44	6 15 30	ö	0 25 02	− 4
Drabenderhöhe	D	50 56 58	7 26 28	ö	0 29 46	− 5
Dragebruch	D	50 52 55	15 58 36	ö	1 03 54	−11
Draghällan	SU	62 19 58	17 27 57	ö	1 09 52	−11
Draguignan	F	43 32 24	6 27 57	ö	0 25 52	− 4
Drama	GR	41 07 55	24 08 58	ö	1 36 36	−16
Dramburg	D	53 31 58	15 48 48	ö	1 03 15	−10
Drammen	N	59 43 56	10 13 59	ö	0 40 56	− 7
Dransfeld	D	51 30 00	9 45 00	ö	0 39 00	− 6
Dreetz	D	52 48 08	12 28 32	ö	0 49 54	− 8
Dreieichenhain	D	50 00 04	8 48 44	ö	0 35 15	− 6
Dreihausen/Hessen	D	50 43 44	8 52 28	ö	0 35 30	− 6
Dreihausen/Westf.	D	51 31 36	7 50 20	ö	0 31 21	− 5
Dreileben	D	52 09 36	11 20 55	ö	0 45 28	− 7
Dreisbach-Tiefenbach	D	50 54 44	8 04 57	ö	0 32 16	− 5
Drelsdorf	D	54 36 32	9 02 48	ö	0 36 11	− 6
Drengfurth	D	54 12 40	21 31 48	ö	1 26 07	−14
Drensteinfurt	D	51 48 20	7 45 32	ö	0 31 02	− 5

Ort	Land	Breite ° ′ ″	Länge ° ′ ″	ö w	Zeitunter. h m s	SZK
Dresden	D	51 03 10	13 44 30	ö	0 54 58	− 9
Dreux	F	48 44 27	1 21 55	ö	0 05 28	− 1
Driburg	D	51 43 56	9 01 10	ö	0 36 05	− 6
Dringenberg	D	51 41 00	9 03 08	ö	0 36 13	− 6
Drochtersen	D	53 42 38	9 23 15	ö	0 37 33	− 6
Drogheda	IRL	53 42 00	6 20 55	w	0 25 24	+ 4
Dronecken	D	49 48 20	6 58 45	ö	0 27 55	− 6
Drontheim	N	63 26 24	10 24 30	ö	0 41 38	− 7
Droviani	AL	39 50 00	20 16 15	ö	1 21 05	−13
Drusti	SU	57 13 54	25 50 10	ö	1 43 21	−17
Düben	D	51 35 12	12 35 12	ö	0 50 21	− 8
Dubeni	SU	56 30 15	21 10 50	ö	1 24 43	−14
Dublany	PL	49 53 55	24 01 58	ö	1 36 20	−16
Dublin	IRL	53 23 13	6 20 29	w	0 25 21	+ 4
Dubrovnik	YU	42 39 00	18 06 57	ö	1 12 28	−12
Ducherow	D	53 46 16	13 46 57	ö	0 55 08	− 9
Dudelange	L	49 30 25	6 05 55	ö	0 24 24	− 4
Dudenhofen/Hessen	D	50 02 15	8 53 30	ö	0 35 30	− 6
Dudenhofen/Pfalz	D	49 19 10	8 23 08	ö	0 33 33	− 6
Duderstadt	D	51 30 49	10 15 31	ö	0 41 02	− 7
Dudinka	SU	69 24 55	86 10 10	ö	5 44 40	−57
Dudley	GB	52 30 00	2 05 00	w	0 08 20	+ 1
Dudweiler	D	49 16 16	7 02 28	ö	0 28 10	− 5
Duingen	D	52 00 40	9 41 36	ö	0 38 46	− 6
Duisburg	D	51 26 17	6 45 43	ö	0 27 03	− 4
Dukati	AL	40 15 55	19 32 30	ö	1 18 10	−13
Dülken	D	51 15 00	6 20 28	ö	0 25 22	− 4
Dülmen	D	51 49 52	7 16 40	ö	0 29 07	− 5
Dulverton	GB	51 01 57	3 33 30	w	0 14 14	+ 2
Dumbarton	GB	55 46 57	4 33 01	w	0 18 12	+ 3
Dumfries	GB	55 03 58	3 34 57	w	0 14 20	+ 2
Dünaburg	SU	55 52 57	26 29 10	ö	1 45 57	−17
Dünamünde	SU	57 02 30	24 00 55	ö	1 36 04	−16
Duncon	GB	55 56 57	4 55 57	w	0 19 44	+ 3
Dundalk	IRL	54 01 00	6 24 57	w	0 25 40	+ 4
Dundee	GB	56 27 56	2 58 46	w	0 11 55	+ 2
Dunecht	GB	57 09 36	2 24 56	w	0 09 40	+ 2
Dunfermline	GB	56 03 55	3 27 58	w	0 13 52	+ 2
Dungannon	GB	54 30 00	6 45 57	w	0 27 04	+ 4
Düngenheim	D	50 15 44	7 09 28	ö	0 28 38	− 5
Dunkerque	F	51 02 59	2 22 33	ö	0 09 30	− 2
Dun Laoghaire	I	53 17 56	6 07 58	w	0 24 32	+ 4
Dürne	D	52 13 55	8 32 04	ö	0 34 08	− 6

Ort	Land	Breite ° ′ ″	Länge ° ′ ″	ö w	Zeitunter. h m s	SZK
Duppau	CS	50 15 55	13 07 56	ö	0 52 32	− 9
Durazzo	AL	41 17 32	19 26 30	ö	1 17 46	−13
Düren	D	50 48 09	6 29 04	ö	0 25 56	− 4
Durham	GB	54 46 06	1 34 10	w	0 06 17	+ 1
Dürkheim	D	49 25 00	8 10 00	ö	0 32 40	− 5
Durlach	D	48 59 50	8 28 10	ö	0 33 53	− 6
Dürmentingen	D	48 06 56	9 31 56	ö	0 38 08	− 6
Dürrheim	D	48 01 16	8 31 44	ö	0 34 07	− 6
Dürrhennersdorf	D	51 02 52	14 38 16	ö	0 58 33	−10
Dürrn	D	48 57 24	8 45 08	ö	0 35 01	− 6
Dürrwangen	D	49 06 40	10 22 32	ö	0 41 30	− 7
Düsseldorf	D	51 13 32	6 46 59	ö	0 27 08	− 4
Duved	S	63 23 55	12 55 57	ö	0 51 44	− 9
Dux	CS	50 35 58	13 44 55	ö	0 55 00	− 9
Dybwatt	DK	55 04 48	9 20 24	ö	0 37 22	− 6
Dyhernfurth	D	51 15 55	16 42 58	ö	1 06 52	−11
Dzaudjikau	SU	43 00 00	44 40 00	ö	2 58 40	−29
Dzelvalva	SU	56 59 55	26 29 30	ö	1 45 58	−17
Dziergovitz	D	50 14 20	18 17 28	ö	1 13 10	−12
Ealing	GB	51 30 55	0 17 56	w	0 01 12	+ 0
Eastbourne	GB	50 45 58	0 16 57	ö	0 01 08	− 0
East Ham	GB	51 31 57	0 05 00	ö	0 00 20	− 0
Ebbw Vale	GB	51 45 57	3 11 58	w	0 12 48	+ 2
Ebeleben	D	51 18 16	10 39 36	ö	0 42 38	− 7
Ebene Reichenau	A	46 51 55	13 52 55	ö	0 55 32	− 9
Ebensee	D	47 48 59	13 46 58	ö	0 55 08	− 9
Ebersdorf-Habelschwerdt	D	50 48 12	16 35 54	ö	1 06 24	−11
Ebersdorf-Neurode	D	50 13 24	16 40 12	ö	1 06 41	−11
Ebersheim	D	49 54 20	8 15 57	ö	0 33 04	− 5
Eberswalde	D	52 50 01	13 49 21	ö	0 55 17	− 9
Ebertsheim	D	49 33 48	8 06 16	ö	0 32 25	− 5
Ebnat	CH	47 15 55	9 07 55	ö	0 36 32	− 6
Echternach	L	49 47 58	6 24 50	ö	0 25 39	− 4
Eckernförde	D	54 28 25	9 50 15	ö	0 39 21	− 6
Eckersdorf	D	51 37 12	15 40 36	ö	1 02 42	−10
Eckwarden	D	53 32 08	8 15 57	ö	0 33 04	− 5
Edam	NL	52 30 55	5 25 55	ö	0 21 44	− 4
Eddelak	D	53 56 44	9 09 48	ö	0 36 39	− 6
Edderitz	D	51 41 36	11 55 20	ö	0 47 41	− 8
Edenkoben	D	49 16 36	8 07 32	ö	0 32 30	− 5
Edenstetten	D	48 54 48	12 55 32	ö	0 51 42	− 8

Ort	Land	Breite ° ′ ″	Länge ° ′ ″	ö w	Zeitunter. h m s	SZK
Edesheim	D	49 15 28	8 07 56	ö	0 32 32	− 5
Edessa	GR	40 57 58	22 02 57	ö	1 28 12	−14
Edewecht	D	53 07 55	7 58 44	ö	0 31 55	− 5
Edigheim	D	49 31 40	8 23 58	ö	0 33 36	− 6
Edinburgh	GB	55 57 23	3 10 53	w	0 12 43	+ 2
Eeclo = Ecclo	B	51 10 56	3 33 20	ö	0 14 13	− 2
Efferen	D	50 53 44	6 53 57	ö	0 27 36	− 5
Egeln	D	51 56 24	11 26 20	ö	0 45 45	− 8
Egelsbach	D	49 58 28	8 40 32	ö	0 34 42	− 6
Eger = Cheb	CS	50 03 55	12 22 58	ö	0 49 28	− 8
Eger	H	47 54 04	20 22 50	ö	1 21 31	−13
Egestorf	D	52 17 36	9 30 58	ö	0 38 04	− 6
Eggenfelden	D	48 23 55	12 45 55	ö	0 51 04	− 8
Eggenstein	D	49 04 36	8 23 28	ö	0 33 35	− 6
Eggesin	D	53 40 40	14 04 52	ö	0 56 19	− 9
Eglingen	D	48 21 24	9 27 55	ö	0 37 52	− 6
Eglofs	D	47 39 52	9 55 44	ö	0 39 43	− 7
Ehingen	D	48 16 55	9 43 40	ö	0 38 55	− 6
Ehrang	D	49 49 04	6 41 32	ö	0 26 46	− 4
Ehrenfriedersdorf	D	50 38 52	12 58 30	ö	0 51 54	− 9
Ehrenstetten	D	47 55 08	7 47 40	ö	0 31 11	− 5
Eibenschütz	CS	49 05 55	16 21 57	ö	1 05 28	−11
Eibenstock	D	50 29 00	12 32 56	ö	0 50 12	− 8
Eichberg	D	50 55 00	15 47 58	ö	1 03 12	−10
Eichede	D	53 42 48	10 25 08	ö	0 41 42	− 7
Eichelscheid	D	49 22 55	7 22 57	ö	0 29 32	− 5
Eichstätt	D	48 53 30	11 11 30	ö	0 44 46	− 7
Eigenrieden	D	51 12 55	10 18 58	ö	0 41 16	− 7
Eilenburg	D	51 27 38	12 38 06	ö	0 50 32	− 8
Eilendorf	D	50 46 32	6 09 40	ö	0 24 39	− 4
Eilsleben	D	51 31 55	11 32 57	ö	0 46 12	− 8
Eime	D	52 04 44	9 43 40	ö	0 38 55	− 6
Einbeck	D	51 49 11	9 52 04	ö	0 39 28	− 6
Eindhoven	NL	51 26 15	5 28 30	ö	0 21 54	− 4
Einfeld	D	54 07 30	9 59 28	ö	0 39 58	− 7
Einsiedeln	CH	47 08 00	8 45 00	ö	0 35 00	− 6
Eisenach	D	50 58 33	10 19 15	ö	0 41 17	− 7
Eisenbach	D	50 36 24	9 22 52	ö	0 37 31	− 6
Eisenberg	D	50 58 10	11 54 26	ö	0 47 38	− 8
Eisenerz	A	47 32 55	14 52 57	ö	0 59 32	−10
Eisenkrappel	A	46 29 00	14 35 00	ö	0 58 20	−10
Eisenstadt	A	47 50 55	16 26 56	ö	1 05 48	−11
Eisental	D	48 42 40	8 10 28	ö	0 32 42	− 5

Ort	Land	Breite ° ′ ″	Länge ° ′ ″	ö w	Zeitunter. h m s	SZK
Eisleben	D	51 31 50	11 32 19	ö	0 46 09	− 8
Eissendorf	D	53 27 18	9 55 48	ö	0 39 43	− 7
Eitorf	D	50 45 55	7 26 40	ö	0 29 47	− 5
Ekefors	S	56 35 00	14 45 55	ö	0 59 04	−10
Ekenäs	SF	59 57 55	23 26 59	ö	1 33 48	−15
Ekengrav	SU	56 22 13	25 26 43	ö	1 41 47	−17
Ekersund	N	58 26 12	5 59 59	ö	0 24 00	− 4
Ekshärad	S	60 10 00	13 30 00	ö	0 54 00	− 9
Elbasan	AL	41 07 30	20 03 45	ö	1 20 15	−13
Elberfeld	D	51 15 50	7 08 36	ö	0 28 34	− 5
Elbeuf	F	49 17 32	1 00 00	ö	0 04 00	− 1
Elbing	D	54 09 44	19 23 50	ö	1 17 35	−13
Elbingerode	D	51 46 36	10 48 16	ö	0 43 13	− 7
Eldagsen	D	52 10 16	9 39 40	ö	0 38 39	− 6
Elena	BG	42 55 46	25 52 45	ö	1 43 31	−17
Elena	I	41 12 55	13 33 57	ö	0 54 16	− 9
Eleusis	GR	38 03 00	23 32 56	ö	1 34 12	−15
Elgin	GB	57 38 57	3 21 58	w	0 13 28	+ 2
Ellamaa	SU	59 02 15	24 09 05	ö	1 36 36	−16
Ellesbo	S	57 50 00	12 01 00	ö	0 48 04	− 8
Ellewiek	D	52 02 55	6 45 57	ö	0 27 04	− 4
Ellingen	D	49 03 36	10 58 16	ö	0 43 53	− 7
Emmerich	D	51 50 00	6 16 00	ö	0 25 04	− 4
Enkirch	D	49 58 57	7 08 58	ö	0 28 36	− 5
Ennis	IRL	52 50 55	8 58 58	w	0 35 56	+ 6
Enniskilien	GB	54 20 57	6 37 57	w	0 26 32	+ 4
Enontekiö	SF	68 24 00	23 36 00	ö	1 34 24	−16
Enschede	NL	52 46 55	6 52 58	ö	0 27 32	− 5
Enskär	SF	60 43 00	21 01 00	ö	1 24 04	−14
Eperjes	CS	48 58 45	21 15 40	ö	1 25 03	−14
Epernay	F	49 02 52	3 56 57	ö	0 15 48	− 3
Epinal	F	48 10 24	6 26 42	ö	0 25 47	− 4
Eppendorf	D	50 47 52	13 13 28	ö	0 52 54	− 9
Eppertshausen	D	49 56 44	8 50 44	ö	0 35 25	− 6
Eppingen	D	49 08 28	8 53 57	ö	0 35 36	− 6
Epsom	GB	51 20 00	0 16 00	w	0 01 04	− 0
Eräjärvi	SF	61 35 00	24 35 57	ö	1 38 16	−16
Eraklion	GR	35 20 00	25 07 58	ö	1 40 32	−17
Erbach	D	49 38 52	9 01 00	ö	0 36 04	− 6
Erding	D	48 18 25	11 54 30	ö	0 47 38	− 8
Erdmannsdorf	D	50 48 52	13 04 08	ö	0 52 17	− 9
Erfurt	D	50 58 38	11 01 30	ö	0 44 06	− 7
Ergoldsbach	D	48 41 48	12 13 40	ö	0 48 55	− 8

Ort	Land	Breite ° ′ ″	Länge ° ′ ″	ö w	Zeitunter. h m s	SZK
Ericeira	P	38 57 24	9 25 11	w	0 37 41	+ 6
Erkelenz	D	51 05 00	6 18 57	ö	0 23 16	− 4
Erkheim	D	48 01 24	10 20 48	ö	0 41 23	− 7
Erkner	D	52 26 04	14 08 20	ö	0 56 33	− 9
Erlangen	D	49 35 50	11 00 20	ö	0 44 01	− 7
Erlau	D	51 00 20	12 44 12	ö	0 50 57	− 8
Erlbach	D	50 18 32	12 21 52	ö	0 49 27	− 8
Erlenbach/Pfalz	D	49 28 55	7 46 32	ö	0 31 06	− 5
Erlenbach/Unterfr.	D	49 48 16	9 08 30	ö	0 36 34	− 6
Ermoupolis	GR	37 26 55	24 56 58	ö	1 39 48	−16
Ersekujvar	CS	47 58 59	18 09 57	ö	1 12 40	−12
Esbjerg	DK	55 27 55	8 25 57	ö	0 33 44	− 6
Esch-Alz	L	49 30 45	5 58 30	ö	0 23 54	− 4
Eschen	FL	47 12 25	9 31 30	ö	0 38 06	− 6
Eschenbach	D	49 46 35	11 50 00	ö	0 47 20	− 8
Eschwege	D	51 11 07	10 03 36	ö	0 40 14	− 7
Eschweiler	D	50 49 17	6 16 16	ö	0 25 05	− 4
Escorial = San Lorenzo	E	40 35 50	4 07 55	w	0 16 32	+ 3
Esens	D	53 38 55	7 37 24	ö	0 30 30	− 5
Eskilstuna	S	59 21 58	16 29 55	ö	1 06 00	−11
Eslarn	D	49 34 56	12 31 32	ö	0 50 06	− 8
Eslohe	D	51 15 48	8 09 48	ö	0 32 39	− 5
Esna	SU	59 02 15	25 45 45	ö	1 43 03	−17
Espalion	F	44 31 18	2 45 41	ö	0 11 03	− 2
Espelkamp	D	52 23 44	8 24 24	ö	0 34 18	− 6
Espozende	P	41 32 36	8 45 15	w	0 35 01	− 6
Esse	SF	63 35 00	23 10 55	ö	1 32 44	−15
Essen, Bad/Oldenburg	D	52 19 16	7 51 08	ö	0 31 25	− 5
Essen/Ruhr	D	51 27 25	7 00 38	ö	0 28 02	− 5
Esslingen	D	48 44 20	9 18 40	ö	0 37 15	− 6
Este	I	45 13 30	11 39 01	ö	0 46 36	− 8
Estenfeld	D	49 49 52	10 00 40	ö	0 40 03	− 7
Estremoz	PL	38 50 00	7 37 57	w	0 30 32	+ 5
Esztergom	H	47 47 57	18 45 00	ö	1 15 00	−12
Etampes	F	48 26 08	2 09 48	ö	0 08 39	− 1
Etaples	F	50 31 42	1 35 45	ö	0 06 23	− 1
Eton	GB	51 29 00	0 36 00	w	0 02 24	+ 0
Etropol	BG	42 49 58	23 59 45	ö	1 35 59	−16
Ettal	D	47 34 00	11 05 00	ö	0 44 20	− 7
Ettelbrück	D	49 49 40	6 11 15	ö	0 20 45	− 3
Ettenheim	D	48 15 20	7 48 40	ö	0 31 15	− 5
Ettlingen	D	48 56 24	8 24 36	ö	0 33 38	− 8
Etzdorf	D	51 00 20	11 57 20	ö	0 47 49	− 8

Ort	Land	Breite ° ′ ″	Länge ° ′ ″	ö w	Zeitunter. h m s	SZK
Etzenricht	D	49 38 20	12 05 24	ö	0 48 22	− 8
Eugenienhof	D	51 01 42	15 23 54	ö	1 01 36	−10
Eulo	D	51 45 00	14 36 57	ö	0 58 28	−10
Eupatoria	SU	45 11 44	33 22 09	ö	2 13 29	−22
Eupen	B	50 37 55	6 01 58	ö	0 24 08	− 4
Euren	D	49 45 00	6 36 56	ö	0 26 29	− 4
Euskirchen	D	50 39 48	6 47 08	ö	0 27 09	− 4
Eussenheim	D	49 58 57	9 47 58	ö	0 39 12	− 6
Eutin	D	54 08 22	10 37 17	ö	0 42 29	− 7
Eutingen	D	48 58 36	8 46 44	ö	0 35 07	− 6
Eutzsch	D	51 49 10	12 37 54	ö	0 50 32	− 8
Evaux	F	46 10 37	2 29 08	ö	0 09 57	− 2
Everswinkel	D	51 56 36	7 51 08	ö	0 31 25	− 5
Evora	P	38 33 55	7 55 57	w	0 31 44	+ 5
Evreux	F	49 01 30	1 09 01	ö	0 04 36	− 1
Exau	D	51 27 54	16 46 18	ö	1 07 05	−11
Exeter	GB	50 43 00	3 30 00	w	0 14 00	− 2
Exter	D	52 08 28	8 50 00	ö	0 35 20	− 6
Ezerenai	SU	55 43 20	26 15 45	ö	1 45 03	−17
Fabriano	I	43 19 55	12 53 48	ö	0 51 35	− 8
Fachsenfeld	D	48 52 16	10 00 08	ö	0 40 01	− 7
Faenza	I	44 17 04	11 23 10	ö	0 45 33	− 7
Fagaras	R	45 48 47	24 59 24	ö	1 39 58	−16
Fagered	S	57 11 55	12 48 57	ö	0 51 16	− 8
Fagersjö	S	59 15 00	18 03 55	ö	1 12 16	−12
Fahrland	D	52 28 04	13 00 48	ö	0 52 03	− 9
Fahrnau	D	47 39 28	7 50 40	ö	0 31 23	− 5
Faido	CH	46 28 58	8 47 57	ö	0 35 12	− 6
Falaise	F	48 53 55	0 11 59	w	0 00 48	+ 0
Falkenau	D	50 51 40	13 06 24	ö	0 52 26	− 9
Falkenberg	D	52 47 56	13 27 20	ö	0 55 49	− 9
Falkenberg	S	56 54 03	12 29 35	ö	0 49 58	− 8
Falkenburg	D	53 32 28	16 01 04	ö	1 04 04	−11
Falkenhagen	D	52 25 48	14 18 57	ö	0 57 16	− 9
Falkenhain	D	51 24 08	12 40 55	ö	0 50 44	− 8
Falkenstein	D	50 28 32	12 22 57	ö	0 49 32	− 8
Falkensthal	D	52 53 16	13 18 16	ö	0 53 13	− 9
Falkirk	GB	56 00 00	3 47 00	w	0 15 08	+ 2
Falköping	S	58 10 00	13 30 55	ö	0 54 04	− 9
Fallersleben	D	52 24 40	10 42 08	ö	0 42 49	− 7
Fallingbostel	D	52 51 55	9 41 32	ö	0 38 46	− 6

Ort	Land	Breite ° ′ ″	Länge ° ′ ″	ö w	Zeitunter. h m s	SZK
Falmouth	GB	50 08 45	5 02 45	w	0 20 11	+ 3
Falschette	L	49 47 55	5 52 10	ö	0 23 29	− 4
Falsterbo	S	55 22 55	12 49 19	ö	0 51 17	− 8
Falun	S	60 36 56	15 37 57	ö	1 02 32	−10
Fano	I	43 51 02	12 59 50	ö	0 51 59	− 9
Farnham	GB	51 13 07	0 48 00	w	0 03 12	+ 1
Farnstädt	D	51 26 30	11 33 55	ö	0 46 16	− 8
Faro	P	37 01 05	7 52 57	w	0 31 32	+ 5
Farsta	S	59 18 55	18 21 58	ö	1 13 28	−12
Fasano	I	40 50 00	17 22 30	ö	1 09 30	−11
Fécamp	F	49 46 04	0 22 13	ö	0 01 29	− 0
Fedderwarden	D	53 34 08	8 02 40	ö	0 32 11	− 5
Fehrbellin	D	52 48 40	12 45 32	ö	0 51 02	− 8
Feldberg	D	53 20 12	13 26 48	ö	0 55 47	− 9
Feldkirch	A	47 14 20	9 35 10	ö	0 38 21	− 6
Feldkirchen	D	48 08 24	11 44 00	ö	0 46 56	− 8
Feldmoching	D	48 13 12	11 31 32	ö	0 46 06	− 8
Feldsberg	CS	48 45 00	16 45 00	ö	1 07 00	−11
Fellbach	D	48 48 36	9 16 40	ö	0 37 07	− 6
Fellin	SU	58 23 20	25 30 45	ö	1 42 03	−17
Fells	E	41 16 12	1 57 38	ö	0 07 51	− 1
Felsogalla	H	47 31 55	18 26 58	ö	1 13 48	−12
Feltre	I	46 00 52	11 54 29	ö	0 47 38	− 8
Feodosia	SU	45 01 55	35 23 57	ö	2 21 36	−23
Fergana	SU	40 22 55	71 43 55	ö	4 46 56	−47
Fermo	I	43 10 00	13 42 58	ö	0 54 52	− 9
Ferney-Voltaire	F	46 15 27	1 26 10	w	0 05 45	+ 1
Ferrara	I	44 50 35	11 36 51	ö	0 46 27	− 8
Ferrol	E	43 28 40	8 13 40	w	0 32 55	+ 5
Feuchtwangen	D	49 10 08	10 18 40	ö	0 41 15	− 7
Feudingen	D	50 57 08	8 20 20	ö	0 33 21	− 5
Feuerbach	D	48 48 36	9 09 16	ö	0 36 37	− 6
Fichtenberg	D	48 58 57	9 52 52	ö	0 39 31	− 6
Figeac	F	44 36 40	2 02 04	ö	0 08 08	− 1
Figueira	P	40 08 55	8 50 55	w	0 35 24	+ 6
Figueras	E	42 16 05	2 57 30	ö	0 11 50	− 2
Filipstadt	S	59 43 00	14 10 00	ö	0 56 40	− 9
Finale Emilia	I	44 48 57	11 16 48	ö	0 45 07	− 7
Finby	SF	60 05 55	22 56 58	ö	1 31 48	−15
Finisterre	E	42 52 43	9 15 33	w	0 37 03	+ 6
Finkenwalde	D	53 21 48	14 37 58	ö	0 58 32	−10
Finspaug	S	58 42 55	15 45 55	ö	1 03 04	−10
Finsterwalde	D	51 37 30	13 41 24	ö	0 54 46	− 9

Ort	Land	Breite ° ′ ″	Länge ° ′ ″	ö w	Zeitunter. h m s	SZK
Fintel	D	53 10 40	9 39 04	ö	0 38 36	− 6
Finthen	D	49 58 52	8 10 30	ö	0 32 42	− 5
Fischhausen	D	54 43 49	20 00 30	ö	1 20 02	−13
Fiume	YU	45 20 00	14 26 57	ö	0 57 48	−10
Fjeri	AL	40 43 55	19 32 30	ö	1 18 10	−13
Fladstrand	DK	57 26 58	10 33 27	ö	0 42 14	− 7
Flahult	SU	57 41 55	14 07 58	ö	0 56 32	− 9
Flamersheim	D	50 34 20	6 51 04	ö	0 27 24	− 5
Flatholme	GB	51 22 55	3 05 55	w	0 12 24	+ 2
Flatow	D	53 21 40	17 02 08	ö	1 08 09	−11
Flèche	F	47 42 04	0 04 37	w	0 00 18	+ 0
Flechtingen	D	52 19 52	11 14 12	ö	0 44 57	− 7
Flehingen	D	49 05 28	8 42 20	ö	0 34 49	− 6
Flein	D	49 06 24	9 15 16	ö	0 37 01	− 6
Flekkerö	N	58 05 00	8 00 57	ö	0 32 04	− 5
Flensburg	D	54 47 05	9 26 12	ö	0 37 45	− 6
Flers	F	48 45 00	0 32 55	w	0 02 12	+ 0
Flinsberg	D	50 55 00	15 20 55	ö	1 01 24	−10
Flintsbach	D	48 42 55	13 09 12	ö	0 52 37	− 9
Flitsch	I	46 19 55	13 32 58	ö	0 54 12	− 9
Floh	D	50 45 15	10 27 40	ö	0 41 51	− 7
Flöha	D	50 52 12	13 01 04	ö	0 52 04	− 9
Flonheim	D	49 47 08	8 02 16	ö	0 32 09	− 5
Florenz	I	43 46 49	11 15 25	ö	0 45 02	− 7
Florina	GR	40 46 55	21 25 00	ö	1 25 40	−14
Flötenstein	D	53 54 30	17 01 36	ö	1 08 06	−11
Flüh	CH	47 28 55	7 30 58	ö	0 30 04	− 5
Fluorn	D	48 18 45	8 28 58	ö	0 33 56	− 6
Fluterschen	D	50 40 00	7 38 12	ö	0 30 33	− 5
Focsani	R	45 40 00	27 05 10	ö	1 48 21	−18
Foggia	I	41 27 55	15 33 48	ö	1 02 15	−10
Foix	F	42 57 57	1 36 11	ö	0 06 25	− 1
Foligno	I	42 56 58	12 14 46	ö	0 48 59	− 0
Folkestone	GB	51 05 00	1 10 55	ö	0 04 44	− 1
Fontainebleau	F	48 24 25	2 42 02	ö	0 10 48	− 2
Fontanella	I	45 10 55	10 21 48	ö	0 41 27	− 7
Fontenay	F	46 28 04	0 48 31	w	0 03 14	+ 1
Foppolo	I	46 02 55	9 44 44	ö	0 38 59	− 6
Forbach	F	49 11 13	6 54 03	ö	0 27 36	+ 5
Forcalquier	F	43 57 34	5 46 51	ö	0 23 07	− 4
Forchheim/Ofr.	D	49 43 32	11 03 57	ö	0 44 16	− 7
Forfar	GB	56 38 53	2 52 58	w	0 11 32	+ 2
Forli	I	44 13 21	12 02 32	ö	0 48 10	− 8

Ort	Land	Breite ° ′ ″	Länge ° ′ ″	ö w	Zeitunter. h m s	SZK
Forres	GB	57 36 55	3 36 57	w	0 14 28	+ 2
Forse	S	63 08 55	17 01 58	ö	1 08 08	−11
Forshult	S	59 57 58	13 31 57	ö	0 54 08	− 9
Forssa	SF	60 48 00	23 37 59	ö	1 34 32	−16
Forst	D	51 44 43	14 38 57	ö	0 58 36	−10
Fossano	I	44 33 00	7 45 00	ö	0 31 00	− 5
Fougères	F	48 21 09	1 12 21	w	0 04 49	+ 1
Fouras	F	45 49 10	1 05 50	w	0 04 24	+ 1
Framersheim	D	49 45 00	8 10 28	ö	0 32 42	− 5
Frankenberg/Hessen	D	51 03 36	8 48 36	ö	0 35 14	− 6
Frankenberg/Sachsen	D	50 40 00	13 01 32	ö	0 52 06	− 9
Frankenheim	D	50 32 55	10 05 00	ö	0 40 20	− 7
Frankenstein	D	50 35 37	16 48 51	ö	1 07 15	−11
Frankenthal	D	49 32 06	8 21 24	ö	0 33 26	− 5
Frankfurt/M.	D	50 06 44	8 40 55	ö	0 34 44	− 6
Frankfurt/O.	D	52 20 40	14 33 22	ö	0 58 13	−10
Franzburg	D	54 11 24	12 52 30	ö	0 51 30	− 8
Franzensbad	CS	50 07 00	12 15 00	ö	0 49 00	− 8
Fraserburgh	GB	57 42 00	2 00 00	w	0 08 00	+ 1
Frauenberg	D	51 04 42	9 36 42	ö	0 38 27	− 6
Frauenburg	D	54 21 28	19 41 15	ö	1 18 45	−13
Frauenfeld	CH	47 33 24	8 53 56	ö	0 35 36	− 6
Frauenstein/Hessen	D	50 04 12	8 08 52	ö	0 32 35	− 5
Frauenstein/Sachsen	D	50 47 58	13 32 24	ö	0 54 10	− 9
Frauenwald	A	47 32 00	15 51 00	ö	1 03 24	−10
Fraulautern	D	49 19 24	6 47 58	ö	0 27 12	− 4
Fraustadt	D	51 48 19	16 19 09	ö	1 05 17	−11
Frechen	D	50 55 00	6 49 00	ö	0 27 16	− 4
Frederiksborg	DK	55 57 59	12 22 55	ö	0 49 32	− 8
Frederikshavn	DK	57 26 05	10 32 36	ö	0 42 10	− 7
Frederiksstad	N	59 11 55	10 56 10	ö	0 43 45	− 7
Frederiksberg	S	60 08 55	14 22 00	ö	0 57 28	− 9
Fréhel	F	48 41 12	2 18 33	w	0 09 14	+ 2
Freiberg	D	50 54 12	13 20 50	ö	0 53 23	− 9
Freiburg/Breisgau	D	47 59 40	7 51 10	ö	0 31 25	− 5
Freiburg/Han.	D	53 49 39	9 17 30	ö	0 37 10	− 6
Freiburg/Schl.	D	50 51 39	16 19 20	ö	1 05 17	−11
Freiburg	CH	46 48 09	7 08 02	ö	0 28 32	− 5
Freiendiez	D	50 22 52	8 02 20	ö	0 32 09	− 5
Freienohl	D	51 22 48	8 09 52	ö	0 32 39	− 5
Freiensteinau	D	50 25 30	9 24 12	ö	0 37 37	− 6
Freienwalde/Brandenb.	D	52 47 20	14 01 52	ö	0 56 07	− 9
Freienwalde/Pommern	D	53 27 32	15 20 28	ö	1 01 22	−10

Ort	Land	Breite ° ′ ″	Länge ° ′ ″	ö w	Zeitunter. h m s	SZK
Freilassing	D	47 49 52	12 58 12	ö	0 51 53	− 9
Freising	D	48 23 58	11 44 50	ö	0 46 59	− 8
Freistadt	PL	49 50 58	18 32 57	ö	1 14 12	−12
Freistadt	A	48 30 45	14 30 23	ö	0 58 02	−10
Freistett	D	48 54 10	7 51 08	ö	0 31 25	− 5
Freiwaldau	D	51 26 36	15 05 55	ö	1 00 24	−10
Fréjus	F	43 25 54	6 44 09	ö	0 26 57	− 4
Fresenburg	D	52 52 54	7 19 24	ö	0 29 18	− 5
Freudenstadt	D	48 27 40	8 24 40	ö	0 33 39	− 6
Freudenthal	CS	49 58 28	17 26 36	ö	1 09 46	−11
Freyburg	D	51 13 20	11 46 32	ö	0 47 05	− 8
Freyenstein	D	53 17 36	12 21 28	ö	0 49 26	− 8
Freystadt/Schl.	D	51 45 00	15 35 44	ö	1 02 23	−10
Freystadt/Wpr.	D	53 36 28	19 15 48	ö	1 17 03	−13
Frickenhausen	D	48 20 44	9 21 55	ö	0 37 28	− 6
Frickenhofen	D	48 56 36	9 47 42	ö	0 39 11	− 6
Frickhofen	D	50 30 00	8 02 00	ö	0 32 08	− 5
Fridingen	D	48 01 16	8 26 40	ö	0 33 47	− 6
Fridolfing	D	48 00 00	12 49 36	ö	0 51 18	− 8
Friedberg	D	50 20 20	8 45 20	ö	0 35 01	− 6
Friedberg	A	47 27 00	16 03 00	ö	1 04 12	−11
Friedeberg	D	52 52 50	15 32 04	ö	1 02 08	−10
Friedersdorf/Brandenb.	D	51 45 00	15 10 00	ö	1 00 40	−10
Friedersdorf	D	49 30 00	12 05 00	ö	0 48 20	− 8
Friedland/Mbg.	D	53 40 20	13 33 20	ö	0 54 13	− 9
Friedland/Opr.	D	54 26 24	20 59 30	ö	1 23 58	−14
Friedland/Schl.	D	50 40 00	16 10 55	ö	1 04 44	−11
Friedland	CS	50 55 00	15 03 55	ö	1 00 16	−10
Friedrichsdorf	D	50 15 52	8 38 28	ö	0 34 34	− 6
Friedrichsgrätz	D	50 42 40	18 17 30	ö	1 13 10	−12
Friedrichshafen	D	47 38 48	9 28 56	ö	0 37 56	− 6
Friedrichshain	D	51 36 16	14 34 28	ö	0 58 18	−10
Friedrichsrode	D	51 21 55	10 36 57	ö	0 42 16	− 7
Friedrichsstadt	D	54 22 28	9 06 36	ö	0 36 26	− 6
Frielendorf	D	50 58 12	9 19 44	ö	0 37 19	− 6
Friemar	D	50 58 44	10 47 28	ö	0 43 10	− 7
Friesoythe	D	53 01 16	7 40 40	ö	0 30 43	− 5
Frillendorf	D	51 27 40	7 04 32	ö	0 28 18	− 5
Frimmersdorf	D	51 02 36	6 36 40	ö	0 26 27	− 4
Fritzen	D	54 50 00	20 33 55	ö	1 22 16	−14
Fritzlar	D	51 07 00	9 17 00	ö	0 37 00	− 6
Frohse	D	52 02 18	11 40 00	ö	0 46 40	− 8
Fröjen	N	63 40 00	8 15 00	ö	0 33 00	− 5

Ort	Land	Breite ° ′ ″	Länge ° ′ ″	ö w	Zeitunter. h m s	SZK
Frosinone	I	41 38 57	13 21 58	ö	0 53 25	− 9
Frunze	SU	42 53 55	74 35 57	ö	4 58 24	−49
Fuchsberg	D	54 46 54	20 32 54	ö	1 22 12	−14
Füchtorf	D	52 03 16	8 01 56	ö	0 32 08	− 5
Fuenterrabia	E	43 21 50	1 47 37	w	0 07 10	+ 1
Fulda	D	50 33 44	9 40 18	ö	0 38 41	− 6
Fünfkirchen = Pecs	H	46 04 36	18 13 57	ö	1 12 56	−12
Fünfstetten	D	48 48 44	10 46 32	ö	0 43 06	− 7
Fürfeld	D	49 46 20	7 54 16	ö	0 31 37	− 5
Furka	AL	40 10 00	20 32 30	ö	1 22 10	−14
Furnes	B	51 04 24	2 39 46	ö	0 10 39	− 2
Furnögrund	S	64 55 25	21 13 56	ö	1 24 56	−14
Fürstenberg/Oder i. Br.	D	52 08 55	14 40 48	ö	0 58 43	−10
Fürstenberg/Mecklenb.	D	53 10 55	13 10 00	ö	0 52 40	− 9
Fürstenberg/Westf.	D	51 44 12	9 23 57	ö	0 37 36	− 6
Fürstenfeld	A	47 01 55	16 05 00	ö	1 04 20	−11
Fürstenfelde	D	52 43 16	14 34 20	ö	0 58 17	−10
Fürstenfeldbruck	D	48 11 00	11 15 45	ö	0 45 03	− 7
Fürstenwalde/Spree	D	52 21 34	14 04 02	ö	0 56 16	− 9
Fürstenwerder	D	53 22 55	13 26 40	ö	0 54 27	− 9
Fürth b. Nürnberg	D	49 28 30	10 59 20	ö	0 43 58	− 7
Fürth/Odenw.	D	49 38 44	8 47 30	ö	0 35 10	− 6
Furth	D	49 18 55	12 51 58	ö	0 51 25	− 8
Furtwangen	D	48 02 56	8 12 18	ö	0 32 49	− 5
Fusch, Bad	A	47 12 55	12 48 57	ö	0 51 16	− 8
Fussgönheim	D	49 27 24	8 17 28	ö	0 33 10	− 5
Fuzine	YU	45 18 25	14 42 50	ö	0 58 51	−10
Gabel	CS	50 05 55	17 15 56	ö	1 09 04	−11
Gabelbach	D	48 23 15	10 33 38	ö	0 42 15	− 7
Gabersdorf	D	50 30 55	16 38 16	ö	1 06 33	−11
Gablonz = Jablonec	CS	50 42 56	15 10 57	ö	1 00 40	−10
Gabrovo	BG	42 52 36	25 19 15	ö	1 41 17	−17
Gäddede	S	64 30 00	14 06 55	ö	0 56 28	− 9
Gaeta	I	41 12 44	13 34 40	ö	0 54 19	− 9
Gaggenau	D	48 48 00	8 19 20	ö	0 33 17	− 5
Gahlen	D	51 43 50	14 00 50	ö	0 56 03	− 9
Gaildorf	D	49 00 18	9 46 30	ö	0 39 06	− 6
Gaillac	F	43 54 00	1 53 46	ö	0 07 35	− 1
Gaimersheim	D	48 47 56	11 11 16	ö	0 44 45	− 7
Gainsborough	GB	54 25 00	0 45 00	w	0 03 00	+ 0
Galanta	CS	48 11 55	17 43 56	ö	1 10 56	−12

Ort	Land	Breite ° ′ ″	Länge ° ′ ″	ö w	Zeitunter. h m s	SZK
Galashiels	GB	55 36 57	2 48 57	w	0 11 16	− 2
Galatz	R	45 26 12	28 03 25	ö	1 52 14	−18
Gallarate	I	45 38 55	8 48 48	ö	0 35 15	− 6
Gallipolli	I	40 03 45	17 58 55	ö	1 11 56	−12
Gällivare	S	67 07 40	20 30 35	ö	1 22 40	−14
Galtür	A	46 57 58	10 10 55	ö	0 40 44	− 7
Galway	IRL	53 20 30	9 29 57	ö	0 37 38	− 6
Gambatesa	I	41 30 00	14 56 50	ö	0 59 47	−10
Gammalkroppa	S	59 40 55	14 18 55	ö	0 57 16	− 9
Gammertingen	D	48 14 52	9 13 30	ö	0 36 54	− 6
Gamparta	I	46 07 55	11 06 55	ö	0 44 28	− 7
Gamshurst	D	48 39 54	8 01 12	ö	0 32 05	− 5
Ganderkesee	D	53 03 05	8 30 00	ö	0 34 00	− 6
Gandersheim	D	51 53 45	9 31 30	ö	0 38 06	− 6
Gangelt	D	51 00 00	6 00 00	ö	0 24 00	− 4
Gannat	F	46 06 01	3 11 53	ö	0 12 48	− 2
Gap	F	44 33 30	6 04 41	ö	0 24 19	− 4
Garda	I	45 35 00	10 40 00	ö	0 42 40	− 7
Gardelegen	D	52 31 55	11 23 55	ö	0 45 36	− 7
Garding	D	54 20 20	8 47 14	ö	0 35 09	− 6
Garham	D	48 41 14	13 12 10	ö	0 52 49	− 9
Garm	SU	39 00 00	70 25 00	ö	4 41 40	−46
Garmisch-Partenkirchen	D	47 29 20	11 04 45	ö	0 44 19	− 7
Gärtringen	D	48 38 37	8 53 44	ö	0 35 35	− 6
Gartz/Oder	D	53 12 38	14 23 34	ö	0 57 34	− 9
Garz/Havel	D	52 45 00	12 13 00	ö	0 48 52	− 8
Garz/Prignitz	D	53 03 30	12 06 45	ö	0 48 27	− 8
Garz/Rügen	D	54 15 00	13 20 00	ö	0 53 20	− 9
Garz/Ruppin	D	52 50 00	12 08 15	ö	0 48 33	− 8
Garz/Usedom	D	53 53 12	14 10 30	ö	0 56 42	− 9
Gastein, Bad	A	47 06 55	13 07 55	ö	0 52 32	− 9
Gateshead	GB	54 57 56	1 35 57	w	0 06 24	+ 1
Gaustadt	D	49 54 07	10 51 15	ö	0 43 25	− 7
Gauting	D	48 04 30	11 22 30	ö	0 45 30	− 7
Gautzsch	D	51 16 38	12 19 08	ö	0 49 17	− 8
Gavirate	I	45 50 00	9 00 45	ö	0 36 03	− 6
Gaya	CS	49 01 00	17 07 57	ö	1 08 32	−11
Gazzuolo	I	45 03 55	10 58 46	ö	0 43 55	− 7
Gebweiler	F	47 54 25	7 12 56	ö	0 28 52	− 5
Geertruidenberg	NL	51 42 03	4 51 48	ö	0 19 27	− 3
Geestemünde	D	53 31 50	8 34 40	ö	0 34 19	− 6
Geesthacht	D	53 26 05	10 22 55	ö	0 41 32	− 7
Gefell	D	50 26 55	11 51 18	ö	0 47 25	− 8

Ort	Land	Breite ° ′ ″	Länge ° ′ ″	ö w	Zeitunter. h m s	SZK
Gefle	S	60 39 45	17 07 50	ö	1 08 31	−11
Gefrees	D	50 05 55	11 45 00	ö	0 47 00	− 8
Gehlberg	D	50 40 30	10 47 20	ö	0 43 09	− 7
Gehlenbeck	D	52 18 15	8 38 58	ö	0 34 36	− 6
Gehlsdorf	D	52 15 20	12 14 30	ö	0 48 58	− 8
Gehrden	D	52 18 57	9 36 28	ö	0 38 26	− 6
Gehren/Thür.	D	50 36 55	11 00 00	ö	0 44 00	− 7
Gehren/Brand.	D	51 03 45	13 39 55	ö	0 54 40	− 9
Geilenkirchen	D	50 58 05	6 07 10	ö	0 24 30	− 4
Geilsdorf	D	50 25 00	12 02 12	ö	0 48 09	− 8
Geisenfeld	D	48 41 25	11 36 17	ö	0 46 25	− 8
Geisenheim	D	49 58 57	7 58 59	ö	0 31 52	− 5
Geislingen/Steige	D	48 38 00	9 49 50	ö	0 39 19	− 6
Geismar	D	51 12 55	10 10 52	ö	0 40 43	− 7
Geistigen	D	50 45 56	7 16 48	ö	0 29 07	− 5
Geithain	D	51 03 55	12 41 38	ö	0 50 46	− 8
Geldern	D	51 31 05	6 19 15	ö	0 25 17	− 4
Geldersheim	D	50 02 55	10 09 15	ö	0 40 37	− 7
Gelenau	D	50 39 08	12 58 30	ö	0 51 54	− 9
Gelendschik	SU	44 33 24	38 04 10	ö	2 32 17	−25
Gellern	D	54 27 55	13 12 57	ö	0 52 52	− 9
Gelnhausen	D	50 12 51	9 09 30	ö	0 36 26	− 6
Gelsenkirchen	D	51 30 39	7 05 47	ö	0 28 23	− 5
Gemünd	D	50 34 40	6 30 50	ö	0 26 03	− 4
Gemünden/Hess.	D	50 58 00	8 59 00	ö	0 35 56	− 6
Gemünden/Ufr.	D	50 03 30	9 42 15	ö	0 38 49	− 6
Genf	CH	46 11 59	6 08 57	ö	0 24 36	− 4
Gengenbach	D	48 25 15	8 00 30	ö	0 32 02	− 5
Geniai	SU	55 10 15	22 02 12	ö	1 28 09	−14
Geniel	P	51 30 36	6 16 36	ö	0 25 06	− 4
Gent = Gand	B	51 03 12	3 43 37	ö	0 14 54	− 2
Genthin	D	52 24 55	12 10 43	ö	0 48 43	− 8
Genua = Genova	I	44 25 09	8 54 27	ö	0 35 38	− 6
Georgiewsk	SU	44 08 52	43 28 34	ö	2 53 54	−29
Georgsthal	YU	45 41 55	14 21 58	ö	0 57 28	− 9
Gera	D	50 52 56	12 04 58	ö	0 48 20	− 8
Geraberg	D	50 42 08	10 48 57	ö	0 43 16	− 7
Gerabronn	D	49 15 20	9 55 30	ö	0 39 42	− 7
Geradstetten	D	48 49 15	9 20 55	ö	0 37 24	− 6
Gerdauen	D	54 21 25	21 17 58	ö	1 25 12	−14
Gerhausen	D	48 23 37	9 48 53	ö	0 39 16	− 6
Geringswalde	D	51 04 46	12 54 30	ö	0 51 38	− 8
Gerlachsheim	D	49 33 08	9 44 15	ö	0 38 57	− 6

Ort	Land	Breite ° ′ ″	Länge ° ′ ″	ö w	Zeitunter. h m s	SZK
Gerlenhofen	D	48 20 15	10 00 56	ö	0 40 04	− 7
Germersheim	D	49 13 12	8 22 18	ö	0 33 29	− 6
Gernrode	D	51 43 22	11 07 46	ö	0 44 31	− 7
Gernsbach	D	48 45 30	8 20 10	ö	0 33 22	− 5
Gernsheim	D	49 45 00	8 29 15	ö	0 33 57	− 6
Gerona	E	41 59 15	2 49 28	ö	0 11 18	− 2
Gersau	CH	47 00 00	8 30 55	ö	0 34 04	− 6
Gersdorf	D	51 06 54	15 19 08	ö	1 01 17	−10
Gersfeld	D	50 26 55	9 55 57	ö	0 39 44	− 7
Gersten	D	52 35 08	7 30 58	ö	0 30 04	− 5
Gerstetten	D	48 37 28	10 01 14	ö	0 40 05	− 7
Gerstungen	D	50 57 30	10 03 37	ö	0 40 14	− 7
Gerthe	D	51 31 18	7 16 30	ö	0 29 06	− 5
Geta	SF	60 22 55	19 50 55	ö	1 19 24	−13
Gettorf	D	54 24 45	9 58 20	ö	0 39 53	− 7
Geveisberg	D	51 19 20	7 20 50	ö	0 29 22	− 5
Gex	F	46 20 09	6 03 33	ö	0 24 14	− 4
Geyer	D	50 38 10	12 55 00	ö	0 51 40	− 8
Gheel	B	51 09 38	4 59 10	ö	0 19 57	− 3
Giarratana	I	37 03 55	14 43 48	ö	0 58 55	−10
Gibraltar	GB	36 06 23	5 20 54	w	0 21 24	+ 4
Giedraiciai	SU	55 03 20	25 20 15	ö	1 41 21	−17
Gielde	D	52 02 30	10 29 12	ö	0 41 57	− 7
Giesdorf	D	51 05 12	17 46 12	ö	1 11 05	−12
Giessen	D	50 35 20	8 40 30	ö	0 34 42	− 6
Giesshübl-Sauerbrunn	CS	50 15 55	13 01 00	ö	0 52 04	− 9
Gifhorn	D	52 30 00	10 32 38	ö	0 42 11	− 7
Gijon	E	43 32 38	5 40 31	w	0 22 42	+ 4
Gilching	D	48 06 35	11 17 40	ö	0 45 11	− 7
Gilgenburg	D	53 26 15	19 21 37	ö	1 17 26	−13
Gilleleje	DK	56 06 12	12 20 57	ö	0 49 24	− 8
Gillingham	GB	51 23 00	0 33 00	ö	0 02 12	− 0
Gilly	B	50 25 55	4 30 00	ö	0 18 00	− 3
Gimborn	D	51 03 55	7 28 48	ö	0 29 55	− 5
Gimo	S	60 10 55	18 10 55	ö	1 12 44	−12
Girgenti = Agrigento	I	37 15 39	13 32 35	ö	0 54 10	− 9
Gisselas	S	63 41 55	15 21 57	ö	1 01 28	−10
Gittelde	D	51 48 02	10 10 30	ö	0 40 42	− 7
Glamis	GB	56 36 55	3 00 00	w	0 12 00	+ 2
Glarus	CH	47 02 43	9 03 05	ö	0 36 12	− 6
Glasgow	GB	55 52 30	4 15 54	w	0 17 04	+ 3
Glashütte	D	50 51 10	13 46 20	ö	0 55 09	− 9
Glasow	SU	58 07 55	52 40 56	ö	3 30 44	−35

Ort	Land	Breite ° ′ ″	Länge ° ′ ″	ö w	Zeitunter. h m s	SZK
Glattbach	D	50 41 44	10 08 18	ö	0 40 33	− 7
Glatz	D	50 27 02	16 41 05	ö	1 06 44	−11
Glaubitz	D	51 19 30	13 23 18	ö	0 53 33	− 9
Glauchau	D	50 47 55	12 12 57	ö	0 48 52	− 8
Glauzig	D	51 38 55	11 58 57	ö	0 47 56	− 8
Gleichenberg	A	46 52 55	15 53 58	ö	1 03 46	−10
Gleiwitz	D	50 17 42	18 40 06	ö	1 14 40	−12
Glinau	D	52 18 55	16 08 57	ö	1 04 36	−11
Glindow	D	52 21 23	12 50 30	ö	0 51 22	− 8
Glogau	D	51 39 54	16 05 42	ö	1 04 23	−11
Gloucester	GB	51 52 03	2 14 41	w	0 08 59	+ 1
Gluchow	SU	51 40 41	33 54 40	ö	2 15 39	−22
Glückstadt	D	53 47 23	9 25 35	ö	0 37 42	− 6
Gmünd, Schwäbisch	D	48 47 57	9 47 50	ö	0 39 12	− 6
Gmunden	A	47 55 00	13 47 58	ö	0 55 12	− 9
Gnadenfeld	D	50 14 36	18 02 56	ö	1 12 12	−12
Gnesen	PL	52 32 18	17 35 41	ö	1 10 23	−12
Goch	D	51 40 22	6 08 49	ö	0 24 35	− 4
Goddelau	D	49 50 15	8 30 00	ö	0 34 00	− 6
Godesberg	D	50 40 34	7 08 38	ö	0 28 35	− 5
Göding	CS	48 50 55	17 07 57	ö	1 08 32	−11
Goedereede	NL	51 49 08	3 58 35	ö	0 15 54	− 3
Goes	NL	51 30 13	3 53 28	ö	0 15 34	− 3
Göggingen	D	48 20 30	10 52 15	ö	0 43 29	− 7
Goldap	D	54 18 30	22 17 58	ö	1 29 12	−15
Goldberg/Mbg.	D	53 35 44	12 05 45	ö	0 48 23	− 8
Goldberg/Schl.	D	51 07 55	15 55 00	ö	1 03 40	−10
Goldenstädt/Mbg.	D	53 27 14	11 30 00	ö	0 46 00	− 8
Goldenstedt/Old.	D	52 47 53	8 26 42	ö	0 33 47	− 6
Goldingen	SU	56 32 05	21 19 30	ö	1 25 18	−14
Golkovska	SU	57 10 15	26 41 30	ö	1 46 46	−18
Golli Vrh	YU	42 31 55	18 42 56	ö	1 14 52	−12
Gollnow	D	53 33 55	14 51 57	ö	0 59 28	−10
Golschwitz	D	50 46 57	17 45 00	ö	1 11 00	−12
Golzwarden	D	53 20 45	8 27 50	ö	0 33 51	− 6
Gomaringen	D	48 26 49	9 06 03	ö	0 36 24	− 6
Gomel	SU	52 27 00	31 00 00	ö	2 04 00	−20
Gommern	D	52 04 09	11 50 10	ö	0 47 22	− 8
Gondomar	E	42 06 55	8 45 00	w	0 35 00	+ 6
Göppingen	D	48 42 10	9 39 10	ö	0 38 37	− 6
Göritzheim	D	50 58 08	12 47 58	ö	0 51 12	− 8
Gorki	SU	56 20 00	44 00 00	ö	2 56 00	−29
Gorkum	NL	51 50 00	4 55 57	ö	0 19 44	− 3

Ort	Land	Breite ° ′ ″	Länge ° ′ ″	ö w	Zeitunter. h m s	SZK
Gorla Minore	I	45 38 55	9 06 48	ö	0 36 27	− 6
Gorlice	PL	49 38 55	21 09 57	ö	1 24 40	−14
Görlitz	D	51 09 27	14 59 33	ö	0 59 58	−10
Gornsdorf	D	50 42 44	12 52 52	ö	0 51 31	− 8
Görtz = Goriza	I	45 56 25	13 40 30	ö	0 54 42	− 9
Göschenen	CH	46 40 00	8 35 00	ö	0 34 20	− 6
Goslar	D	51 54 24	10 25 44	ö	0 41 43	− 7
Goslawitz	D	50 41 48	17 56 24	ö	1 11 46	−12
Gossensass	I	45 56 57	11 26 58	ö	0 45 48	− 8
Gössweinstein	D	49 45 56	11 19 57	ö	0 45 20	− 7
Göteborg	S	57 41 18	11 54 19	ö	0 47 37	− 8
Gotenhafen = Gdynia	PL	54 30 00	18 33 55	ö	1 14 16	−12
Gotha	D	50 56 38	10 42 37	ö	0 42 50	− 7
Götlunda	S	58 32 55	14 00 00	ö	0 56 00	− 9
Gotska Sandö	S	58 23 57	19 11 55	ö	1 16 48	−13
Göttingen	D	51 31 48	9 56 34	ö	0 39 46	− 7
Gottleuba	D	50 50 44	13 56 28	ö	0 55 46	− 9
Gottmadingen	D	47 45 00	8 46 30	ö	0 35 06	− 6
Gottmannsförde	D	53 40 48	11 17 42	ö	0 45 11	− 7
Gottschee	YU	45 37 55	14 50 57	ö	0 59 24	−10
Göttweig	A	48 21 55	15 36 57	ö	1 02 28	−10
Gouda	NL	52 00 40	4 42 42	ö	0 18 51	− 3
Gourdon	F	44 44 15	1 22 52	ö	0 05 31	− 1
Goy	D	50 55 24	17 40 30	ö	1 10 42	−12
Goyaz	D	52 01 15	14 10 14	ö	0 56 41	− 9
Grabowsee	D	52 46 57	13 17 58	ö	0 53 12	− 9
Grächen	CH	46 11 55	7 50 57	ö	0 31 24	− 5
Gradisca	I	45 52 55	13 30 06	ö	0 54 00	− 9
Gradishsk	SU	49 12 12	33 07 47	ö	2 12 31	−22
Graditz	D	51 32 45	13 03 53	ö	0 52 16	− 9
Grado	I	45 39 55	13 27 50	ö	0 53 51	− 9
Gräfendorf	D	50 40 06	11 31 48	ö	0 46 07	− 8
Gräfenheinichen	D	51 44 45	12 27 38	ö	0 49 51	− 8
Gräfenthal	D	50 31 38	11 18 30	ö	0 45 14	− 7
Gralow	D	52 44 12	15 23 48	ö	1 01 35	−10
Grambke	D	53 08 15	8 42 52	ö	0 34 51	− 6
Gramm	DK	55 17 55	9 02 57	ö	0 36 12	− 6
Granada	E	37 12 15	3 34 45	w	0 14 19	+ 2
Gransee	D	53 01 00	13 09 23	ö	0 52 38	− 9
Granville	F	48 50 07	1 36 51	w	0 06 27	+ 1
Grasleben	D	51 18 30	11 00 52	ö	0 44 03	− 7
Grassau	D	52 39 46	11 35 46	ö	0 46 23	− 8
Grasse	F	43 39 28	6 55 29	ö	0 27 42	− 5

Ort	Land	Breite	Länge	ö	Zeitunter.	SZK
		° ′ ″	° ′ ″	w	h m s	
Graudenz = Grudziadz	PL	53 29 51	18 45 25	ö	1 15 02	−12
Gravasa	YU	42 40 00	18 05 00	ö	1 12 20	−12
Gravelines	F	50 59 12	2 07 51	ö	0 08 31	− 2
s'Gravenhage = Den Haag	NL	52 04 42	4 18 30	ö	0 17 14	− 3
Gravesande	NL	52 00 17	4 09 41	ö	0 16 39	− 3
Gravesend	GB	51 25 55	0 22 00	ö	0 01 28	− 0
Gray	F	47 26 49	5 35 32	ö	0 22 22	− 4
Graz	A	47 04 37	15 26 41	ö	1 01 47	−10
Great Yarmouth	GB	52 36 30	1 43 44	ö	0 06 55	− 1
Greding	D	49 03 15	11 19 10	ö	0 45 18	− 7
Greene	D	51 52 28	9 55 28	ö	0 39 42	− 7
Greenock	GB	55 56 53	4 45 17	w	0 19 01	+ 3
Greenwich	GB	51 28 38	0 00 00	-	0 00 00	0
Greetsiel	D	53 30 00	7 06 30	ö	0 28 26	− 5
Greffen	D	51 58 46	8 08 58	ö	0 32 36	− 5
Greifenberg/Pommern	D	53 54 55	15 12 01	ö	1 00 48	−10
Greifendorf	D	51 01 35	13 06 44	ö	0 52 27	− 9
Greifenhagen	D	53 15 55	14 29 58	ö	0 58 00	−10
Greiffenberg/Schlesien	D	51 01 49	15 25 15	ö	1 01 41	−10
Greiffenberg/Uckermark	D	53 07 24	13 56 36	ö	0 55 46	− 9
Greifswald	D	54 05 49	13 22 44	ö	0 53 31	− 9
Grein	A	48 13 55	14 50 57	ö	0 59 24	−10
Greiz	D	50 39 26	12 12 08	ö	0 48 49	− 8
Gremboczin	PL	53 03 18	18 42 12	ö	1 14 49	−12
Grenoble	F	45 11 12	5 43 50	ö	0 22 55	− 4
Grenzach	D	47 33 30	7 41 54	ö	0 30 48	− 5
Greven	D	52 06 15	7 37 38	ö	0 30 31	− 5
Grevenbroich	D	51 05 44	6 35 43	ö	0 26 23	− 4
Grevenmacher	L	49 39 40	6 26 56	ö	0 25 48	− 4
Grevesmühlen	D	53 51 25	11 10 00	ö	0 44 40	− 7
Grignon	F	47 33 42	4 24 30	ö	0 17 38	− 3
Grillenberg	D	51 31 45	11 18 26	ö	0 45 14	− 7
Grimlinghausen	D	51 10 38	6 44 14	ö	0 26 57	− 4
Grimma	D	51 14 20	12 43 40	ö	0 50 55	− 8
Grimmen	D	54 06 53	13 03 15	ö	0 52 13	− 9
Grimsby	GB	53 33 55	0 05 00	w	0 00 20	+ 0
Grimstad	N	58 19 58	8 35 56	ö	0 34 24	− 6
Grobina	SU	56 32 15	21 10 40	ö	1 24 43	−14
Gröbnig	D	50 10 45	17 53 10	ö	1 11 33	−12
Gröbzig	D	51 40 40	11 52 15	ö	0 47 29	− 9
Grodek	PL	49 45 55	23 38 57	ö	1 34 36	−16
Grodno	PL	53 40 31	23 49 57	ö	1 35 20	−16
Groitzsch	D	51 09 35	12 15 55	ö	0 49 04	− 8

Ort	Land	Breite ° ′ ″	Länge ° ′ ″	ö w	Zeitunter. h m s	SZK
Groix	F	47 38 53	3 30 35	w	0 14 02	+ 2
Gronau/Westf.	D	52 13 01	7 01 36	ö	0 28 06	− 5
Grondischken	D	54 14 24	21 54 42	ö	1 27 39	−14
Groningen	NL	53 13 19	6 33 48	ö	0 26 15	− 4
Grono	CH	46 15 00	9 08 57	ö	0 36 36	− 6
Grönsinka	S	60 18 57	16 34 58	ö	1 06 20	−11
Grossbeeren	D	52 20 55	13 18 57	ö	0 53 16	− 9
Grossblandau	D	54 11 55	22 16 57	ö	1 29 08	−15
Grossbreitenbach	D	50 35 00	11 00 50	ö	0 44 03	− 7
Grosscammin	D	52 38 55	14 47 12	ö	0 59 09	−10
Grossenaspe	D	53 58 30	9 57 50	ö	0 39 51	− 7
Grossenhain	D	51 17 58	13 32 57	ö	0 54 12	− 9
Grossenmeer	D	53 15 30	8 18 18	ö	0 33 13	− 5
Grossenzersdorf	A	48 11 55	16 32 56	ö	1 06 12	−11
Grosseto	I	42 45 57	11 07 14	ö	0 44 29	− 7
Grossgerau	D	49 55 07	8 29 15	ö	0 33 57	− 6
Gross-Machnow	D	52 16 06	13 30 12	ö	0 54 01	− 9
Gross-Montau	D	54 01 10	18 52 30	ö	1 15 30	−12
Gross-Olbersdorf	CS	49 45 00	18 02 57	ö	1 12 12	−12
Gross-Salze	D	51 59 30	11 42 23	ö	0 46 50	− 8
Gross-Schilleningken	D	54 34 24	22 00 30	ö	1 28 02	−14
Gross-Stanglau	A	47 47 57	14 30 00	ö	0 58 00	−10
Gross-Strehlitz	D	50 30 43	18 18 13	ö	1 13 13	−12
Gross-Treben	D	51 38 48	12 58 59	ö	0 51 56	− 9
Gross-Werther	D	51 58 12	10 45 56	ö	0 43 04	− 7
Grottkau	D	50 42 04	17 24 08	ö	1 09 37	−11
Grozny	CH	43 20 00	45 41 57	ö	3 02 48	−40
Grüna	D	52 01 38	23 05 30	ö	0 52 22	− 9
Grunau	D	50 55 57	15 45 00	ö	1 03 00	−10
Grünberg/Schlesien	D	51 56 23	15 30 27	ö	1 02 02	−10
Grüneberg/Hessen	D	50 52 12	9 30 00	ö	0 38 00	− 9
Grunow	D	52 09 54	14 22 42	ö	0 57 31	− 9
Grünstadt	D	49 33 55	8 10 00	ö	0 32 40	− 5
Grunwald	D	50 20 00	16 22 55	ö	1 05 32	−11
Guadalajara	E	40 37 55	3 10 00	w	0 12 40	+ 2
Guarda	P	40 31 55	7 15 55	w	0 29 04	+ 5
Guben	D	51 57 13	14 43 36	ö	0 58 54	−10
Gudai	SU	55 12 14	21 58 08	ö	1 27 53	−14
Gudzianai	SU	55 33 20	23 48 12	ö	1 35 13	−16
Guérande	F	47 19 44	2 25 52	w	0 09 43	+ 2
Guéret	F	46 10 17	1 52 05	ö	0 07 23	− 1
Guetaria	E	43 17 55	2 10 00	w	0 08 40	+ 1
Güglingen	D	49 03 40	9 00 00	ö	0 36 00	− 6

Ort	Land	Breite ° ′ ″	Länge ° ′ ″	ö w	Zeitunter. h m s	SZK
Guiglia	I	44 25 00	14 01 48	ö	0 56 07	− 9
Guildford	GB	51 14 00	0 34 57	w	0 02 20	+ 0
Guingamp	F	48 33 43	3 09 04	w	0 12 36	+ 2
Güls	D	50 20 45	7 32 40	ö	0 30 11	− 5
Gülzow	D	53 49 32	14 58 57	ö	0 59 56	−10
Gumbinnen	D	54 35 28	22 12 10	ö	1 23 49	−15
Gummersbach	D	51 02 10	7 33 51	ö	0 30 15	− 5
Gunnebo	S	57 42 55	16 31 57	ö	1 06 08	−11
Güntherberg	D	49 09 37	13 27 15	ö	0 53 49	− 9
Günzach	D	47 49 34	10 26 58	ö	0 41 48	− 7
Günzburg	D	48 47 20	10 16 50	ö	0 41 07	− 7
Gurjew	SU	47 06 55	51 58 10	ö	3 27 53	−34
Gurtnellen	CH	46 43 56	8 36 57	ö	0 34 28	− 6
Gürzenich	D	50 48 53	6 26 14	ö	0 25 45	− 4
Gussing	A	47 02 55	16 20 00	ö	1 05 20	−11
Güstebiese	D	52 45 56	14 20 00	ö	0 57 20	− 9
Güstrow	D	53 47 40	12 10 40	ö	0 48 43	− 8
Gutenbrunn	A	48 21 55	15 06 57	ö	1 00 28	−10
Gütersloh	D	51 54 26	8 22 49	ö	0 33 31	− 6
Guttannen	CH	46 38 57	8 16 58	ö	0 33 08	− 5
Guttaring	YU	46 53 58	14 30 00	ö	0 58 00	−10
Guttentag	D	50 44 13	18 26 44	ö	1 13 47	−12
Guttstadt	D	53 59 15	20 21 55	ö	1 21 28	−13
Guxhagen	D	51 12 23	9 31 20	ö	0 38 05	− 6
Gymnich	D	50 50 00	6 45 00	ö	0 27 00	− 4
Gyoma	H	46 56 58	20 50 00	ö	1 23 20	−14
Gyongyas	H	47 46 55	19 55 57	ö	1 19 44	−13
Gyor	H	47 40 56	17 38 59	ö	1 10 36	−12
Gyula	H	46 38 57	21 15 53	ö	1 25 04	−14
Haadorf	CS	50 23 55	13 07 57	ö	0 52 32	− 9
Haag	D	49 09 28	12 11 22	ö	0 48 45	− 8
Haag, Den = s'Gravenhage	NL	52 04 42	4 18 30	ö	0 17 14	− 3
Haagen	D	47 38 16	7 40 57	ö	0 30 44	− 5
Haapajärvi	SF	60 12 55	24 51 58	ö	1 39 28	−16
Haapavesi	SF	64 07 55	23 21 57	ö	1 33 28	−15
Haarlem	NL	52 22 54	4 38 21	ö	0 18 33	− 3
Habelschwerdt	D	50 17 51	16 41 12	ö	1 06 45	−11
Hachen	D	51 22 55	7 58 58	ö	0 31 56	− 5
Hachenburg	D	50 40 00	7 50 00	ö	0 31 20	− 5
Hadamar	D	50 26 55	8 02 50	ö	0 32 11	− 5
Hademarschen	D	54 07 50	9 24 43	ö	0 37 39	− 6

Ort	Land	Breite ° ′ ″	Länge ° ′ ″	ö w	Zeitunter. h m s	SZK
Hadersleben	DK	55 14 57	9 29 12	ö	0 37 57	− 6
Hadmersleben	D	52 00 40	11 19 30	ö	0 45 18	− 7
Hage	D	53 36 15	7 20 10	ö	0 29 21	− 5
Hagen	D	51 21 49	7 27 54	ö	0 29 52	− 5
Hagenau	F	48 48 53	7 47 17	ö	0 31 09	− 5
Hagenbach	D	49 01 15	8 15 00	ö	0 33 00	− 5
Hagenburg	D	52 26 10	9 20 00	ö	0 37 20	− 6
Hagenow	D	53 26 45	11 11 50	ö	0 44 45	− 7
Hagesfeld	D	49 01 38	8 26 57	ö	0 33 48	− 6
Hagsön	S	65 53 55	22 26 58	ö	1 29 48	−15
Hagudi	SU	59 04 30	24 48 30	ö	1 39 14	−16
Hahlen	D	52 18 55	8 51 32	ö	0 35 26	− 6
Haisenhaus	CH	47 38 59	9 00 00	ö	0 36 00	− 6
Haiger	D	50 44 55	8 12 45	ö	0 32 51	− 5
Haigerloch	D	48 22 12	8 48 38	ö	0 35 15	− 6
Hailer	D	50 10 54	9 10 36	ö	0 36 42	− 6
Haimhausen	D	48 19 45	11 33 53	ö	0 46 16	− 8
Hainau	D	51 16 25	15 56 15	ö	1 03 45	−10
Hainburg	A	46 08 55	16 56 58	ö	1 07 48	−11
Hainichen	D	50 58 23	13 07 38	ö	0 52 31	− 9
Hainstadt	D	49 32 24	9 20 15	ö	0 37 21	− 6
Haiterbach	D	48 18 11	8 09 14	ö	0 32 37	− 5
Halduboszormeny	H	47 40 55	21 30 57	ö	1 26 04	−14
Halberstadt	D	51 53 51	11 02 59	ö	0 44 12	− 7
Halden	N	59 07 55	11 25 57	ö	0 45 44	− 8
Haldern	D	51 46 38	6 27 58	ö	0 25 52	− 4
Halifax	GB	53 45 00	1 55 57	w	0 07 44	+ 1
Halila	SF	60 20 55	29 06 56	ö	1 56 28	−19
Hall	A	47 18 55	11 27 58	ö	0 45 52	− 8
Hall, Schwäbisch	D	49 06 50	9 44 10	ö	0 38 57	− 6
Hallands Väderö	S	56 27 00	12 33 00	ö	0 50 12	− 9
Hallbach	D	50 41 45	13 18 50	ö	0 53 15	− 9
Halle/Saale	D	51 29 03	11 58 16	ö	0 47 53	− 8
Halle/Westf.	D	52 03 50	8 21 53	ö	0 33 28	− 6
Hallenberg	D	51 06 30	8 37 45	ö	0 34 31	− 6
Hallinga	SU	58 36 38	24 30 00	ö	1 38 00	−16
Halliste	SU	58 08 50	25 28 15	ö	1 41 53	−17
Hällnäs	S	64 20 00	19 30 00	ö	1 18 00	−13
Hallö	S	58 20 00	11 12 55	ö	0 44 52	− 7
Hallstadt	D	49 55 51	10 52 30	ö	0 43 30	− 7
Hallstatt	A	47 33 55	13 37 57	ö	0 54 32	− 9
Halmstad	S	56 40 24	12 51 29	ö	0 51 26	− 8
Hälsan	S	60 41 55	17 10 00	ö	1 08 40	−11

Ort	Land	Breite ° ′ ″	Länge ° ′ ″	ö w	Zeitunter. h m s	SZK
Halsbrücke	D	50 57 30	13 20 20	ö	0 53 21	− 9
Halstenbek	D	53 38 10	9 50 44	ö	0 39 23	− 6
Haltern	D	51 45 00	7 10 53	ö	0 28 44	− 5
Haltingen	D	47 36 44	7 37 09	ö	0 30 29	− 5
Halver	D	51 10 50	7 30 00	ö	0 30 00	− 5
Hambach/Hessen	D	50 23 56	7 58 40	ö	0 31 55	− 5
Hambach/Pfalz	D	49 19 54	8 07 23	ö	0 32 30	− 5
Hamburn	D	51 29 36	6 46 46	ö	0 27 07	− 4
Hamburg	D	53 32 57	9 59 31	ö	0 39 58	− 7
Hämenkyrö	SF	61 38 55	23 41 58	ö	1 34 48	−16
Haemeenlinna	SF	61 00 00	24 26 58	ö	1 37 52	−16
Hameln	D	52 06 23	9 21 29	ö	0 37 26	− 6
Hamelwörden	D	53 47 38	9 19 05	ö	0 37 18	− 6
Hamilton	GB	55 47 56	4 01 58	w	0 16 08	+ 3
Hämina	SF	60 33 55	27 11 55	ö	1 48 48	−18
Hamm/Sieg	D	50 46 30	7 44 00	ö	0 30 56	− 5
Hamm/Westf.	D	51 40 57	7 49 13	ö	0 31 17	− 5
Hammelburg	D	50 07 20	9 53 57	ö	0 39 36	− 7
Hammelwarden	D	53 16 55	8 28 24	ö	0 33 54	− 6
Hammerfest	N	70 40 15	23 40 05	ö	1 34 40	−16
Hammerhus	DK	55 16 55	14 37 59	ö	0 58 32	−10
Hammerstein	D	53 41 10	16 57 14	ö	1 07 49	−11
Hanau	D	50 08 18	8 55 05	ö	0 35 40	− 6
Handewitt	D	54 45 48	9 19 30	ö	0 37 18	− 6
Hanerau	D	54 07 06	9 25 24	ö	0 37 42	− 6
Hangö = Hanko	SF	59 53 55	22 58 13	ö	1 31 53	−15
Hankasalmi	SF	62 22 55	26 25 00	ö	1 45 40	−17
Hankipaasi	SF	61 18 55	30 51 57	ö	2 03 28	−20
Hannover	D	52 22 15	9 44 25	ö	0 38 58	− 6
Hannover/Old.	D	53 04 45	8 39 07	ö	0 34 36	− 6
Hannoversch Münden	D	51 24 54	9 38 48	ö	0 38 35	− 6
Hanö	S	56 01 00	14 49 27	ö	0 59 18	−10
Haparanda	S	65 50 00	24 10 00	ö	1 36 40	−16
Happurg	D	49 28 45	11 28 57	ö	0 45 56	− 8
Hapsal	SU	58 55 30	23 25 30	ö	1 33 42	−15
Harburg	D	53 27 52	9 58 54	ö	0 39 56	− 7
Harderwijk	NL	52 20 56	5 35 58	ö	0 22 24	− 4
Hardingen	D	52 29 12	6 55 36	ö	0 27 42	− 5
Harg	S	60 10 55	18 23 58	ö	1 13 36	−12
Harlange	L	49 55 25	5 46 30	ö	0 23 06	− 4
Harlingen	NL	53 10 29	5 24 51	ö	0 21 39	− 4
Härnosand	S	62 37 55	17 56 58	ö	1 11 48	−12
Harrogate	GB	53 58 55	1 32 57	w	0 06 12	+ 1

Ort	Land	Breite ° ′ ″	Länge ° ′ ″	ö w	Zeitunter. h m s	SZK
Harrow	GB	51 35 47	0 19 58	w	0 01 20	+ 0
Hartenstein	D	50 39 45	12 40 10	ö	0 50 41	− 8
Hartha	D	51 06 04	12 58 43	ö	0 51 55	− 9
Harthau	D	50 46 38	12 53 30	ö	0 51 34	− 8
Hartkirchen	D	48 23 38	13 23 42	ö	0 53 35	− 9
Hartlepool	GB	54 41 49	1 10 40	w	0 04 43	+ 1
Hartlieb	D	51 02 57	17 05 10	ö	1 08 21	−11
Hartum	D	52 18 35	8 44 30	ö	0 34 58	− 6
Harwich	GB	51 56 38	1 17 30	ö	0 05 10	− 1
Harzburg	D	51 52 50	10 34 08	ö	0 42 17	− 7
Harzgerode	D	51 40 55	11 05 58	ö	0 44 24	− 7
Hasbergen	D	52 15 00	7 57 22	ö	0 31 49	− 6
Hasborough	GB	52 48 57	1 32 13	ö	0 06 09	− 1
Haselbach	D	50 55 00	12 07 30	ö	0 48 30	− 8
Haselünne	D	52 38 23	7 29 30	ö	0 29 58	− 5
Haslach/Kinzig	D	48 16 15	8 04 22	ö	0 32 17	− 5
Haspe	D	51 20 15	7 25 52	ö	0 29 43	− 5
Hasselfelde	D	51 41 45	10 50 57	ö	0 43 24	− 7
Hasselt	B	50 56 16	5 19 10	ö	0 21 17	− 3
Hassfurt	D	50 02 53	10 30 00	ö	0 42 00	− 7
Hassleben	D	53 13 45	13 35 00	ö	0 54 20	− 9
Hässleby	S	57 36 55	15 33 55	ö	1 02 16	−10
Hassloch	D	49 21 30	8 15 57	ö	0 30 04	− 5
Haste	D	52 22 30	9 23 10	ö	0 37 33	− 6
Hastings	GB	50 52 12	0 54 00	ö	0 36 00	− 0
Hattenheim	D	50 01 55	8 02 58	ö	0 32 12	− 5
Hattingen	D	51 23 58	7 11 22	ö	0 28 45	− 5
Hattorf	D	51 38 49	10 14 30	ö	0 40 58	− 7
Hattstedt	D	54 31 19	9 01 40	ö	0 36 07	− 6
Hattula	SF	61 03 30	24 20 30	ö	1 37 22	−16
Hatvan	H	47 38 55	19 39 58	ö	1 18 40	−13
Hatzfeld	D	50 59 30	8 33 28	ö	0 34 14	− 6
Haueneberstein	D	48 48 30	8 11 37	ö	0 32 46	− 5
Hauenstein	D	49 11 12	7 52 57	ö	0 31 32	− 5
Haugesund	N	59 24 55	5 16 58	ö	0 21 08	− 3
Haugsdorf	A	48 42 56	16 05 00	ö	1 04 20	−11
Haugsdorf	CS	50 22 00	17 07 30	ö	1 08 30	−11
Haukvuori	SF	61 58 57	27 07 58	ö	1 48 32	−18
Hausberge	D	52 13 52	8 55 44	ö	0 35 43	− 6
Hausjärvi	SF	60 47 58	24 50 00	ö	1 39 20	−16
Havelberg	D	52 49 50	12 05 20	ö	0 48 21	− 8
Havert	D	51 02 15	5 54 24	ö	0 23 38	− 4
Havixbeck	D	51 58 57	7 24 18	ö	0 29 37	− 5

Ort	Land	Breite ° ′ ″	Länge ° ′ ″	ö w	Zeitunter. h m s	SZK
Hawick	GB	55 25 55	2 46 57	w	0 11 08	+ 2
Haynau	D	51 15 40	15 55 45	ö	1 03 43	−10
Haynrode	D	51 25 50	10 53 47	ö	0 43 35	− 7
Hazebrouck	F	50 43 12	2 32 09	ö	0 10 09	− 2
Hazerswoude	NL	52 05 48	4 35 50	ö	0 18 23	− 3
Hebertsfelden	D	48 23 56	12 49 21	ö	0 51 17	− 8
Hechingen	D	48 20 58	8 57 50	ö	0 35 51	− 6
Hecklingen	D	51 50 35	11 32 06	ö	0 46 08	− 8
Hedwigsschacht	CS	50 30 55	13 31 56	ö	0 54 08	− 9
Heidberg	D	54 17 56	10 11 48	ö	0 40 47	− 7
Heide	D	54 11 46	9 05 35	ö	0 36 22	− 6
Heideck	D	49 08 30	11 08 15	ö	0 44 33	− 7
Heidelberg	D	49 24 40	8 41 40	ö	0 34 47	− 6
Heidelsheim	D	49 06 04	8 38 52	ö	0 34 35	− 6
Heiden	CH	47 26 58	9 31 57	ö	0 38 08	− 6
Heidenheim/Mfr.	D	49 00 59	10 44 45	ö	0 42 59	− 7
Heidenheim/Württ.	D	48 40 30	10 08 37	ö	0 40 34	− 7
Heidersbach	D	50 37 58	10 44 45	ö	0 42 59	− 7
Heiderscheid	L	49 30 00	5 58 15	ö	0 23 53	− 4
Heidersdorf	D	50 47 30	16 50 40	ö	1 07 23	−11
Heidingsfeld	D	49 46 08	9 57 58	ö	0 39 52	− 7
Heilbronn	D	49 08 40	9 13 11	ö	0 36 54	− 6
Heilbrunn	D	47 45 00	11 27 37	ö	0 45 50	− 8
Heiligenbeil	D	54 27 14	19 57 18	ö	1 19 49	−13
Heiligendamm	D	54 08 30	11 50 12	ö	0 47 21	− 8
Heiligenhafen	D	54 22 10	10 58 38	ö	0 43 55	− 7
Heiligenhaus	D	51 19 40	6 57 58	ö	0 27 52	− 5
Heiligenkirchen	D	51 54 07	8 52 55	ö	0 35 32	− 6
Heiligenloh	D	52 46 15	8 33 12	ö	0 34 13	− 6
Heiligenrode	D	52 59 10	8 42 19	ö	0 34 49	− 6
Heiligenschwendi	CH	46 45 00	7 40 57	ö	0 30 44	− 5
Heiligenstadt	D	51 22 40	10 08 15	ö	0 40 33	− 7
Heiligenstedten	D	53 26 12	9 27 14	ö	0 37 49	− 6
Heiligenstein	D	49 16 38	8 24 20	ö	0 33 37	− 6
Heilsberg	D	54 07 58	20 35 00	ö	1 22 20	−14
Heinäluoto	SF	61 16 55	31 41 57	ö	2 06 48	−21
Heinävesi	SF	62 35 00	28 31 58	ö	1 54 08	−19
Heinerscheid	L	50 05 20	6 09 30	ö	0 24 38	− 4
Heinersdorf b. Berlin	D	52 32 57	13 30 00	ö	0 54 00	− 9
Heinersdorf/Schlesien	D	60 25 06	17 04 12	ö	1 08 17	−11
Heinitz	D	49 20 00	7 07 57	ö	0 28 32	− 5
Heinola	SF	61 12 30	26 01 55	ö	1 44 08	−17
Heitersheim	D	47 52 37	7 38 30	ö	0 30 34	− 5

Ort	Land	Breite ° ′ ″	Länge ° ′ ″	ö w	Zeitunter. h m s	SZK
Hela	PL	54 36 57	18 47 06	ö	1 15 08	−12
Helbra	D	51 33 30	11 29 15	ö	0 45 57	− 8
Heldburg	D	50 16 35	10 43 30	ö	0 42 54	− 7
Helden	D	51 07 10	7 56 12	ö	0 31 45	− 5
Heldenbergen	D	50 29 15	8 53 23	ö	0 35 34	− 6
Helder = Den Helder	NL	52 57 42	4 45 04	ö	0 19 00	− 3
Heldrungen	D	51 18 28	11 13 11	ö	0 44 53	− 7
Helfta	D	51 30 30	11 35 00	ö	0 46 20	− 8
Helgoland	D	54 10 50	7 52 55	ö	0 31 32	− 5
Helikon	GR	38 17 47	22 52 57	ö	1 31 32	−15
Hellenthal	D	50 30 00	6 26 11	ö	0 25 45	− 4
Hellern	D	52 15 20	7 57 37	ö	0 31 50	− 5
Hellevoetsluis	NL	51 49 25	4 07 53	ö	0 16 32	− 3
Helmond	NL	51 28 44	5 39 33	ö	0 22 38	− 4
Helmstedt	D	52 13 39	11 00 53	ö	0 44 04	− 7
Helsingborg	S	56 02 42	12 41 41	ö	0 50 47	− 8
Helsingfors = Helsinki	SF	60 09 43	24 57 17	ö	1 39 49	−16
Helsingör	DK	56 02 11	12 37 23	ö	0 50 30	− 8
Hembsen	D	51 42 30	9 13 06	ö	0 36 53	− 6
Hemse	S	57 13 55	18 22 57	ö	1 13 32	−12
Hendaye	F	43 21 56	1 43 58	w	0 06 56	+ 1
Hengelo	NL	52 02 57	6 17 56	ö	0 25 12	− 4
Hengersberg	D	48 46 45	13 02 57	ö	0 52 12	− 9
Henley	GB	51 31 57	0 53 58	w	0 03 36	+ 1
Hennen	D	51 23 10	7 45 15	ö	0 31 01	− 6
Heppenheim	D	49 38 50	8 38 30	ö	0 34 34	− 6
Herbede	D	51 25 00	7 19 57	ö	0 29 16	− 5
Herbern	D	51 45 55	7 39 50	ö	0 30 39	− 5
Herborn	D	50 41 25	8 18 18	ö	0 33 13	− 5
Herdecke	D	51 29 07	7 25 51	ö	0 29 43	− 5
Hereford	GB	52 03 55	2 41 57	w	0 10 48	+ 2
Herenthals	B	51 10 29	4 50 16	ö	0 19 21	− 3
Hereny	H	47 15 47	16 36 09	ö	1 06 25	−11
Herford	D	52 07 05	8 40 04	ö	0 34 40	− 6
Herischdorf	D	50 52 20	15 42 42	ö	1 02 51	−10
Herleshausen	D	51 01 00	10 09 50	ö	0 40 38	− 7
Hermannstadt = Sibiu	R	45 47 58	24 09 57	ö	1 36 37	−16
Hermsburg	YU	45 30 55	14 25 57	ö	0 57 44	− 9
Herne	D	51 32 27	7 13 30	ö	0 28 54	− 5
Herning	D	56 07 57	8 57 59	ö	0 35 52	− 6
Hernösand	S	62 38 18	18 06 05	ö	1 12 24	−12
Herrenberg	D	48 35 25	8 52 15	ö	0 35 29	− 6
Herrenbreitungen	D	50 45 20	10 18 48	ö	0 41 15	− 7

Ort	Land	Breite ° ′ ″	Länge ° ′ ″	ö w	Zeitunter. h m s	SZK
Herrieden	D	49 13 55	10 30 00	ö	0 42 00	− 7
Herrnhut	D	51 00 57	14 45 00	ö	0 59 00	−10
Herrnsheim	D	49 38 56	8 19 30	ö	0 35 18	− 5
Herscheid	D	51 10 56	7 44 45	ö	0 30 59	− 5
Hersfeld	D	50 52 11	9 42 29	ö	0 38 50	− 6
Herten	D	51 32 45	7 07 45	ö	0 28 31	− 5
Hertford	GB	51 47 58	0 05 00	w	0 00 20	+ 0
Herwigsdorf	D	51 41 57	15 32 58	ö	1 02 12	−10
Herxheim	D	49 16 58	8 12 32	ö	0 32 50	− 5
Herzberg	D	51 38 57	10 20 00	ö	0 41 20	− 7
Herzebrock	D	51 53 20	8 15 00	ö	0 33 00	− 5
Herzfeld	D	53 19 30	11 45 30	ö	0 47 02	− 8
Herzfelde	D	52 29 21	13 50 58	ö	0 55 24	− 9
s'Herzogenbusch	NL	50 42 00	5 18 00	ö	0 21 12	− 3
Herzogenrath	D	50 52 30	6 05 30	ö	0 24 22	− 4
Hesselö	DK	56 11 48	11 40 03	ö	0 46 40	− 8
Hessenstein	D	54 19 47	10 32 58	ö	0 42 12	− 7
Hettstedt	D	51 38 45	11 30 00	ö	0 46 00	− 8
Heusden	NL	51 44 04	5 08 24	ö	0 20 34	− 3
Heve	F	49 30 42	0 04 03	ö	0 00 16	− 0
Hexenagger	D	48 55 30	11 40 20	ö	0 46 41	− 8
Heydekrug	D	54 40 00	21 40 00	ö	1 26 40	−14
Heyerode	D	51 10 45	10 20 30	ö	0 41 22	− 7
Hildburghausen	D	50 25 48	10 43 52	ö	0 42 55	− 7
Hilden	D	51 10 00	6 56 30	ö	0 27 46	− 5
Hildesheim	D	52 09 15	9 56 42	ö	0 39 47	− 7
Hille	D	52 20 07	8 44 45	ö	0 34 59	− 6
Hillesheim	D	50 17 40	6 39 58	ö	0 26 40	− 4
Hilpoltstein	D	49 11 25	11 11 51	ö	0 44 47	− 7
Hilversum	NL	52 12 55	5 10 57	ö	0 20 44	− 3
Himmelpforten	D	53 11 12	13 10 36	ö	0 52 42	− 9
Hindenburg = Chorzow	D	50 18 50	18 46 46	ö	1 15 07	−12
Hinsbeck	D	51 20 25	6 16 50	ö	0 25 07	− 4
Hinterhäuser	CS	49 15 00	13 05 55	ö	0 52 24	− 9
Hirschberg a. d. Saale	D	50 24 08	11 48 48	ö	0 47 15	− 8
Hirschberg/Schlesien	D	50 54 16	15 44 11	ö	1 02 57	−10
Hirschfeld	D	49 53 55	7 12 57	ö	0 28 52	− 5
Hirschfeldau	D	51 40 15	15 26 22	ö	1 01 45	−10
Hirschhorn	D	49 26 45	8 55 05	ö	0 35 40	− 6
Hittfeld	D	53 24 07	9 57 21	ö	0 39 49	− 7
Hitzacker	D	53 08 45	11 03 12	ö	0 44 13	− 7
Hjörring	DK	57 27 33	9 39 13	ö	0 39 57	− 7
Hjulkvarn	S	58 17 55	12 18 57	ö	0 49 16	− 8

Ort	Land	Breite ° ′ ″	Länge ° ′ ″	ö w	Zeitunter. h m s	SZK
Hoboken	B	51 10 55	4 20 55	ö	0 17 24	− 3
Hobscheid	L	49 00 00	5 55 20	ö	0 23 41	− 4
Hoburg	S	56 55 00	18 08 58	ö	1 12 36	−12
Hochdorf	D	49 25 00	8 15 58	ö	0 33 04	− 5
Hochredlau	PL	54 29 36	18 33 24	ö	1 14 14	−12
Hochschneeberg	A	47 45 00	15 50 00	ö	1 03 20	−10
Höchst	D	50 05 58	8 32 54	ö	0 34 12	− 6
Höchstädt/Aisch	D	49 42 23	10 48 45	ö	0 43 15	− 7
Höchstädt/Donau	D	48 36 50	10 34 50	ö	0 42 19	− 7
Hodmezovasarhely	H	46 25 00	20 18 57	ö	1 21 16	−13
Hoedic	F	47 20 48	2 51 30	w	0 11 26	+ 2
Hof	D	50 19 20	11 55 17	ö	0 47 41	− 8
Hoffenheim	D	49 16 30	8 50 54	ö	0 35 24	− 6
Hofgeismar	D	51 30 00	9 23 56	ö	0 37 36	− 6
Hofheim/Ufr.	D	50 08 38	10 31 16	ö	0 42 05	− 7
Hofkopf	D	49 41 30	7 18 36	ö	0 29 14	− 5
Hogland	SF	60 02 55	25 06 57	ö	1 40 28	−17
Högsand	SF	59 55 00	23 12 59	ö	1 32 52	−15
Högsön	S	65 53 55	22 26 57	ö	1 29 48	−15
Hohenberg	A	47 55 00	15 36 57	ö	1 02 28	−10
Höhenbucko	D	51 46 09	13 27 58	ö	0 53 52	− 9
Hohenfelde	D	54 04 24	11 55 00	ö	0 47 40	− 8
Hohenheim	D	48 42 55	9 12 58	ö	0 36 52	− 6
Hohenlimburg	D	51 20 40	7 34 57	ö	0 30 20	− 5
Hohenpeissenberg	D	47 47 57	11 01 00	ö	0 44 04	− 7
Hohensalza = Inovroclav	PL	52 47 53	18 15 47	ö	1 13 03	−12
Hohensolms	D	50 39 45	8 32 02	ö	0 34 08	− 5
Hohenstein b. Danzig	D	54 08 55	18 45 56	ö	1 15 04	−12
Hohenstein/Ostpr.	D	53 35 06	20 16 55	ö	1 21 08	−13
Hohenstein-Ernstthal	D	50 48 50	12 42 30	ö	0 50 50	− 8
Hohentauern	A	47 25 57	14 28 58	ö	0 57 56	−10
Hohenthann	D	48 39 25	12 05 40	ö	0 48 23	−18
Hohenwalde	D	52 16 08	15 02 39	ö	1 00 11	−10
Hohenwestedt	D	54 05 30	9 40 00	ö	0 38 40	− 6
Hohenzollern	D	49 18 58	8 57 56	ö	0 35 52	− 6
Hohlacker	D	54 29 18	9 06 24	ö	0 36 26	− 6
Hohn	D	54 18 35	9 30 00	ö	0 38 00	− 6
Hohndorf b. Pretzsch	D	51 41 45	12 55 15	ö	0 51 41	− 8
Hohnstein	D	50 58 59	14 06 23	ö	0 56 26	− 9
Hohnstorf	D	53 21 23	10 32 40	ö	0 42 11	− 7
Hököpinge	S	55 30 00	13 00 55	ö	0 52 04	− 9
Holbaek	DK	55 42 57	11 43 58	ö	0 46 56	− 8
Hollenstedt	D	53 21 56	9 40 10	ö	0 38 41	− 6

Ort	Land	Breite ° ′ ″	Länge ° ′ ″	ö w	Zeitunter. h m s	SZK
Hollerath	D	50 27 57	6 23 58	ö	0 25 36	− 4
Hollola	SF	61 02 55	25 55 00	ö	1 41 40	−17
Holsmöggad	S	63 35 57	20 45 59	ö	1 23 04	−14
Holsvattnet	S	65 57 58	21 33 55	ö	1 26 16	−14
Holtorf	D	52 39 48	9 13 24	ö	0 36 54	− 6
Holtwick	D	52 00 00	7 07 52	ö	0 28 31	− 5
Holzgerlingen	D	43 38 07	9 01 00	ö	0 36 04	− 6
Holzkirchen	D	47 52 53	11 41 41	ö	0 46 47	− 8
Holzminden	D	51 49 48	9 26 47	ö	0 37 47	− 6
Holzwickede	D	51 30 00	7 38 47	ö	0 30 35	− 5
Homberg/Kassel	D	51 02 15	9 24 50	ö	0 37 39	− 6
Homberg/Niederrh.	D	51 27 00	6 42 00	ö	0 26 48	+ 4
Homberg/Oberh.	D	50 44 07	9 01 00	ö	0 36 04	− 6
Homberg/Rh.Pr.	D	51 27 45	6 42 24	ö	0 26 50	− 4
Homburg/Saar	D	49 20 00	7 20 55	ö	0 29 24	− 5
Homburg v.d.H.,Bad	D	50 13 44	8 36 40	ö	0 34 27	− 6
Honfleur	F	49 25 32	0 13 42	ö	0 00 55	− 0
Honigkaten	D	35 38 57	14 51 49	ö	0 59 27	−10
Honkajoki	SF	62 00 00	22 15 00	ö	1 29 00	−15
Honnef	D	50 39 07	7 14 14	ö	0 28 57	− 5
Hönsäter	S	58 37 59	13 25 57	ö	0 53 44	− 9
Hontskari	SF	60 12 55	21 21 58	ö	1 25 28	−14
Hooglede	B	50 58 42	3 04 59	ö	0 12 20	− 2
Hook	IRL	52 05 00	6 26 45	w	0 25 47	+ 4
Hoör	S	55 55 55	13 12 58	ö	0 54 12	− 9
Hoorn	NL	52 38 57	5 02 57	ö	0 20 12	− 3
Hopsten	D	52 23 19	7 36 34	ö	0 30 26	− 5
Horb	D	48 27 40	8 40 53	ö	0 34 44	− 6
Hörde	D	51 29 29	7 30 10	ö	0 30 01	− 5
Horn	A	48 39 54	15 39 39	ö	1 02 39	−10
Hornberg	D	48 12 38	8 12 35	ö	0 32 50	− 5
Hornburg	D	52 01 55	10 36 18	ö	0 42 25	− 7
Horn-Meinberg	D	51 52 20	8 56 22	ö	0 35 45	− 6
Hornsey	GB	51 35 00	0 07 58	w	0 00 32	+ 0
Horodenra	PL	48 31 55	25 30 00	ö	1 38 00	−16
Horst	D	51 32 33	7 01 00	ö	0 28 04	− 5
Horstmar	D	25 04 10	7 19 27	ö	0 29 18	− 5
Hosingen	L	50 01 30	6 05 55	ö	0 24 24	− 4
Hosskirch	D	47 57 04	9 26 12	ö	0 37 45	− 6
Hove	GB	50 50 00	0 10 55	w	0 00 44	+ 0
Hovsten	S	59 43 58	12 08 57	ö	0 48 36	− 9
Howath	IRL	53 23 35	6 03 52	w	0 24 15	+ 4
Höxter	D	51 46 32	9 23 03	ö	0 37 32	− 6

Ort	Land	Breite ° ′ ″	Länge ° ′ ″	ö w	Zeitunter. h m s	SZK
Hoyerswerda	D	51 26 40	14 14 14	ö	0 56 57	− 9
Hoym	D	51 47 15	11 18 21	ö	0 45 13	− 7
Hoysinghausen	D	52 31 35	8 53 56	ö	0 35 36	− 6
Hradec Kralove	CS	50 12 55	15 51 57	ö	1 03 20	−10
Hradisch	H	49 04 18	17 27 18	ö	1 09 49	−11
Hückeswagen	D	51 08 55	7 20 50	ö	0 29 23	− 5
Huckingen	D	51 22 11	6 44 30	ö	0 26 58	− 4
Hude	D	53 07 30	8 26 30	ö	0 33 46	− 6
Huddersfield	GB	53 38 55	1 46 58	w	0 07 08	+ 1
Hudiksvall	S	61 43 35	17 07 59	ö	1 08 32	−11
Huelva	E	37 15 09	6 57 07	w	0 27 48	+ 5
Huesca	E	42 07 55	0 25 00	w	0 01 40	+ 0
Hügel	D	51 25 00	7 00 55	ö	0 28 04	− 5
Huittinen	SF	61 10 55	22 36 57	ö	1 30 28	−15
Hull=Kingsten	GB	53 40 00	0 18 45	w	0 01 15	+ 0
Hullersen	D	51 48 54	9 50 18	ö	0 39 21	− 6
Hulst	NL	51 16 51	4 03 21	ö	0 16 13	− 3
Hünfeld	D	50 40 30	9 47 35	ö	0 39 10	− 6
Huntingdon	GB	52 20 27	0 11 04	w	0 00 44	+ 0
Huntley	GB	57 26 58	2 50 00	w	0 11 20	+ 2
Hurst	GB	50 42 24	1 32 45	w	0 06 11	+ 1
Husari	SU	57 08 45	27 10 12	ö	1 48 41	−18
Huskvarna	S	57 46 55	14 16 57	ö	0 57 08	− 9
Hüsten	D	51 25 14	7 59 45	ö	0 31 59	− 5
Husum	D	54 28 43	9 03 12	ö	0 36 13	− 6
Hüthum	D	51 50 48	6 10 12	ö	0 24 41	− 4
Ibbenbüren	D	52 16 36	7 42 06	ö	0 30 48	− 5
Ichim	SU	56 05 55	69 25 39	ö	4 37 43	−46
Ichtershausen	D	50 51 56	10 58 59	ö	0 43 56	− 7
Idar-Oberstein	D	49 42 57	7 18 15	ö	0 29 13	− 6
Idstein	D	50 22 25	8 16 30	ö	0 33 06	− 5
Ifta	D	51 03 56	10 11 57	ö	0 40 48	− 7
Igarka	SU	57 30 00	86 34 58	ö	5 46 20	−57
Iglau=Jihlava	CS	49 23 48	15 35 48	ö	1 02 23	−10
Iglesias	I	39 16 57	8 25 50	ö	0 33 43	− 6
Igoumenitsa	GR	39 30 00	20 15 00	ö	1 21 00	−13
Iisalmi	SF	65 35 00	27 08 57	ö	1 48 36	−18
Ikaalinen	SF	61 45 55	23 03 58	ö	1 32 16	−15
Ilfeld	D	51 35 10	10 47 20	ö	0 43 09	− 7
Ilford	GB	51 32 55	0 06 00	ö	0 00 24	− 0
Illertissen	D	48 00 00	10 17 30	ö	0 41 10	− 7

Ort	Land	Breite ° ′ ″	Länge ° ′ ″	ö w	Zeitunter. h m s	SZK
Ilmajoki	SF	62 42 55	22 33 00	ö	1 30 12	−15
Ilmenau	D	50 41 05	10 53 54	ö	0 43 36	− 7
Ilomantsi	SF	62 40 55	30 53 56	ö	2 03 36	−20
Ilsenburg	D	51 51 00	10 40 00	ö	0 42 40	− 7
Immenstadt	D	47 34 18	10 12 52	ö	0 40 51	− 7
Immingham	GB	53 37 45	0 11 15	w	0 00 45	+ 0
Imperia	I	43 53 57	8 01 58	ö	0 32 08	− 5
Imst	A	47 14 20	10 43 45	ö	0 42 55	− 7
Inari/Enare	SF	68 40 00	27 33 55	ö	1 50 16	−18
Inari/Kyronkylä	SF	69 05 55	27 12 58	ö	1 48 52	−18
Ingolstadt	D	48 45 43	11 25 40	ö	0 45 43	− 8
Innsbruck	A	47 15 57	11 23 18	ö	0 45 33	− 7
Inoroclaw	PL	52 47 58	18 05 57	ö	1 12 24	−12
Inselberg	D	50 50 55	10 27 58	ö	0 41 52	− 7
Insterburg	D	54 38 24	21 48 52	ö	1 27 15	−14
Interlaken	CH	46 41 55	7 50 57	ö	0 31 24	− 5
Inverary	GB	56 15 00	5 05 00	w	0 20 20	+ 3
Inverness	GB	57 28 55	4 13 57	w	0 16 56	+ 3
Ipswich	GB	52 00 33	1 13 57	ö	0 04 56	− 1
Irboska	SU	57 46 40	27 55 30	ö	1 51 42	−18
Irgis	SU	48 36 55	61 15 56	ö	4 05 04	−40
Irkeschtam	SU	39 41 55	73 53 58	ö	4 55 36	−49
Irkutsk	SU	52 16 53	104 22 10	ö	6 57 29	69
Irvine	GB	55 36 57	4 40 00	w	0 18 40	+ 3
Ischl	A	47 42 58	13 46 57	ö	0 55 08	− 9
Isenbüttel	D	52 25 57	10 33 18	ö	0 42 13	− 7
Iserlohn	D	51 22 26	7 42 18	ö	0 30 49	− 5
Isernia	I	41 34 55	14 13 57	ö	0 56 56	− 9
Ismail	R	45 20 57	28 48 58	ö	1 55 16	−19
Isny	D	47 41 10	10 02 54	ö	0 40 12	− 7
Isola della Scala	I	45 12 00	11 03 48	ö	0 44 15	− 7
Isperdorf	A	48 12 00	15 00 00	ö	1 00 00	−10
Isselburg	D	51 50 30	6 27 45	ö	0 25 51	− 4
Issoire	F	45 32 37	3 15 04	ö	0 13 00	− 2
Issoudun	F	46 56 54	1 59 25	ö	0 07 58	− 1
Issum	D	51 32 30	6 25 57	ö	0 25 44	− 4
Istebna	CS	49 33 55	18 53 58	ö	1 15 36	−12
Ithaki	GR	38 20 55	20 42 57	ö	1 22 52	−14
Itzehoe	D	53 55 20	9 30 50	ö	0 38 03	− 6
Itzig	L	49 35 25	6 10 00	ö	0 24 40	− 4
Ivailovgrad	BG	41 32 55	26 06 57	ö	1 44 28	−13
Izhevsk	SU	56 50 55	53 13 58	ö	3 32 56	−35

Ort	Land	Breite ° ′ ″	Länge ° ′ ″	ö w	Zeitunter. h m s	SZK
Jablonec	CS	50 42 56	15 10 57	ö	1 44 00	−17
Jachymov	CS	50 21 57	12 55 58	ö	0 51 44	− 9
Jägerndorf=Kunov	CS	50 05 30	17 42 58	ö	1 10 50	−12
Jagielnica	PL	48 55 57	25 45 00	ö	1 39 00	−16
Jagstzell	D	49 01 53	10 05 05	ö	0 40 20	− 7
Jahnsbach	D	50 40 06	12 55 30	ö	0 51 42	− 8
Jaispitz	CS	48 58 55	15 57 58	ö	1 03 56	−11
Jakobshagen	D	53 24 15	15 25 42	ö	1 01 43	−10
Jakutsk	SU	62 01 15	129 44 34	ö	8 38 58	−85
Jameln	D	53 02 56	11 04 48	ö	0 44 19	− 7
Jamma	SU	58 01 10	22 04 15	ö	1 28 17	−15
Jämsä	SF	61 52 55	25 11 57	ö	1 40 48	−17
Jandelsbrunn	D	48 43 40	13 41 58	ö	0 54 48	− 9
Janikow	D	53 30 36	15 47 58	ö	1 03 12	−10
Jannowitz	D	50 54 54	15 55 10	ö	1 03 41	−10
Janowitz	PL	49 56 55	17 15 00	ö	1 09 00	−11
Jarmen	D	53 55 30	13 10 15	ö	0 52 41	− 9
Jaroslau	PL	50 00 58	22 40 57	ö	1 30 44	−15
Jarosla=Jaroslav	PL	57 37 24	39 52 17	ö	2 39 23	−26
Jasenitz	D	53 35 38	14 32 45	ö	0 58 11	−10
Jasnitz	D	53 23 50	11 22 30	ö	0 45 30	− 7
Jassy	R	47 10 24	27 35 59	ö	1 50 24	−18
Jastrow	D	53 25 07	16 49 05	ö	1 07 16	−11
Jaszbereny	H	47 30 00	19 55 57	ö	1 19 44	−13
Jatzingen	D	54 23 57	16 40 10	ö	1 02 41	−10
Jatznick	D	53 34 15	13 56 58	ö	0 55 48	− 9
Jauer	D	51 03 06	16 11 45	ö	1 04 47	−11
Jaun Jelgava	SU	56 33 20	25 10 05	ö	1 40 40	−17
Jaunkahnava	SU	56 42 14	25 56 15	ö	1 43 35	−17
Jaunlatgale	SU	57 03 55	27 55 57	ö	1 51 44	−18
Jeetze	D	52 45 00	11 25 00	ö	0 45 40	− 8
Jekabpils	SU	56 28 55	25 51 57	ö	1 39 28	−16
Jekaterinburg	SU	56 48 55	60 35 10	ö	4 02 21	−40
Jekaterinodar	SU	45 00 55	38 58 14	ö	2 35 53	−26
Jekaterinoslaw	SU	48 27 29	35 04 13	ö	2 20 17	−23
Jelgava	SU	26 38 59	23 42 57	ö	1 34 52	−16
Jelisawetpol	SU	40 40 55	46 21 10	ö	3 05 25	−30
Jena	D	50 55 49	11 35 21	ö	0 46 21	− 8
Jennisseisk	SU	58 27 08	92 05 54	ö	6 08 24	−61
Jennersdorf	A	46 55 57	16 08 58	ö	1 04 36	−11
Jerez de la Frontera	E	36 40 55	6 07 57	w	0 24 32	+ 4
Jerichow	D	52 30 00	12 01 17	ö	0 48 05	− 8
Jershöft	D	54 32 29	16 32 45	ö	1 06 11	−11

Ort	Land	Breite ° ′ ″	Länge ° ′ ″	ö w	Zeitunter. h m s	SZK
Jerxheim	D	52 04 34	10 53 16	ö	0 43 33	− 7
Jesi	I	43 30 00	13 15 45	ö	0 53 03	− 9
Jesingen	D	48 33 12	9 00 00	ö	0 36 00	− 6
Jessen	D	51 47 16	12 57 05	ö	0 51 48	− 9
Jessenitz	D	53 16 36	11 06 25	ö	0 44 26	− 7
Jeßnitz/Anh.	D	51 41 10	12 17 20	ö	0 49 09	− 8
Jeßnitz/Luas.	D	51 50 00	14 48 55	ö	0 59 16	−10
Jettenbach	D	48 09 54	12 22 57	ö	0 49 32	− 8
Jever	D	53 34 25	7 54 14	ö	0 31 37	− 5
Jindrichuv Hradec	CS	49 08 55	15 01 00	ö	1 00 04	−10
Joachimsthal = Jachymov	CS	52 58 23	13 44 30	ö	0 54 58	− 9
Joensuu	SF	62 35 55	29 43 57	ö	1 58 56	−19
Johanngeorgenstadt	D	50 26 10	12 42 59	ö	0 50 52	− 8
Johannisberg	S	65 21 55	18 11 57	ö	1 12 48	−12
Johannisburg	D	53 37 50	21 49 15	ö	1 27 17	−14
Jöhlingen	D	49 01 55	8 34 25	ö	0 34 18	− 6
Johnstone	GB	55 50 00	4 30 00	w	0 18 00	+ 3
Jöhstadt	D	50 30 57	13 05 05	ö	0 52 20	− 9
Joigny	F	47 58 59	3 23 57	ö	0 13 36	− 2
Jokkmokk	S	66 35 55	19 50 58	ö	1 19 24	−13
Jonava	SU	55 03 50	24 15 50	ö	1 37 03	−16
Joniskelis	SU	56 01 37	24 10 05	ö	1 36 40	−16
Jönköping	S	57 46 59	14 10 58	ö	0 56 44	− 9
Jontsa	SF	61 43 55	26 06 56	ö	1 44 28	−17
Jordansmühl	D	50 51 22	16 52 53	ö	1 07 32	−11
Jork	D	53 32 00	9 41 00	ö	0 38 44	− 6
Jorvinen	SF	62 10 00	27 47 57	ö	1 51 12	−18
Josefsberg	PL	49 46 55	19 07 57	ö	1 16 32	−13
Josefsthal	CS	50 08 57	17 03 55	ö	1 08 16	−11
Judenburg	A	47 09 57	14 38 58	ö	0 58 36	−10
Juist	D	53 40 45	6 59 45	ö	0 27 59	− 5
Jülich	D	50 55 23	6 21 34	ö	0 25 26	− 4
Jumet	B	50 25 55	4 25 57	ö	0 17 44	− 3
Jungfer	D	54 13 30	19 13 30	ö	1 16 54	−13
Junglinster	L	49 42 55	6 15 30	ö	0 25 02	− 4
Juuka	SF	63 19 57	29 11 58	ö	1 56 48	−19
Junsele	S	63 40 55	16 54 56	ö	1 07 40	−11
Jurbarkas	SU	55 04 27	22 50 45	ö	1 31 23	−15
Jürgensgaarde	D	54 47 54	9 26 48	ö	0 37 47	− 6
Justin	D	54 00 39	14 57 49	ö	0 59 51	−10
Jüterbog	D	51 59 30	12 35 15	ö	0 50 21	− 8
Juve	SF	61 53 55	27 50 00	ö	1 51 20	−18

Ort	Land	Breite ° ′ ″	Länge ° ′ ″	ö w	Zeitunter. h m s	SZK
Kaaden	CS	50 21 57	13 15 58	ö	0 53 04	− 9
Kaarina	SF	60 26 55	22 23 57	ö	1 29 36	−15
Kaarst	D	51 14 21	6 37 30	ö	0 26 30	− 4
Kaavi	SF	62 57 58	28 28 58	ö	1 53 56	−19
Kablow	D	52 16 57	13 45 00	ö	0 55 00	− 9
Kaczyka	R	47 37 55	25 50 00	ö	1 43 20	−17
Kadjoglu	R	43 34 11	27 50 00	ö	1 51 20	−18
Kaffzig	D	54 04 34	16 52 55	ö	1 07 32	−11
Kagalnik	SU	47 04 26	39 19 25	ö	2 37 18	−26
Kahl	D	50 04 00	9 01 00	ö	0 36 04	− 6
Kahla	D	50 48 11	11 33 48	ö	0 46 15	− 8
Kailbach	D	49 31 56	9 05 54	ö	0 36 24	− 6
Kainsk	SU	55 26 29	78 17 29	ö	5 13 10	−51
Kaiseringen	D	48 08 56	9 05 15	ö	0 36 21	− 6
Kaisersesch	D	50 13 57	7 08 58	ö	0 28 36	− 5
Kaiserslautern	D	49 26 40	7 46 20	ö	0 31 05	− 5
Kaiserswerth	D	51 18 23	6 44 30	ö	0 26 58	− 4
Kaisiadorys	SU	54 51 55	24 27 58	ö	1 49 52	−18
Kajaani	SF	64 12 55	27 45 57	ö	1 51 04	−18
Käkisalmi	SF	61 01 57	30 06 58	ö	2 00 28	−20
Kala-Ata	S	40 52 52	63 29 10	ö	4 13 57	−42
Kalamata	GR	37 02 30	22 08 15	ö	1 28 33	−15
Kalau	D	51 45 00	13 56 00	ö	0 55 44	− 9
Kalbe	D	51 55 55	12 00 00	ö	0 48 00	− 8
Kaldenkirchen	D	51 19 19	6 11 52	ö	0 24 47	− 4
Kalinin=Tver	SU	56 51 50	35 59 58	ö	2 25 40	−24
Kalisz	PL	51 45 55	18 05 57	ö	1 12 24	−12
Kalksburg	A	48 07 58	16 13 56	ö	1 04 56	−11
Kalkstein	D	54 44 18	19 58 24	ö	1 19 54	−13
Kallies	D	53 17 53	15 54 38	ö	1 03 39	−10
Kallundborg	DK	55 40 49	11 05 01	ö	0 44 20	− 7
Källunge	S	57 36 55	18 34 58	ö	1 14 20	−12
Kalmar	S	56 40 30	16 26 15	ö	1 05 45	−11
Kalocza	H	46 31 41	18 58 30	ö	1 15 54	−12
Kaltenengers	D	50 24 06	7 32 18	ö	0 30 09	− 4
Kaltenweide	D	52 28 30	9 45 00	ö	0 39 00	− 6
Kaluga	SU	54 30 31	36 18 00	ö	2 25 12	−24
Kalwarya-Lebrzydonska	PL	49 51 57	19 37 58	ö	1 18 32	−13
Kamen	D	51 35 50	7 40 00	ö	0 30 40	− 5
Kamenetz-Podolskij	SU	48 40 24	26 34 28	ö	1 46 18	−17
Kamen Rybdow	SU	44 45 55	132 23 55	ö	8 49 36	−87
Kamenskoye	SU	62 30 00	165 06 57	ö	11 00 28	-103
Kamenz/Sachsen	D	51 15 00	14 06 30	ö	0 56 26	− 9

Ort	Land	Breite ° ′ ″	Länge ° ′ ″	ö w	Zeitunter. h m s	SZK
Kamenz/Schlesien	D	50 30 55	16 52 58	ö	1 07 32	−11
Kammin/Pommern	D	53 56 59	14 46 00	ö	0 59 04	− 9
Kammin/Wollin	D	53 56 48	14 50 05	ö	0 59 20	−10
Kampehl	D	52 52 18	12 27 58	ö	0 49 52	− 8
Kamyschin	SU	50 05 06	45 24 10	ö	3 01 37	−30
Kandalakscha	SU	67 07 43	32 26 12	ö	2 09 45	−21
Kangasala	SF	61 31 55	24 06 57	ö	1 36 28	−16
Kangasniemi	SF	61 58 57	26 35 58	ö	1 46 24	−17
Kanino	AL	40 27 30	19 32 30	ö	1 18 10	−13
Kankaapää	SF	61 47 55	22 25 00	ö	1 30 20	−15
Kansk	SU	56 11 55	95 39 09	ö	6 22 37	−63
Kaposvar	H	46 21 57	17 53 57	ö	1 11 36	−12
Kappel	A	46 32 00	14 15 00	ö	0 57 00	− 9
Kappeln/Old.	D	52 48 57	8 07 30	ö	0 32 30	− 5
Kappeln/Schl.	D	54 39 48	9 56 15	ö	0 39 45	− 7
Karaganda	SU	49 50 00	73 10 00	ö	4 52 40	−48
Karcag	H	47 18 56	20 55 57	ö	1 23 44	−14
Karlsuando	S	68 26 55	22 30 00	ö	1 30 00	−15
Karghalik	SU	37 53 15	77 27 10	ö	5 09 49	−51
Kargow	D	53 30 00	12 44 42	ö	0 50 59	− 8
Karis	SF	60 05 00	23 40 00	ö	1 34 40	−16
Karkeln	D	55 11 45	21 16 50	ö	1 25 07	−14
Karkku	SF	61 23 00	22 59 00	ö	1 31 56	−15
Karlovassi	GR	37 47 57	26 41 58	ö	1 46 48	−18
Karlsbach	D	48 45 48	13 35 40	ö	0 54 23	− 9
Karlsbad	CS	50 12 55	12 53 57	ö	0 51 36	− 8
Karlsberg	D	50 27 56	16 20 00	ö	1 05 20	−11
Karlsdorf	PL	53 07 54	18 04 48	ö	1 12 19	−12
Karlshafen	D	51 37 58	9 30 00	ö	0 38 00	− 6
Karlshamm	S	56 10 00	18 13 57	ö	1 12 56	−12
Karlshuld	D	48 40 00	11 17 58	ö	0 45 12	− 7
Karlskoga	S	59 20 00	14 30 55	ö	0 58 04	−10
Karlskrona	S	56 09 28	15 35 36	ö	1 02 22	−10
Karlsruhe	D	49 00 20	8 24 20	ö	0 33 37	− 6
Karlstad	S	59 22 55	13 30 00	ö	0 54 00	− 9
Karlstadt	D	49 57 08	9 45 30	ö	0 39 02	− 6
Karnitz	D	54 02 55	15 00 00	ö	1 00 00	−10
Karpfham	D	48 25 00	13 11 08	ö	0 52 45	− 9
Kars	SU	40 36 57	43 04 58	ö	2 52 20	−28
Kärsämäki	SF	63 58 59	25 45 00	ö	1 43 00	−17
Karschau	P	50 45 30	17 00 00	ö	1 08 00	−11
Karschi	SU	38 52 13	65 47 02	ö	4 23 08	−43
Karstula	SF	62 52 55	24 36 58	ö	1 38 28	−16

Ort	Land	Breite ° ′ ″	Länge ° ′ ″	ö w	Zeitunter. h m s	SZK
Karttula	SF	62 53 00	26 57 59	ö	1 47 52	−18
Karvia	SF	62 07 55	22 33 57	ö	1 30 12	−15
Karyai	GR	40 13 57	24 13 58	ö	1 36 56	−16
Kasa	S	63 18 55	19 03 57	ö	1 16 16	−13
Kasalinsk	SU	45 45 55	62 40 58	ö	4 10 44	−41
Kasan	SU	55 45 24	49 07 14	ö	3 16 29	−32
Kaschbach	D	50 41 56	16 30 00	ö	1 06 00	−11
Kaskö	SF	62 22 12	21 10 33	ö	1 24 42	−14
Kassa	CS	48 42 56	21 15 57	ö	1 25 04	−14
Kassel	D	51 19 06	9 30 08	ö	0 38 01	− 5
Kastellaun	D	50 05 00	7 30 00	ö	0 30 00	− 5
Kastelruth	I	46 42 57	11 32 58	ö	0 46 12	− 8
Kastona	SU	57 46 55	43 16 15	ö	2 53 05	−28
Kastrop	D	51 32 56	7 17 57	ö	0 29 12	− 5
Katernberg	D	51 30 00	7 02 55	ö	0 28 12	− 5
Katlenburg	D	51 41 55	10 00 00	ö	0 40 00	− 7
Katscher	D	50 04 50	18 00 10	ö	1 12 01	−12
Katta-Kurgan	SU	43 30 00	66 14 38	ö	4 24 59	−44
Kattowitz=Katovice	PL	50 15 30	19 01 58	ö	1 16 08	−13
Kattun	D	53 08 06	16 38 54	ö	1 06 36	−11
Katwijk	NL	52 12 11	4 23 35	ö	0 17 34	− 3
Katzenfurt	D	50 37 40	8 18 58	ö	0 33 16	− 5
Kaub	D	50 05 55	7 46 45	ö	0 31 07	− 5
Kaufbeuren	D	47 52 40	10 36 41	ö	0 42 27	− 7
Kaufungen	D	51 16 38	9 38 08	ö	0 38 33	− 6
Kauhava	SF	63 05 55	23 03 57	ö	1 32 16	−15
Kaukehnen	D	55 08 45	21 34 56	ö	1 26 20	−14
Kaunas	SU	54 53 57	23 55 00	ö	1 35 40	−16
Kauschit-Kala	SU	37 35 18	61 47 16	ö	4 07 09	−41
Kaustinen	SF	63 32 55	23 41 58	ö	1 34 48	−16
Kauttria	SF	61 05 55	22 10 00	ö	1 28 40	−15
Kavaja	AL	41 10 00	19 34 45	ö	1 18 19	−13
Kavalla	SU	40 55 57	24 24 58	ö	1 37 14	−16
Kayl	L	49 30 15	6 02 15	ö	0 24 09	− 4
Kazala	SU	45 25 55	68 05 25	ö	4 32 22	−45
Kazanlik	BG	42 36 55	25 23 57	ö	1 41 36	−27
Kedeiniai	SU	55 17 45	24 00 00	ö	1 36 00	−16
Kedjeassen	S	59 27 58	14 30 00	ö	0 58 00	−10
Kehl	D	48 34 15	7 49 22	ö	0 31 17	− 5
Kehrberg	D	53 03 58	14 27 19	ö	0 57 49	− 9
Keighley	GB	53 51 57	1 55 00	w	0 07 40	+ 1
Keina	SU	58 48 55	22 46 58	ö	1 31 08	−15
Kelbra	D	51 26 45	11 02 20	ö	0 44 09	− 7

Ort	Land	Breite ° ′ ″	Länge ° ′ ″	ö w	Zeitunter. h m s	SZK
Kelheim	D	48 55 00	11 55 00	ö	0 47 40	− 8
Kell	D	49 38 16	6 49 30	ö	0 27 18	− 4
Kellinghusen	D	53 57 04	9 42 30	ö	0 38 50	− 6
Kelsterbach	D	50 04 46	8 32 15	ö	0 34 09	− 6
Keltsch	D	50 34 29	18 33 34	ö	1 14 14	−12
Kemberg	D	51 46 36	12 37 48	ö	0 50 31	− 8
Kemerove	SU	55 20 00	86 04 58	ö	5 44 20	−57
Kemijärvi	SF	66 42 55	27 25 57	ö	1 49 36	−18
Kemlitz	D	51 52 10	13 30 56	ö	0 54 04	− 9
Kempen	D	51 21 55	6 25 12	ö	0 25 41	− 4
Kempenich	D	50 25 30	7 07 07	ö	0 28 28	− 5
Kempten	D	47 43 30	10 19 10	ö	0 41 17	− 7
Kenimekh	SU	40 15 00	65 04 55	ö	4 20 20	−43
Kensington	GB	51 30 00	0 11 30	w	0 00 46	+ 0
Kenzingen	D	48 11 40	7 46 28	ö	0 31 06	− 5
Kerch	SU	45 23 58	36 25 57	ö	2 25 44	−23
Kerimäki	SF	61 47 55	29 16 58	ö	1 57 08	−19
Kerki	SU	37 50 00	65 12 57	ö	4 20 52	−43
Kerpen	D	50 52 20	6 41 40	ö	0 26 47	− 4
Kerson	SU	46 37 48	24 58 48	ö	2 19 55	−23
Kertsch	SU	45 21 06	36 29 39	ö	2 25 59	−24
Kaschischkend=Mikojan	SU	39 45 00	45 20 00	ö	3 01 20	−30
Kesselsdorf	D	51 01 55	13 32 35	ö	0 54 10	− 9
Kestilä	SF	64 20 55	26 15 00	ö	1 45 00	−17
Keszkemet	H	46 53 57	19 41 58	ö	1 18 48	−13
Keszthely	H	46 46 58	17 15 00	ö	1 09 00	−11
Ketkowitz	CS	49 08 56	16 15 59	ö	1 05 04	−11
Ketsch	D	49 21 57	8 31 58	ö	0 34 08	− 6
Ketschdorf	D	50 55 00	15 56 58	ö	1 03 48	−10
Keuruu	SF	62 15 00	24 41 57	ö	1 38 48	−16
Kew	GB	51 28 06	0 19 02	w	0 01 15	+ 0
Khabarovka	SU	48 27 55	133 06 10	ö	8 52 25	−87
Khalkis	GR	38 28 55	23 35 57	ö	1 34 24	−15
Khania	GR	35 31 55	24 00 59	ö	1 36 04	−16
Khankendy	SU	39 50 00	46 45 57	ö	3 07 04	−31
Khanty-Mansisyk=Omsk	SU	61 00 00	69 00 00	ö	4 36 00	−45
Khibinogorsk=Kirovsk	SU	67 33 55	33 38 57	ö	2 14 36	−22
Khios	GR	38 21 57	26 07 58	ö	1 44 32	−17
Khiva	SU	41 23 55	60 21 57	ö	4 01 28	−40
Kharog	SU	37 30 00	71 36 00	ö	4 46 24	−47
Khryson	GR	38 27 55	22 26 58	ö	1 29 48	−15
Kickelhof	D	54 18 12	19 31 06	ö	1 18 04	−13
Kidwelly	GB	51 44 15	4 18 12	w	0 17 13	+ 3

Ort	Land	Breite ° ′ ″	Länge ° ′ ″	ö w	Zeitunter. h m s	SZK
Kiel	D	54 19 34	10 08 42	ö	0 40 35	− 7
Kielce	PL	50 51 55	20 36 58	ö	1 22 28	−14
Kierspe	D	51 07 57	7 35 58	ö	0 30 24	− 5
Kiew	SU	50 27 12	30 30 12	ö	2 02 01	−20
Kiihtelysvaara	SF	62 30 00	29 47 58	ö	1 59 12	−20
Kilanda	S	57 55 56	12 12 58	ö	0 48 52	− 8
Kilkenny	IRL	52 38 55	7 15 00	w	0 29 00	+ 5
Killarney	IRL	52 03 55	7 30 00	w	0 30 00	+ 5
Kilmarnack	GB	55 36 57	4 30 00	w	0 18 00	+ 3
Kimramala	S	57 00 00	15 50 55	ö	1 03 24	−10
Kinding	D	49 00 00	11 23 30	ö	0 45 34	− 7
Kingston-upon-Thames	GB	51 25 00	0 16 57	w	0 01 08	+ 0
Kingstown=Dun Laoghaive	GB	53 18 07	6 07 58	w	0 24 30	+ 4
Kingston-upon-Hull	GB	53 45 00	0 20 00	w	0 01 20	+ 0
Kinnared	S	57 01 55	13 16 57	ö	0 52 28	− 9
Kinsale	IRL	51 36 45	8 31 59	w	0 34 08	+ 6
Kippenheim	D	48 17 40	7 49 51	ö	0 31 19	− 5
Kirschberg	D	49 56 58	7 24 56	ö	0 29 40	− 5
Kirschbichl	A	47 30 56	12 05 00	ö	0 48 20	− 8
Kirchborchen	D	51 40 58	8 45 57	ö	0 35 04	− 6
Kirchbrack	D	51 57 43	9 34 12	ö	0 38 17	− 6
Kirchdorf	D	54 00 00	11 25 58	ö	0 45 44	− 8
Kirchen/Sieg	D	50 49 00	7 53 45	ö	0 31 35	− 5
Kirchhain a. Eck	D	49 31 45	8 11 30	ö	0 32 46	− 5
Kirchhain/Hessen	D	50 49 46	8 55 20	ö	0 35 41	− 6
Kirchheim/Schw.	D	48 10 23	10 28 40	ö	0 41 55	− 7
Kirchheim/Teck	D	48 38 49	9 27 20	ö	0 37 49	− 6
Kirchheimbolanden	D	49 40 00	8 00 00	ö	0 32 00	− 5
Kirchhellen	D	51 36 20	6 55 20	ö	0 27 41	− 5
Kirchhörde	D	51 27 20	7 27 57	ö	0 29 52	− 5
Kirchhuchting	D	53 03 35	8 13 56	ö	0 32 56	− 5
Kirchhunden	D	51 04 54	8 05 36	ö	0 32 22	− 5
Kirchlengern	D	52 12 24	8 38 40	ö	0 35 35	− 6
Kirchweyhe	D	52 58 48	8 51 42	ö	0 35 27	− 6
Kirchzarten	D	47 57 27	7 56 54	ö	0 31 48	− 5
Kirensk	SU	57 46 55	108 08 00	ö	7 12 33	−71
Kirkcaldy	GB	56 06 57	3 10 00	w	0 12 40	+ 2
Kirkintilloch	GB	55 55 55	4 08 58	w	0 16 36	+ 3
Kirkly	GB	54 11 55	2 35 15	w	0 10 21	+ 2
Kirkwall	GB	58 58 58	2 57 59	w	0 11 52	+ 2
Kirov=Jvanov	SU	58 32 57	49 41 58	ö	3 18 48	−33
Kirovakan	SU	40 47 55	44 30 00	ö	2 58 00	−29
Kirovograd	SU	48 30 00	32 17 58	ö	2 09 12	−21

Ort	Land	Breite ° ′ ″	Länge ° ′ ″	ö w	Zeitunter. h m s	SZK
Kirovsk	SU	67 35 55	33 38 57	ö	2 14 36	−22
Kiruna	S	67 50 55	20 13 58	ö	1 20 56	−13
Kisil-arwat	SU	38 59 46	56 16 26	ö	3 45 06	−37
Kisko	SF	60 15 00	23 28 59	ö	1 33 59	−15
Kiskoros	H	46 36 56	19 16 57	ö	1 17 08	−13
Kiskunhalas	H	46 25 57	19 28 58	ö	1 17 56	−13
Kisliar	SU	43 51 01	46 42 35	ö	3 06 50	−31
Kissingen	D	50 12 06	10 04 42	ö	0 40 19	− 7
Kisslegg	D	47 47 05	9 52 45	ö	0 39 31	− 6
Kittis	SF	66 48 18	24 03 15	ö	1 36 13	−16
Kitzingen	D	49 44 26	10 09 43	ö	0 40 39	− 7
Kladno	CS	50 07 55	14 05 00	ö	0 56 20	− 9
Klaeden	D	52 37 52	11 42 49	ö	0 46 51	− 8
Klagenfurt	A	46 37 36	14 18 34	ö	0 57 14	− 9
Klausenburg=Cluj	R	46 46 18	23 35 48	ö	1 34 23	−16
Klausen	D	53 47 58	22 06 57	ö	1 28 28	−15
Kleinpertenschlag	A	48 25 57	14 57 58	ö	0 59 52	−10
Klein-Sottrum	D	53 05 48	9 11 12	ö	0 36 45	− 6
Klensby	D	54 31 48	9 35 48	ö	0 38 23	− 6
Klettwitz	D	51 32 37	13 54 18	ö	0 55 37	− 9
Kleve	D	51 47 15	6 08 30	ö	0 24 34	− 4
Klikuszowa	PL	49 30 55	19 58 57	ö	1 19 56	−13
Klin	SU	56 20 10	36 44 10	ö	2 26 57	−24
Klingenberg	D	49 47 00	9 11 30	ö	0 36 44	− 6
Klingenbrunn	D	48 55 32	13 19 40	ö	0 53 19	− 9
Klingenmünster	D	49 16 26	8 00 45	ö	0 32 03	− 5
Klingenthal	D	50 21 57	12 28 13	ö	0 49 53	− 8
Klinkum	D	51 08 06	6 14 54	ö	0 25 00	− 4
Klintsy	SU	52 45 00	32 15 57	ö	2 09 04	−21
Klisura	AL	40 20 00	20 11 15	ö	1 20 45	−13
Klitzschen	D	51 30 55	12 54 18	ö	0 51 37	− 8
Klockow	D	53 29 30	12 52 37	ö	0 51 30	− 8
Klöden	D	51 42 56	12 45 00	ö	0 51 00	− 8
Klostermansfeld	D	51 35 00	11 28 57	ö	0 45 56	− 8
Klosterneuburg	A	48 18 58	16 18 59	ö	1 05 16	−11
Kloten	S	59 53 55	15 17 58	ö	1 01 12	−10
Klötze	D	52 37 58	11 10 05	ö	0 44 40	− 7
Klotzsche	D	51 06 43	13 46 02	ö	0 55 04	− 9
Kluftern	D	47 41 45	9 24 12	ö	0 37 37	− 6
Klukhari	SU	43 46 55	41 53 57	ö	2 47 36	−47
Klukowo	D	53 20 04	17 00 46	ö	1 08 03	−11
Klus	D	52 14 21	9 02 37	ö	0 36 10	− 6
Kluse	D	52 55 22	7 21 58	ö	0 29 28	− 5

Ort	Land	Breite ° ′ ″	Länge ° ′ ″	ö w	Zeitunter. h m s	SZK
Klützow	D	53 17 56	15 00 00	ö	1 00 00	−10
Klye	D	51 56 15	7 05 15	ö	0 28 21	− 5
Knäred	S	56 30 55	13 18 55	ö	0 53 16	− 9
Knesebeck	D	52 40 31	10 42 06	ö	0 42 48	− 7
Knielingen	D	49 01 45	8 20 10	ö	0 33 21	− 5
Knim	YU	44 02 11	16 11 35	ö	1 04 46	−11
Kniphausen	D	53 33 10	8 03 11	ö	0 32 13	− 5
Knittelfeld	A	47 12 58	14 50 00	ö	0 59 20	−10
Knjazevac	YU	43 33 55	22 16 10	ö	1 29 05	−15
Knon	S	60 10 00	13 46 58	ö	0 55 08	− 9
Kobbelbude	D	54 38 42	20 33 42	ö	1 21 31	−13
Koberg	S	58 10 00	12 25 00	ö	0 49 40	− 8
Koberwitz	D	50 58 45	16 54 50	ö	1 07 39	−11
Koblenz	D	50 21 43	7 35 48	ö	0 30 23	− 5
Kobulten	D	53 48 06	21 01 55	ö	1 24 08	−14
Koburg	D	50 15 31	10 58 03	ö	0 43 52	− 7
Kochel	D	47 39 39	11 22 23	ö	0 45 32	− 7
Kochem	D	50 10 00	7 15 00	ö	0 29 00	− 5
Köfering	D	48 55 57	12 11 37	ö	0 48 46	− 8
Kohlscheid	D	50 50 00	6 05 00	ö	0 24 20	− 4
Kokand	SU	40 30 00	70 58 57	ö	4 43 56	−47
Kokchetav	SU	53 14 55	69 24 58	ö	4 37 40	−46
Kokkola	SF	63 50 00	23 07 57	ö	1 32 32	−15
Koknese	SU	56 40 45	25 25 30	ö	1 41 42	−17
Kokoschken	PL	53 59 30	18 31 42	ö	1 14 07	−12
Kokskar	SU	59 40 30	25 02 57	ö	1 40 12	−16
Kola	SU	68 51 55	33 00 00	ö	2 12 00	−22
Kolberg	D	54 10 39	15 34 36	ö	1 02 18	−10
Kolbergermünde	D	54 10 55	15 32 58	ö	1 02 12	−10
Kölfors	S	59 10 55	11 55 00	ö	0 47 40	− 8
Kolimsk	S	67 10 00	157 10 10	ö	10 28 41	-103
Kolin	CS	50 01 00	15 08 00	ö	1 00 32	−10
Kolkwitz	D	51 43 57	14 43 58	ö	0 58 56	−10
Kollautschen	CS	49 28 45	13 07 15	ö	0 52 32	− 9
Kölleda	D	51 11 42	11 13 18	ö	0 44 53	− 7
Kollerschlag	A	48 35 57	13 50 00	ö	0 55 20	− 9
Köln	D	50 56 33	6 57 33	ö	0 27 50	− 5
Köln-Kalk	D	50 56 24	7 00 37	ö	0 28 02	− 5
Köln-Mülheim	D	50 58 01	7 00 17	ö	0 28 01	− 5
Kolomya=Kolomea	PL	48 31 55	25 02 57	ö	1 40 12	−16
Kolymsk	SU	68 31 58	160 56 22	ö	10 43 45	-106
Komarom	H	47 43 57	18 07 58	ö	1 12 32	−12
Komotau=Chomutov	CS	50 28 55	13 24 55	ö	0 53 40	− 9

Ort	Land	Breite ° ' "	Länge ° ' "	ö w	Zeitunter. h m s	SZK
Komotini	GR	41 06 55	25 25 00	ö	1 41 40	−17
Komsomolsk	SU	50 35 00	137 01 57	ö	9 08 08	−90
Kongelf	S	57 51 45	11 58 55	ö	0 47 56	− 8
Kongsbacka	S	57 26 55	12 06 55	ö	0 48 28	− 8
Kongsberg	N	59 38 55	9 38 57	ö	0 38 36	− 6
Kongsvinger	N	60 12 11	11 57 55	ö	0 47 52	− 8
König	D	49 44 30	9 01 30	ö	0 36 06	− 6
Königgrätz	CS	50 12 38	15 49 59	ö	1 03 20	−10
Königsbach/Baden	D	48 58 23	8 36 30	ö	0 34 26	− 6
Königsbach/Pfalz	D	49 23 30	8 10 20	ö	0 32 41	− 5
Königsberg/Frk.	D	50 04 24	10 34 18	ö	0 42 17	− 7
Königsberg/Neum.	D	52 57 51	14 25 54	ö	0 57 44	− 9
Königsberg/Pr.	D	54 42 51	20 29 46	ö	1 21 59	−13
Königsberg	CS	50 05 00	12 30 00	ö	0 50 00	− 8
Königsbronn	D	48 44 03	10 06 24	ö	0 40 26	− 7
Königsbrück	D	51 15 58	13 54 18	ö	0 55 37	− 9
Königsee/Thür.	D	50 39 47	11 06 16	ö	0 44 25	− 7
Königshain	D	51 10 56	14 52 58	ö	0 59 32	−10
Königshütte	PL	50 19 00	18 58 00	ö	1 15 52	−12
Königslutter	D	52 15 00	10 48 45	ö	0 43 15	− 7
Königstein/Sa.	D	50 54 08	14 03 53	ö	0 56 16	− 9
Königstein/Taunus	D	50 11 50	8 28 30	ö	0 33 54	− 6
Königswalde	D	52 30 55	15 15 00	ö	1 01 00	−10
Königswinter	D	50 40 45	7 12 00	ö	0 28 48	− 5
Königswusterhausen	D	52 18 05	13 37 10	ö	0 54 29	− 9
Königszelt	D	50 55 15	16 25 56	ö	1 05 44	−11
Könitz	D	50 39 08	11 29 14	ö	0 45 57	− 8
Konitz	PL	53 41 49	17 34 13	ö	1 10 17	−12
Koniuskow	PL	50 08 55	25 06 57	ö	1 40 28	−17
Konstadt	D	51 01 30	18 03 16	ö	1 12 13	−12
Konstanz	D	47 39 40	9 10 30	ö	0 36 42	− 6
Koogiste	SU	58 46 45	24 55 57	ö	1 39 44	−16
Koos	GR	36 52 55	27 08 57	ö	1 48 36	−18
Kopal	SU	45 07 55	79 02 58	ö	5 16 12	−52
Kopenhagen	DK	55 41 54	12 36 05	ö	0 50 24	− 8
Köpenick	D	52 25 57	13 35 00	ö	0 54 20	− 9
Kopitz	CS	50 32 00	13 38 00	ö	0 54 00	− 9
Koprena	GR	39 02 15	21 01 45	ö	1 24 07	−14
Kopstal	L	49 39 25	6 04 30	ö	0 24 18	− 4
Kopu	SU	58 55 35	22 10 45	ö	1 28 43	−15
Korbach	D	51 16 22	8 52 25	ö	0 35 30	− 6
Kordeshagen	D	54 11 30	15 55 32	ö	1 03 42	−10
Korinth	GR	37 54 15	22 52 55	ö	1 31 32	−15

Ort	Land	Breite ° ′ ″	Länge ° ′ ″	ö w	Zeitunter. h m s	SZK
Koritza	AL	40 40 00	20 45 02	ö	1 23 00	−14
Kornat	A	46 41 00	12 53 00	ö	0 51 32	− 8
Kornberg	D	50 43 42	8 14 18	ö	0 32 57	− 5
Korneuburg	A	48 20 50	16 29 15	ö	1 05 57	−11
Kornwestheim	D	48 52 00	9 12 03	ö	0 36 48	− 6
Korosten	SU	50 57 00	28 36 00	ö	1 54 24	−19
Korpo	SF	60 09 00	21 33 00	ö	1 26 12	−14
Korschen	D	54 09 45	21 07 48	ö	1 24 31	−14
Korsenz	D	51 32 07	16 51 43	ö	1 07 27	−11
Korsöv	DK	55 20 11	11 08 22	ö	0 44 33	− 7
Korso	SF	60 21 00	25 04 00	ö	1 40 16	−16
Koschkow	CS	49 16 00	16 10 00	ö	1 04 40	−11
Kosel/Oberschlesien	D	50 19 00	18 19 00	ö	1 12 36	−12
Kosendau	D	51 09 46	15 55 05	ö	1 03 40	−10
Kösfeld	D	51 56 50	7 10 08	ö	0 28 41	− 5
Köslin	D	54 11 28	16 10 57	ö	1 04 44	−11
Koslow	SU	45 11 54	35 42 59	ö	2 22 52	−23
Kosmac	YU	42 17 00	18 53 00	ö	1 15 32	−12
Kosow	PL	48 20 00	25 09 00	ö	1 40 36	−17
Kostroma	SU	57 45 48	40 55 45	ö	2 43 43	−27
Koszeg	H	47 24 00	16 32 00	ö	1 06 08	−11
Köthen	D	51 45 10	11 58 32	ö	0 47 54	− 8
Kothmaißling	D	49 14 39	12 44 45	ö	0 50 59	− 8
Kotka	SF	60 28 00	26 56 00	ö	1 47 44	−18
Kotor	YU	42 25 30	18 45 30	ö	1 15 21	−12
Kottbus	D	51 45 33	14 20 07	ö	0 57 20	− 9
Kotzenau	D	51 24 54	15 53 16	ö	1 03 33	−10
Kotzenreuschel	D	51 44 40	16 00 00	ö	1 04 00	−11
Kotzobendy	PL	49 46 00	18 34 00	ö	1 14 16	−12
Kovima (la Basse)	SU	68 18 00	163 18 00	ö	0 53 12	-107
Kowahlen	D	54 10 28	22 24 36	ö	1 29 38	−15
Kowel	PL	51 13 00	24 43 00	ö	1 38 52	−16
Kowno	SU	54 54 54	23 54 10	ö	1 35 37	−16
Kozani	GR	40 18 00	21 47 00	ö	1 27 08	−14
Kradrub	CS	49 09 00	16 10 00	ö	1 04 40	−11
Krafensko	CS	49 22 00	16 50 00	ö	1 07 20	−11
Kragerö	N	58 51 35	9 30 37	ö	0 38 02	− 6
Kraguljevac	YU	44 01 00	20 54 00	ö	1 23 36	−14
Krainburg	YU	46 14 00	14 21 00	ö	0 57 24	− 9
Krakau = Krakov	PL	50 03 52	19 57 36	ö	1 19 50	−13
Krakow	D	53 38 56	12 16 55	ö	0 49 08	− 8
Kraljevo	YU	43 42 00	20 40 00	ö	1 22 40	−14
Kranichfeld	D	50 51 55	11 11 40	ö	0 44 47	− 7

Ort	Land	Breite ° ′ ″	Länge ° ′ ″	ö w	Zeitunter. h m s	SZK
Kranowitz	D	50 01 18	18 07 30	ö	1 12 30	−12
Kraplau	D	53 38 00	20 00 00	ö	1 20 00	−13
Krappitz	D	50 28 30	17 58 29	ö	1 11 54	−12
Krapsi	GR	39 46 30	21 01 10	ö	1 24 05	−14
Kraschnitz	D	51 28 05	17 22 15	ö	1 09 29	−11
Kraslin = Kraslice	CS	50 19 00	12 31 00	ö	0 50 04	− 8
Krasna	CS	49 28 00	17 58 00	ö	1 11 52	−12
Krasnodar	SU	45 02 00	39 00 00	ö	2 36 00	−26
Krasnogorsk	SU	55 50 00	37 19 00	ö	2 29 16	−24
Krasnojarsk	SU	56 01 02	92 48 00	ö	6 11 34	−61
Krasnokokoshaisk = Yoskav-Ola	SU	56 40 00	47 55 00	ö	3 11 40	−31
Krassnowodsk	SU	40 00 00	52 59 10	ö	3 31 57	−35
Kravasta	AL	40 50 00	19 31 58	ö	1 18 08	−13
Krefeld	D	51 19 57	6 33 48	ö	0 26 15	− 4
Kreiensen	D	51 51 55	9 57 54	ö	0 39 52	− 7
Krementschug	SU	49 03 49	33 24 25	ö	2 13 38	−22
Kremmen	D	52 45 10	13 01 20	ö	0 52 05	− 9
Kremnica	CS	48 41 58	18 54 57	ö	1 15 40	−12
Krempe	D	53 50 15	9 30 00	ö	0 38 00	− 6
Krems	A	48 21 30	15 35 55	ö	1 05 24	−10
Kremsier	CS	49 17 59	17 23 42	ö	1 09 35	−11
Kremsmünster	A	48 03 23	14 07 59	ö	0 56 32	− 9
Kretinga	SU	55 53 57	21 12 58	ö	1 24 52	−14
Kreuz	D	52 52 10	16 01 50	ö	1 04 07	−11
Kreuzau	D	50 45 00	6 28 57	ö	0 25 56	− 4
Kreuzburg	D	50 58 27	18 13 02	ö	1 12 52	−12
Kreuzenort	D	49 59 21	18 15 30	ö	1 13 02	−12
Kreuzlingen	CH	47 38 59	9 10 57	ö	0 36 44	− 6
Kreuznach	D	49 50 39	7 51 53	ö	0 31 28	− 5
Krietern	D	51 04 56	17 00 00	ö	1 08 00	−11
Kriftel	D	50 05 42	8 28 30	ö	0 33 54	− 6
Kripp	D	50 33 55	7 15 42	ö	0 29 03	− 5
Krippen	D	50 54 15	14 09 18	ö	0 56 37	− 9
Kristiansand	N	58 09 00	8 01 00	ö	0 30 04	− 6
Kristiansund	N	63 07 00	7 45 00	ö	0 31 00	− 6
Kristianstad	S	56 01 12	14 09 27	ö	0 56 38	− 9
Kristineberg	S	58 15 00	11 26 58	ö	0 45 48	− 8
Kristinehamm	S	59 20 00	14 06 57	ö	0 56 28	− 9
Kristianstad	SF	62 16 06	21 18 03	ö	1 25 12	−14
Krivoi Rog	SU	47 53 55	33 20 57	ö	2 13 24	−22
Krnov	CS	50 05 30	17 42 58	ö	1 10 52	−12
Kroja	AL	41 20 00	19 45 00	ö	1 19 00	−13
Krojanke	D	53 17 54	16 58 57	ö	1 07 56	−11

Ort	Land	Breite ° ′ ″	Länge ° ′ ″	ö w	Zeitunter. h m s	SZK
Kronach	D	50 15 00	11 20 10	ö	0 45 21	− 7
Kronberg	DK	56 02 24	12 37 27	ö	0 50 30	− 8
Kronenburg	D	50 21 58	6 28 44	ö	0 25 55	− 4
Kronsburg	D	54 18 55	9 49 55	ö	0 39 20	− 6
Kronstadt = Brasow	R	45 38 50	25 34 57	ö	1 42 15	−17
Kronstadt	SU	59 59 24	29 45 54	ö	1 59 04	−20
Kröpelin	D	54 04 47	11 47 58	ö	0 47 12	− 8
Kropp	D	54 25 07	9 31 05	ö	0 38 04	− 6
Krosno	PL	49 40 55	21 45 57	ö	1 27 04	−14
Krossen	D	52 01 58	15 05 57	ö	1 00 24	−10
Krotoschin	PL	51 41 49	17 26 24	ö	1 09 46	−11
Krozingen	D	47 55 15	7 42 22	ö	0 39 49	− 5
Kruft	D	50 23 56	7 20 30	ö	0 29 32	− 5
Krumau	CS	48 48 58	14 18 58	ö	0 57 16	− 9
Krumhermersdorf	D	51 00 00	14 12 12	ö	0 56 49	− 9
Krummhübel	D	50 45 57	15 45 59	ö	1 03 04	−10
Krüssau	D	52 15 55	12 03 57	ö	0 48 16	− 8
Kruunupyy	SF	63 42 55	23 00 00	ö	1 32 00	−15
Krynica	PL	49 23 55	20 56 58	ö	1 23 48	−14
Kücknitz	D	53 54 48	10 47 36	ö	0 43 10	− 7
Kufstein	A	47 35 00	12 10 00	ö	0 48 40	− 8
Kuhfelde	D	52 47 15	11 06 40	ö	0 44 27	− 7
Kuhmoinen	SF	61 33 55	25 11 55	ö	1 40 48	−17
Kuhmoniemi	SF	64 05 55	29 30 58	ö	1 58 04	−19
Kühren	D	54 12 04	10 15 30	ö	0 41 02	− 7
Kuilenburg	NL	51 57 59	5 13 57	ö	0 20 56	− 3
Kuivaniemi	SF	65 35 00	25 08 58	ö	1 40 36	−17
Kuivastu	SU	58 25 00	23 22 56	ö	1 33 32	−15
Kuktiskis	SU	55 22 13	25 40 05	ö	1 42 40	−17
Kulab = Kulyab	SU	37 57 00	69 47 25	ö	4 39 10	−46
Kuldiga	SU	56 58 59	21 58 57	ö	1 27 56	−14
Kullen	S	56 17 58	12 35 45	ö	0 50 23	− 8
Kulm	D	53 20 58	18 25 28	ö	1 13 52	−12
Kulmbach	D	50 05 25	11 27 58	ö	0 45 52	− 8
Kulmberg	YU	46 25 00	16 11 57	ö	1 04 56	−11
Kumanovo	YU	42 07 58	21 33 59	ö	1 26 16	−14
Kunau	D	51 32 45	15 12 09	ö	1 00 49	−10
Kungshalmen	S	56 06 55	15 35 00	ö	1 02 20	−10
Künzelsau	D	49 16 16	9 41 33	ö	0 38 46	− 6
Kunzendorf/Od.	D	51 24 54	16 28 57	ö	1 04 56	−11
Kunzendorf/Neur.	D	50 36 21	16 30 00	ö	1 02 00	−10
Kuolajärvi	SF	66 57 55	29 13 58	ö	1 56 56	−19
Kuopiv	SF	62 53 55	27 40 00	ö	1 50 40	−18

Ort	Land	Breite ° ′ ″	Länge ° ′ ″	ö w	Zeitunter. h m s	SZK
Kupferdreh	D	51 23 20	7 05 57	ö	0 28 24	− 5
Kupferzell	D	49 13 44	9 41 48	ö	0 38 47	− 6
Kuppenheim	D	48 49 34	8 15 30	ö	0 33 02	− 5
Kurenurme	SU	57 48 50	26 45 30	ö	1 47 02	−18
Kuressaar	SU	58 15 00	22 28 57	ö	1 29 56	−15
Kurgan	SU	55 25 55	65 22 58	ö	4 21 32	−43
Kurkijoko	SF	61 17 55	29 52 58	ö	1 59 32	−20
Kursenai	SU	56 00 30	23 00 00	ö	1 32 00	−15
Kursk	SU	51 43 43	36 12 35	ö	2 24 50	−24
Kurn	SF	62 00 00	23 30 00	ö	1 34 00	−15
Kurwien	PL	53 33 55	21 28 57	ö	1 25 56	−14
Kusel	D	49 32 05	7 24 30	ö	0 29 38	− 5
Kusey	D	52 35 15	11 05 15	ö	0 44 21	− 7
Kustanay	SU	53 10 00	63 35 00	ö	4 14 20	−42
Kustendjil	BG	42 16 55	22 40 58	ö	1 30 44	−15
Küstrin	D	52 34 50	14 38 30	ö	0 58 33	−10
Kutala	SU	42 15 55	42 40 00	ö	2 50 40	− 5
Kuttenberg = Kutna Hora	CS	49 56 54	15 16 12	ö	1 01 05	−10
Kuttenplan	CS	49 53 55	12 42 56	ö	0 50 52	− 8
Kuusamo	SF	65 56 58	29 11 57	ö	1 56 48	−19
Kuusankoski	SF	60 55 00	26 38 58	ö	1 46 36	−17
Kuybyscev	SU	53 11 55	50 08 58	ö	3 20 36	−33
Kvikkjokk	S	66 56 58	17 45 00	ö	1 11 00	−12
Kyle	GB	57 11 56	5 35 58	w	0 22 24	+ 4
Kyleberg	S	58 18 58	14 50 59	ö	0 59 24	−10
Kyllburg	D	50 02 16	6 35 00	ö	0 26 20	− 4
Kyritz	D	52 56 58	12 23 57	ö	0 49 36	− 8
Kyrkerud	S	59 22 55	12 06 58	ö	0 48 28	− 8
Kyrkslätt	SF	60 11 55	24 30 00	ö	1 38 00	−16
Kzyl-Orda	SU	44 47 58	65 30 59	ö	4 22 04	−43
Laaber	D	49 03 55	11 53 07	ö	0 47 32	− 8
Laage	D	53 55 45	12 21 15	ö	0 49 25	− 8
Laasphe	D	50 56 10	8 25 40	ö	0 33 43	− 6
Laband	D	50 21 30	18 37 00	ö	1 14 28	−12
Labes	D	53 38 56	15 36 49	ö	1 02 27	−10
Labian	D	54 51 53	21 06 45	ö	1 24 27	−14
Labuhn/Lauenburg	D	54 27 00	17 49 00	ö	1 11 16	−11
Lacedonia	I	41 03 00	14 23 48	ö	0 57 35	− 9
La Chaux de Fonds	CH	47 07 00	6 50 00	ö	0 27 20	− 4
Lachen	D	49 18 55	8 11 48	ö	0 32 47	− 5
Lachia	SU	39 38 00	46 32 00	ö	3 06 08	−31

Ort	Land	Breite ° ′ ″	Länge ° ′ ″	ö w	Zeitunter. h m s	SZK
La Coruna	E	43 23 10	8 22 30	w	0 33 30	+ 6
Ladbergen	D	52 08 39	7 44 44	ö	0 30 59	− 5
Ladenburg	D	49 28 30	8 37 23	ö	0 34 30	− 6
Laeken	B	50 53 00	4 21 00	ö	0 17 24	− 3
Lage	D	51 59 20	8 46 34	ö	0 35 06	− 6
Lagfors	S	62 40 00	17 12 00	ö	1 08 48	−11
Lagos	P	37 06 00	8 41 00	w	0 34 44	+ 6
Lahnhof	D	50 54 00	8 15 00	ö	0 33 00	− 5
Laholm	S	56 32 36	13 00 57	ö	0 52 04	− 9
Lahr	D	48 20 30	7 52 40	ö	0 31 31	− 5
Lahti	SF	61 00 00	25 39 00	ö	1 42 36	−17
Laibach = Ljubljana	YU	46 02 57	14 30 36	w	0 58 02	−10
Laichingen	D	48 29 30	9 40 39	ö	0 38 43	− 6
Lalendorf	D	53 45 00	12 22 22	ö	0 49 29	− 8
La Louviere	B	50 28 00	4 13 00	ö	0 16 52	− 3
Lamsheim	D	49 30 57	8 17 13	ö	0 33 09	− 5
Lamia	GR	38 54 00	22 26 00	ö	1 29 44	−15
Lampertheim	D	49 35 30	8 27 45	ö	0 33 51	− 6
Lamspringe	D	51 57 45	10 00 00	ö	0 40 00	− 7
Lanark	GB	55 41 00	3 47 00	w	0 15 08	+ 2
Lancaster	GB	54 03 08	2 48 14	w	0 11 13	+ 2
Lanceston	GB	50 36 00	4 22 00	w	0 17 28	+ 3
Lanciano	I	42 14 00	14 24 45	ö	0 57 39	− 9
Landau/Pfalz	D	49 11 50	8 06 48	ö	0 32 27	− 5
Landau/Bay.	D	48 39 54	12 42 30	ö	0 50 50	− 8
Landeck	D	50 20 55	16 52 22	ö	1 07 29	−11
Landeshut	D	50 46 51	16 02 07	ö	1 04 08	−11
Landsberg/Warthe	D	52 43 56	15 14 29	ö	1 00 58	−10
Landsberg/Bay.	D	48 02 56	10 53 00	ö	0 43 32	− 7
Landsberg/Schl.	D	50 52 30	18 25 20	ö	1 13 41	−12
Landsberg/Opr.	D	54 17 05	20 30 00	ö	1 22 00	−13
Landshut	D	48 32 20	12 09 30	ö	0 48 38	− 8
Landskron	CS	49 52 42	16 36 18	ö	1 06 25	−11
Landskrona	S	55 52 06	12 49 37	ö	0 51 18	− 8
Landsort	S	58 44 00	17 51 57	ö	1 11 18	−12
Landstuhl	D	49 24 42	7 34 30	ö	0 30 18	− 5
Langeberg	D	53 16 48	15 00 30	ö	1 00 02	−10
Langebrück	D	51 07 30	13 50 10	ö	0 55 21	− 9
Langeln	D	53 48 15	9 52 56	ö	0 39 32	− 7
Langelohe	D	53 36 00	10 16 04	ö	0 41 04	− 7
Langelsheim	D	51 56 30	10 20 53	ö	0 41 24	− 7
Langen	D	49 59 40	8 41 15	ö	0 34 45	− 6
Langen	A	47 08 00	10 06 00	ö	0 40 24	− 7

Ort	Land	Breite ° ′ ″	Länge ° ′ ″	ö w	Zeitunter. h m s	SZK
Langenau/Sa.	D	50 50 23	13 17 30	ö	0 53 10	− 9
Langenau/Schl.	D	50 05 36	16 40 00	ö	1 06 40	−10
Langenau/Württ.	D	48 29 55	10 06 30	ö	0 40 26	− 7
Langenberg/Rhld.	D	51 21 10	7 07 20	ö	0 28 29	− 5
Langenberg/Thür.	D	50 55 26	12 03 18	ö	0 43 13	− 8
Langenbielau	D	50 40 22	16 37 00	ö	1 06 28	−11
Langenbrück	D	50 17 52	17 30 45	ö	1 10 03	−12
Langenbruck	CH	47 21 00	7 46 00	ö	0 31 04	− 5
Langendreer	D	51 28 44	7 19 44	ö	0 29 19	− 5
Langenfeld	D	51 06 20	6 57 30	ö	0 27 50	− 5
Langenöls	D	51 04 00	15 22 15	ö	1 01 29	−10
Langensalza	D	51 06 34	10 38 57	ö	0 42 36	− 7
Langenschwalbach	D	50 08 48	8 04 50	ö	0 32 19	− 5
Langenselbold	D	50 11 10	9 02 45	ö	0 36 11	− 6
Langenstein	D	51 51 20	11 00 00	ö	0 44 00	− 7
Langenweddingen	D	52 03 06	11 32 37	ö	0 46 10	− 8
Langenwolmsdorf	D	51 03 00	14 15 00	ö	0 57 00	− 9
Langerfeld	D	51 18 50	7 15 00	ö	0 29 00	− 5
Langförde	D	52 48 54	7 46 18	ö	0 31 05	− 5
Lang-Göns	D	50 30 00	8 40 40	ö	0 36 43	− 6
Langnau	CH	46 56 00	7 47 00	ö	0 31 08	− 5
Langres	F	47 51 53	5 20 05	ö	0 21 20	− 4
Langstadt	D	49 55 36	8 58 00	ö	0 35 52	− 6
Langwarden	D	53 35 55	8 18 14	ö	0 33 13	− 5
Lannaskede	S	57 23 00	14 52 00	ö	0 59 28	−10
Lannion	F	48 34 07	3 27 51	w	0 13 51	+ 2
Lanz	D	53 04 29	11 35 54	ö	0 46 24	− 8
Laon	F	49 33 54	3 37 29	ö	0 14 30	− 2
Lapinlahti	SF	62 22 00	27 23 00	ö	1 49 32	−18
Lappfjärd	SF	62 14 00	21 36 00	ö	1 26 24	−14
Lappeenranta	SF	61 03 00	28 11 00	ö	1 52 44	−19
Larderello	I	43 14 00	11 06 48	ö	0 44 27	− 7
Largentière	F	44 32 31	4 17 24	ö	0 17 10	− 3
Largs	GB	55 48 00	4 52 00	w	0 19 28	+ 3
Larissa	GR	39 38 00	22 25 00	ö	1 29 40	−15
Larne	GB	54 50 00	5 49 00	w	0 23 16	+ 4
La Rochelle	F	46 19 00	1 09 31	w	0 04 38	+ 1
Larochette	L	49 46 30	6 13 00	ö	0 24 52	− 4
Larrelt	D	53 21 51	7 09 06	ö	0 28 36	− 5
La Specia	I	44 06 00	9 49 00	ö	0 39 16	− 6
Lassan	D	53 57 00	13 50 42	ö	0 55 23	− 9
Lasswalde	GB	55 53 00	3 07 00	w	0 12 28	+ 2
Lastrupp	D	52 47 33	7 52 00	ö	0 31 28	− 5

Ort	Land	Breite ° ′ ″	Länge ° ′ ″	ö w	Zeitunter. h m s	SZK
Latisana	I	45 47 00	12 08 45	ö	0 48 35	− 8
Latzig	D	54 12 16	16 34 24	ö	1 06 18	−11
Laubach	D	50 32 40	8 59 20	ö	0 35 58	− 6
Lauban	D	51 07 16	15 17 31	ö	1 01 10	−10
Laubenheim	D	49 58 03	8 18 00	ö	0 33 12	− 5
Laucha	D	51 13 45	11 41 07	ö	0 46 44	− 8
Lauchhammer	D	51 30 00	13 48 06	ö	0 55 12	− 9
Lauchstedt	D	51 23 00	12 52 14	ö	0 51 29	− 8
Lauenburg/Pommern	D	54 32 48	17 45 01	ö	1 11 00	−12
Lauenburg/Elbe	D	53 22 50	10 32 58	ö	0 42 12	− 7
Lauf	D	49 30 30	11 16 30	ö	0 45 06	− 7
Laufamholz	D	49 27 27	11 10 50	ö	0 44 43	− 7
Laufeld	D	50 05 03	6 51 45	ö	0 27 27	− 5
Laufen/Obb.	D	47 55 45	12 56 08	ö	0 51 45	− 9
Lauffen/Neckar	D	49 08 18	9 09 50	ö	0 36 39	− 6
Langwitz	D	50 49 48	17 21 12	ö	1 09 25	−11
Lauingen	D	48 35 52	10 25 39	ö	0 41 43	− 7
Lauknen	D	54 57 51	21 26 15	ö	1 25 45	−14
Laurvik	N	51 01 15	9 37 10	ö	0 38 29	− 6
Lausanne	CH	46 31 23	6 38 07	ö	0 26 32	− 4
Lauscha	D	50 28 34	11 12 12	ö	0 44 49	− 7
Lausigk	D	51 45 30	12 04 39	ö	0 48 19	− 8
Lauterberg	D	51 38 27	10 28 11	ö	0 41 53	− 7
Lauterecken	D	46 39 00	7 36 30	ö	0 30 26	− 5
Lauttakylä	SF	61 11 00	22 37 00	ö	1 30 28	−15
Lautzkirchen	D	49 15 00	7 15 15	ö	0 29 01	− 5
Laval	F	48 04 07	0 46 29	w	0 03 06	+ 1
Lavaur	F	43 41 59	1 49 12	ö	0 07 17	− 1
Lavesum	D	51 46 48	7 10 24	ö	0 28 42	− 5
Lavia	SF	61 37 00	22 31 00	ö	1 30 04	−15
Leba	D	54 45 30	17 33 35	ö	1 10 14	−12
Lebach	D	49 25 07	6 54 20	ö	0 27 37	− 5
Lebehnke	D	53 13 32	16 41 14	ö	1 06 45	−11
Lebus	D	52 25 45	14 32 07	ö	0 58 08	−10
Lecce	I	40 21 04	18 10 15	ö	1 12 41	−12
Lecco	I	46 50 00	9 23 48	ö	0 37 35	− 6
Lechenich	D	50 48 00	6 46 00	ö	0 27 04	− 4
Le Creusot	F	46 48 00	4 26 00	ö	0 17 44	− 3
Lectoure	F	43 56 05	0 37 19	ö	0 02 29	− 0
Ledburg	GB	52 02 00	2 24 30	w	0 09 38	+ 2
Leeds	GB	53 48 00	1 32 00	w	0 06 08	+ 1
Leer	D	53 13 41	7 27 06	ö	0 29 48	− 5
Leerdam	NL	51 54 00	5 06 00	ö	0 20 24	− 3

Ort	Land	Breite ° ′ ″	Länge ° ′ ″	ö w	Zeitunter. h m s	SZK
Leese	D	52 30 00	9 04 43	ö	0 36 19	− 6
Leeuwarden	NL	53 12 13	5 37 27	ö	0 22 30	− 4
Lefkova dolina	YU	45 38 00	14 28 00	ö	0 57 52	−10
Legden	D	52 01 45	7 07 21	ö	0 28 29	− 5
Le Havre	F	49 29 16	0 06 30	ö	0 00 26	− 0
Lehe	D	53 34 06	8 35 38	ö	0 34 23	− 6
Lehesten	D	50 28 05	11 27 12	ö	0 45 49	− 8
Lehrte	D	52 22 20	9 59 50	ö	0 39 58	− 7
Leicester	GB	52 35 00	1 10 00	w	0 04 40	+ 1
Leichlingen	D	51 06 30	7 01 00	ö	0 28 04	− 5
Leigh	GB	53 30 00	2 30 00	w	0 10 00	+ 2
Leijden = Leyden	NL	52 09 28	4 29 23	ö	0 17 58	− 3
Leinefelde	D	51 22 50	10 18 37	ö	0 41 14	− 7
Leinfelden	D	48 40 51	9 08 30	ö	0 36 34	− 6
Leipheim	D	48 26 05	10 12 50	ö	0 40 51	− 7
Leipzig	D	51 20 30	12 22 40	ö	0 49 31	− 8
Leipzig-Gohlis	D	51 21 35	12 22 15	ö	0 49 29	− 8
Leiria	P	39 44 00	8 48 00	w	0 35 12	+ 6
Leith	GB	56 00 00	3 07 00	w	0 12 28	+ 2
Leitmeritz = Litomerice	CS	50 32 00	14 07 48	ö	0 56 31	− 9
Leitzkau	D	52 03 30	11 57 20	ö	0 47 49	− 8
Le Mans	F	48 00 35	0 10 04	w	0 00 40	− 0
Lemberg	PL	49 50 11	24 03 00	ö	1 36 13	−16
Lemförde	D	52 28 03	8 23 40	ö	0 33 35	− 6
Lemgo	D	52 01 20	8 56 10	ö	0 35 45	− 6
Lengdorf	D	48 14 22	12 03 50	ö	0 48 15	− 8
Lengefeld	D	50 43 05	13 11 30	ö	0 52 46	− 9
Lengenfeld	D	50 32 46	12 21 52	ö	0 49 27	− 8
Lengerich	D	52 11 30	7 51 03	ö	0 31 24	− 5
Lenggries	D	47 40 40	11 35 28	ö	0 46 22	− 8
Leninabad	SU	40 17 00	69 37 00	ö	4 38 28	−46
Leningrad = Petrograd	SU	59 55 00	36 15 00	w	2 01 00	−20
Lenkoran	SU	38 45 38	48 50 10	ö	3 15 21	−32
Lennep	D	51 12 00	7 15 31	ö	0 29 02	− 8
Lensalm	D	54 13 22	10 52 44	ö	0 43 31	− 7
Lentate al Seveso	I	45 41 00	9 08 45	ö	0 36 35	− 6
Leoben	A	47 23 36	15 06 59	ö	1 00 28	−10
Leobschütz	D	50 12 05	17 49 58	ö	1 11 20	−12
Leon	E	40 31 00	5 35 00	w	0 22 20	+ 4
Leonberg/Bay.	D	49 11 10	12 07 23	ö	0 48 30	− 8
Leonberg/Württ.	D	48 47 52	9 01 01	ö	0 36 04	− 6
Lepel	SU	54 52 00	28 41 00	ö	1 54 44	−19
Leppävirta	SF	62 27 00	27 37 00	ö	1 50 28	−18

Ort	Land	Breite ° ′ ″	Länge ° ′ ″	ö w	Zeitunter. h m s	SZK
Lerida	E	41 37 00	0 38 00	ö	0 02 32	− 0
Lerwick	GB	60 10 00	1 09 00	w	0 04 36	+ 1
Leschnitz	D	50 24 53	18 07 38	ö	1 12 31	−12
Lesina	YU	43 10 00	16 26 00	ö	1 05 44	−11
Leslau = Wieclawek	PL	52 39 00	19 05 00	ö	1 16 20	−12
Lesmahagow	GB	55 39 00	3 53 00	w	0 15 32	+ 3
Lesparre	F	45 18 30	0 56 42	w	0 03 47	+ 1
Lestijärvi	SF	63 32 00	24 41 00	ö	1 38 44	−16
Lesum-Burgdamm	D	53 09 45	8 41 00	ö	0 34 44	− 6
Letmathe	D	51 52 00	7 36 30	ö	0 30 26	− 5
Leubsdorf/Sa.	D	50 47 52	13 09 25	ö	0 52 38	− 9
Leubsdorf/Rhld.	D	50 32 57	7 19 04	ö	0 29 16	− 5
Leukerbad	CH	46 23 00	7 37 00	ö	0 30 23	− 5
Leun	D	50 33 50	8 22 53	ö	0 33 32	− 6
Leutkirch	D	47 49 51	9 31 54	ö	0 38 08	− 6
Leverkusen	D	51 02 00	6 59 00	ö	0 27 56	− 5
Levern	D	52 22 40	8 26 50	ö	0 33 47	− 6
Levico	I	46 01 00	11 18 00	ö	0 45 12	− 7
Lewin	D	50 24 15	16 17 48	ö	1 05 11	−11
Leysin	CH	46 21 00	7 00 00	ö	0 28 00	− 5
Leyton	GB	51 34 34	0 00 13	w	0 00 01	− 0
Liaskowik	AL	40 11 00	20 12 30	ö	1 20 50	−13
Libau	SU	56 30 20	21 00 42	ö	1 24 03	−14
Liblar	D	50 49 00	6 49 00	ö	0 27 16	− 4
Libochovon	AL	40 02 00	20 15 00	ö	1 21 00	−13
Libourne	F	44 55 02	0 14 55	w	0 01 00	+ 0
Lich	D	50 31 17	8 50 00	ö	0 35 20	− 6
Lichte	D	50 30 52	11 05 51	ö	0 44 23	− 7
Lichtenau	D	48 44 16	8 00 00	ö	0 32 00	− 5
Lichtenfels	D	50 08 00	11 04 15	ö	0 44 17	− 7
Lichtenstein	D	50 45 46	12 35 51	ö	0 50 23	− 8
Lichtentanne	D	50 41 54	12 25 56	ö	0 49 44	− 8
Lida	PL	53 53 00	25 16 00	ö	1 41 04	−17
Liderec = Reichenberg	CS	50 46 00	15 04 00	ö	1 00 16	−10
Lidingo	S	59 22 00	18 08 00	ö	1 12 33	−12
Lidköping	S	58 30 00	30 10 10	ö	0 52 41	− 9
Liebau	D	50 42 53	16 00 00	ö	1 04 00	−11
Liebemühl	D	53 45 52	19 49 22	ö	1 19 17	−13
Liebenstein	D	50 49 00	10 21 00	ö	0 41 24	− 7
Liebenthal	D	51 01 00	15 31 00	ö	1 02 04	−10
Liebenwalde	D	52 52 35	13 23 34	ö	0 53 34	− 9
Liebenwerda	D	51 30 39	13 23 40	ö	0 53 35	− 9
Liebenzell	D	48 46 18	8 43 33	ö	0 34 54	− 6

Ort	Land	Breite ° ′ ″	Länge ° ′ ″	ö w	Zeitunter. h m s	SZK
Liebstadt	D	54 01 12	20 05 18	ö	1 20 21	−13
Liedberg	D	51 10 00	6 32 00	ö	0 26 08	− 4
Liedolsheim	D	49 09 35	8 25 05	ö	0 33 40	− 6
Liegnitz	D	51 12 45	16 09 55	ö	1 04 40	−11
Lieksa	SF	63 19 00	30 02 00	ö	2 00 08	−20
Lienen	D	52 09 06	7 59 12	ö	0 31 57	− 5
Lienz	A	46 49 00	12 47 00	ö	0 51 08	− 8
Lierre	B	51 08 00	4 34 00	ö	0 18 16	− 3
Liessau	D	54 06 00	18 51 15	ö	1 15 25	−12
Liestal	CH	47 29 00	7 44 00	ö	0 30 56	− 5
Ligonchio	I	45 11 00	10 21 48	ö	0 41 27	− 7
Likenäs	S	60 39 00	13 01 00	ö	0 52 04	− 9
Lille	F	50 38 44	3 03 47	ö	0 12 15	− 2
Lillehammer	N	61 08 00	10 30 00	ö	0 42 00	− 7
Lilienfeld	A	48 01 00	15 35 00	ö	1 02 20	−10
Lilienthal	D	53 08 28	8 54 45	ö	0 35 39	− 6
Limbach/Sa.	D	50 51 42	12 45 00	ö	0 51 00	− 8
Limbach/Vogtl.	D	50 34 58	12 12 12	ö	0 48 49	− 8
Limburg	D	50 23 20	8 03 50	ö	0 32 16	− 5
Limerick	IRL	52 40 04	8 37 12	w	0 34 08	+ 6
Limoges	F	45 49 52	1 15 22	ö	0 05 01	− 1
Limoux	F	43 03 15	2 13 01	ö	0 08 52	− 1
Linares	E	38 06 00	3 37 00	w	0 14 28	+ 2
Lincoln	GB	53 14 03	0 32 02	w	0 02 08	+ 0
Lindau/Anhalt	D	52 02 16	12 05 15	ö	0 48 21	− 8
Lindau/Bodensee	D	47 32 48	9 41 18	ö	0 38 45	− 6
Linden	D	52 21 50	9 42 26	ö	0 38 50	− 6
Lindenau	D	54 07 05	19 07 30	ö	1 16 30	−13
Lindenberg	D	52 12 58	14 07 57	ö	0 56 28	− 9
Lindern	D	52 50 32	7 46 36	ö	0 31 06	− 5
Linderode	D	51 38 08	15 00 00	ö	1 00 00	−10
Lindesnäs	N	57 57 57	7 03 15	ö	0 28 13	− 5
Lindholm	D	54 45 38	8 52 12	ö	0 35 29	− 6
Lingen	D	52 31 30	7 18 59	ö	0 29 16	− 5
Linguaglossa	I	37 50 00	15 04 48	ö	1 00 19	−10
Linköping	S	58 24 44	15 37 27	ö	1 02 32	−10
Linkuva	SU	56 06 40	23 58 45	ö	1 35 55	−16
Linlithgow	GB	55 58 57	3 35 58	w	0 14 16	+ 2
Lintzel	D	52 58 56	10 15 00	ö	0 41 00	− 7
Linz	D	50 34 01	7 17 04	ö	0 29 08	− 5
Linz	A	48 18 19	14 17 13	ö	0 57 09	− 9
Liperi	SF	62 20 00	29 20 00	ö	1 57 20	−19
Lippspringe	D	51 46 55	8 48 58	ö	0 35 16	− 6

Ort	Land	Breite ° ′ ″	Länge ° ′ ″	ö w	Zeitunter. h m s	SZK
Lippstadt	D	51 40 25	8 20 56	ö	0 33 24	− 5
Lisburn	GB	54 30 55	6 03 57	w	0 24 16	+ 4
Lisieux	F	49 08 50	0 13 34	ö	0 00 54	− 0
Lissa	PL	51 50 41	16 34 37	ö	1 06 18	−11
Lissabon	P	38 42 15	9 08 03	w	0 36 32	+ 6
Listowel	IRL	52 25 57	9 28 58	w	0 37 56	+ 6
Litchfield	GB	52 40 00	1 50 00	w	0 07 20	+ 1
Littoria	I	41 27 58	12 53 37	ö	0 51 36	−10
Livadia	GR	38 25 40	22 52 28	ö	1 31 30	−15
Liverpool	GB	53 23 56	3 04 15	w	0 12 17	+ 2
Livorno	I	43 32 36	10 17 43	ö	0 41 11	− 7
Lizard	GB	49 57 30	5 11 15	w	0 20 45	+ 3
Lizzano	I	40 22 55	16 34 45	ö	1 06 19	−11
Ljubliana = Laibach	YU	46 02 57	14 30 36	ö	0 58 02	−10
Ljunga	S	62 45 00	16 18 57	ö	1 05 16	−11
Ljusnedal	S	62 31 55	12 40 00	ö	0 50 28	− 8
Llandilo-Faur	GB	51 52 55	3 59 23	w	0 15 58	+ 3
Llanes	E	43 24 57	4 45 58	w	0 19 04	+ 3
Löbau	D	51 03 56	14 40 00	ö	0 58 40	−10
Lobendau	D	51 01 57	16 01 58	ö	1 04 08	−11
Löberg	D	49 45 00	6 34 12	ö	0 26 17	− 4
Löblau	D	54 17 15	18 30 00	ö	1 14 00	−12
Lobositz	CS	50 30 55	14 02 57	ö	0 56 12	− 9
Lobstädt	D	51 07 40	12 26 54	ö	0 49 48	− 8
Loburg	D	52 06 51	12 05 16	ö	0 48 21	− 8
Locarno	CH	46 10 15	8 48 15	ö	0 35 13	− 6
Loccum	D	52 27 15	9 08 14	ö	0 36 33	− 6
Loches	F	47 07 32	0 59 45	ö	0 03 59	− 1
Lockhausen	D	52 03 48	8 41 03	ö	0 34 44	− 6
Lockwitz	D	50 59 25	13 48 06	ö	0 55 12	− 9
Locorotondo	I	40 45 57	17 17 48	ö	1 09 11	−11
Löderburg	D	51 52 40	11 32 37	ö	0 46 10	− 8
Lodi	I	45 18 58	9 31 46	ö	0 38 07	− 6
Lödingsen	D	51 35 15	9 46 51	ö	0 39 07	− 6
Lodz = Litzmannstadt	PL	51 45 57	19 26 58	ö	1 17 48	−13
Löffingen	D	47 53 10	8 21 47	ö	0 33 27	− 5
Logrono	E	42 27 58	2 25 57	w	0 09 44	+ 2
Lohn	CH	47 45 00	8 40 00	ö	0 34 40	− 6
Löhnberg	D	50 30 48	8 16 16	ö	0 33 05	− 5
Löhne	D	52 12 08	8 42 06	ö	0 24 48	− 6
Lohne	D	52 39 15	8 15 16	ö	0 33 01	− 5
Lohr	D	49 59 40	9 34 30	ö	0 38 18	− 6
Loimaa	SF	60 51 55	23 02 57	ö	1 32 12	−15

Ort	Land	Breite ° ′ ″	Länge ° ′ ″	ö w	Zeitunter. h m s	SZK
Loitmark	D	54 39 54	9 57 54	ö	0 39 52	− 7
Lokeren	B	51 05 55	4 00 00	ö	0 16 00	− 3
Lom	BG	43 48 57	23 11 55	ö	1 32 48	−15
Lombez	F	43 28 30	0 54 29	ö	0 03 38	− 1
Lommaryd	S	57 52 55	14 45 00	ö	0 59 00	−16
Lommatzsch	D	51 12 18	13 19 08	ö	0 53 17	− 9
London	GB	51 31 00	0 05 45	w	0 00 23	+ 0
Londonderry	GB	55 00 00	7 20 00	w	0 29 20	+ 5
Longarone	I	46 13 59	12 42 48	ö	0 50 51	− 8
Longford	IRL	53 43 57	7 47 58	w	0 31 12	+ 5
Longhborough	GB	52 46 31	1 12 07	w	0 04 48	+ 1
Löningen	D	52 43 57	7 45 00	ö	0 31 00	− 5
Lonkau-Paschak	PL	49 56 58	18 55 00	ö	1 15 40	−12
Lons Le Saulnier	F	46 40 28	5 33 23	ö	0 22 14	− 4
Loosdorf	A	48 38 58	16 25 57	ö	1 05 44	−11
Loppi	SF	60 45 00	24 10 58	ö	1 36 44	−16
Lorch/Rhein	D	50 03 15	7 49 15	ö	0 31 17	− 5
Lorch/Württ.	D	48 47 15	9 41 34	ö	0 38 46	− 6
Lorenzdorf	D	51 23 18	15 25 36	ö	1 01 42	−10
Lorenzo	I	46 01 00	10 51 57	ö	0 43 28	− 7
Loreto	I	43 26 28	13 36 39	ö	0 54 27	− 9
Lorient	F	47 44 41	3 21 15	w	0 13 25	+ 2
Lörrach	D	47 36 40	7 39 40	ö	0 30 39	− 5
Lorsbach	D	50 06 57	8 25 00	ö	0 33 40	− 6
Lorsch	D	49 38 56	8 33 57	ö	0 34 16	− 6
Losonc	H	48 20 00	19 40 56	ö	1 18 44	−13
Lostau	D	52 12 33	11 44 12	ö	0 46 57	− 8
Lotte	D	52 16 33	7 54 12	ö	0 31 37	− 5
Lottin	D	53 35 36	16 49 12	ö	1 07 17	− 1
Lötzen	D	54 02 14	21 46 25	ö	1 27 06	−14
Loudon	F	47 00 36	0 04 54	ö	0 01 20	− 0
Louhans	F	46 37 41	5 13 20	ö	0 20 53	− 3
Lourdes	F	43 06 55	0 02 00	w	0 00 08	+ 0
Louviers	F	49 12 48	1 10 08	ö	0 04 41	− 1
Lövanger	S	64 21 55	21 18 57	ö	1 25 16	−14
Loveno	I	46 02 57	9 10 48	ö	0 36 43	− 6
Lovere	I	45 48 59	10 05 46	ö	0 40 23	− 7
Lovisa	SF	60 27 55	26 13 57	ö	1 44 56	−17
Löwen = Lourian	B	50 53 27	4 41 57	ö	0 18 48	− 3
Löwen	D	50 36 58	17 29 30	ö	1 09 58	−12
Löwenberg	D	51 06 43	15 35 15	ö	1 02 21	−10
Lowestoft	GB	52 29 12	1 45 28	ö	0 07 02	− 1
Lowkowitz	D	51 02 37	18 15 00	ö	1 13 00	−12

Ort	Land	Breite ° ′ ″	Länge ° ′ ″	ö w	Zeitunter. h m s	SZK
Luba	S	65 35 11	22 10 15	ö	1 28 41	−15
Lubahn	SU	56 52 30	26 47 12	ö	1 47 09	−18
Lübbecke	D	52 18 04	8 37 37	ö	0 34 30	− 6
Lübben	D	51 56 30	13 52 58	ö	0 55 32	− 9
Lübbenau	D	51 52 20	13 57 37	ö	0 55 50	− 9
Lübberstedt	D	53 20 04	8 48 44	ö	0 35 15	− 6
Lübeck	D	53 52 10	10 41 10	ö	0 42 45	− 7
Lüben	D	51 23 37	16 12 56	ö	1 04 52	−11
Lublin	PL	51 15 00	22 34 10	ö	1 30 17	−15
Lublinitz	PL	50 40 30	18 42 48	ö	1 14 51	−12
Lüblow	D	53 24 53	11 26 45	ö	0 45 47	− 8
Lubny	SU	50 00 53	32 24 59	ö	2 09 40	−21
Lübtheen	D	53 18 11	11 05 05	ö	0 44 20	− 7
Lübz	D	53 27 45	12 02 10	ö	0 48 09	− 8
Lucca	I	43 50 49	10 30 36	ö	0 42 02	− 7
Lüchow	D	52 58 15	11 08 34	ö	0 44 34	− 7
Luchtringen	D	51 47 45	9 25 15	ö	0 37 41	− 6
Luckau	D	51 51 14	13 43 03	ö	0 54 52	− 9
Lückendorf	D	50 49 45	14 46 16	ö	0 59 05	−10
Luckenwalde	D	52 05 28	13 10 32	ö	0 52 42	− 9
Lucon	F	46 27 19	1 10 07	w	0 04 40	+ 1
Lüdenscheid	D	51 13 03	7 38 04	ö	0 30 32	− 5
Lüdersdorf/Brandenb.	D	52 55 30	14 03 44	ö	0 56 15	− 9
Lüdersdorf/Mecklenb.	D	53 49 34	10 48 32	ö	0 43 14	− 7
Lüdinghausen	D	51 46 30	7 26 53	ö	0 29 48	− 5
Ludlow	GB	52 21 56	2 43 30	w	0 10 54	+ 2
Ludwigsburg	D	48 53 40	9 11 40	ö	0 36 47	− 6
Ludwigshafen/Bodensee	D	47 48 45	9 04 10	ö	0 36 17	− 6
Ludwigshafen/Rhein	D	49 28 50	8 26 40	ö	0 33 47	− 6
Ludwigslust	D	53 19 13	11 30 00	ö	0 46 00	− 8
Ludwigsstadt	D	50 29 22	11 23 38	ö	0 45 35	− 7
Ludza	SU	56 32 57	27 43 58	ö	1 50 56	−18
Luftabad	SU	37 31 25	59 20 34	ö	3 57 22	−39
Luga	SU	58 44 06	29 49 50	ö	1 59 19	−20
Lugano	CH	46 00 01	8 56 38	ö	0 35 47	− 6
Lugansk = Voroshilovgrad	SU	48 33 55	39 20 00	ö	2 37 20	−26
Lugnian	D	50 46 58	18 00 10	ö	1 12 01	−12
Lugo	E	43 01 00	0 07 34	w	0 30 16	+ 5
Lugoj	R	45 40 56	21 53 57	ö	1 27 36	−14
Lügumkloster	D	55 03 57	8 56 58	ö	0 35 48	− 6
Luhatschowitz	CS	49 05 55	17 45 57	ö	1 11 04	−12
Lühnde	D	52 16 42	9 56 30	ö	0 39 46	− 7
Luitpoldheim	D	50 01 00	9 33 57	ö	0 38 16	− 6

Ort	Land	Breite ° ′ ″	Länge ° ′ ″	ö w	Zeitunter. h m s	SZK
Lulea	S	65 33 55	22 10 00	ö	1 28 40	−15
Lund	S	55 41 57	13 11 58	ö	0 52 48	− 9
Lunde	N	58 27 12	6 36 03	ö	0 26 24	− 4
Lüneburg	D	53 14 57	10 24 50	ö	0 41 39	− 7
Lünen	D	51 36 58	7 31 50	ö	0 30 07	− 5
Lunéville	F	48 35 35	6 29 32	ö	0 25 58	− 4
Lünern	D	51 33 12	7 45 30	ö	0 31 02	− 5
Lungern	CH	46 47 58	8 10 00	ö	0 32 40	− 5
Lungo	S	62 38 56	18 04 58	ö	1 12 20	−12
Lure	F	47 41 14	6 29 29	ö	0 25 58	− 4
Lurgan	GB	54 27 56	6 20 00	w	0 25 20	+ 4
Lussingrande	I	44 30 55	14 30 55	ö	0 58 04	−10
Lussinpinolo	I	44 32 00	14 27 58	ö	0 57 52	−10
Luton	GB	51 52 55	0 25 00	w	0 01 40	+ 0
Lüttich	B	50 37 06	5 33 48	ö	0 22 15	− 4
Lützen	D	51 15 00	12 08 16	ö	0 48 33	− 8
Lützow	D	53 39 08	11 10 42	ö	0 44 43	− 7
Luumäki	SF	61 01 00	27 18 58	ö	1 49 16	−18
Luxembourg	L	49 37 36	6 09 42	ö	0 24 39	− 4
Luzern	CH	47 03 22	8 18 52	ö	0 33 15	− 5
Luzzara	I	44 56 58	10 40 48	ö	0 42 43	− 7
Lyck	D	53 49 23	22 21 02	ö	1 29 24	−15
Lyme Regio	GB	50 43 10	2 56 53	w	0 11 48	+ 2
Lymm	GB	52 46 58	0 22 00	ö	0 01 28	− 0
Lyngdal	N	58 08 57	7 06 58	ö	0 28 28	− 5
Lyon	F	45 41 41	4 49 20	ö	0 19 08	− 3
Maar	D	50 39 56	9 24 09	ö	0 37 37	− 6
Maarianhamina	SF	60 05 55	19 56 58	ö	1 19 48	−13
Maastricht	NL	50 50 58	5 40 57	ö	0 22 44	− 4
Macclesfield	GB	53 15 55	2 07 58	w	0 08 32	+ 1
Macduff	GB	57 40 00	2 30 00	w	0 10 00	+ 2
Macerata	I	43 17 57	13 30 00	ö	0 54 00	− 9
Machern	D	51 22 11	12 37 30	ö	0 50 30	− 8
Macon	F	46 18 24	4 50 10	ö	0 19 21	− 3
Mader	CS	49 02 00	13 30 00	ö	0 54 00	− 9
Madona	SU	56 52 13	26 16 15	ö	1 45 05	−17
Madonna a Brogli	I	43 25 00	11 19 48	ö	0 45 19	− 7
Madrid	E	40 24 30	3 41 16	w	0 14 45	+ 2
Mafra	P	38 55 54	9 20 18	w	0 37 21	+ 6
Magdeburg	D	52 07 35	11 38 08	ö	0 46 33	− 8
Magerö	N	71 15 55	25 50 15	ö	1 43 21	−17

Ort	Land	Breite ° ′ ″	Länge ° ′ ″	ö w	Zeitunter. h m s	SZK
Maglie	I	40 06 57	18 19 45	ö	1 13 19	−12
Magnitogorsk	SU	53 27 58	59 00 00	ö	3 56 00	−39
Magstadt	D	48 44 40	8 58 04	ö	0 35 52	− 6
Magyarhertelend	H	46 12 55	18 07 45	ö	1 12 31	−12
Mahon	E	39 53 57	4 15 00	ö	0 17 00	− 3
Mähr. Ostrau = Ostrava	CS	49 51 12	18 16 18	ö	1 13 05	−12
Mähr. Schöneb.	CS	49 57 59	16 58 57	ö	1 07 56	−11
Maidstone	GB	51 15 57	0 30 00	ö	0 02 00	− 0
Mailand = Milano	I	45 27 59	9 11 30	ö	0 36 46	− 6
Mainburg	D	48 38 30	11 46 42	ö	0 47 07	− 8
Mainz	D	50 00 00	8 16 20	ö	0 33 06	− 5
Makerston	GB	55 33 57	2 30 58	w	0 10 04	+ 2
Makhachkala	SU	42 57 56	56 26 57	ö	3 09 48	−31
Maksymonoka	PL	48 52 55	23 55 58	ö	1 35 44	−16
Malae	S	65 10 55	18 43 57	ö	1 14 56	−12
Malaga	E	36 43 30	4 05 30	w	0 16 22	+ 3
Malapane	D	50 40 58	18 12 57	ö	1 12 52	−12
Malchin	D	53 44 26	12 45 48	ö	0 51 03	− 8
Malching	D	48 18 46	13 12 06	ö	0 52 48	− 9
Malchow	D	53 28 41	12 25 37	ö	0 49 42	− 8
Malente-Gremsmühlen	D	54 10 45	10 34 22	ö	0 42 17	− 7
Mallin	D	53 31 53	13 08 02	ö	0 52 32	− 9
Mallwitz	D	51 25 00	16 11 48	ö	1 04 47	−11
Mallnitz	A	46 58 57	13 10 58	ö	0 52 44	− 9
Mallow	IRL	52 08 56	8 37 59	w	0 34 32	+ 6
Malmö	S	55 36 58	13 01 57	ö	0 52 08	− 9
Malmedy	B	50 26 00	6 02 00	ö	0 24 08	− 4
Malmsheim	D	48 45 20	8 52 22	ö	0 35 29	− 6
Maltsch/Oder	D	51 13 00	16 30 00	ö	1 06 00	−11
Malung	S	60 40 00	13 43 57	ö	0 54 56	− 9
Mamei	L	49 38 57	6 01 30	ö	0 24 06	− 4
Mamers	F	48 21 04	0 22 14	ö	0 01 29	− 0
Manacor	E	39 33 55	3 12 58	ö	0 12 52	− 2
Manchester	GB	53 28 57	2 14 15	w	0 08 57	+ 1
Mandal	N	58 00 42	7 28 45	ö	0 29 55	− 5
Manfredonia	I	41 36 58	15 56 45	ö	1 03 47	−10
Manghit	SU	42 05 55	60 05 15	ö	4 00 21	−40
Maniaw	PL	49 26 57	20 15 58	ö	1 21 04	−13
Mannersdorf	A	47 57 58	16 35 57	ö	1 06 24	−11
Mannheim	D	49 29 02	8 27 46	ö	0 33 51	− 6
Manresa	E	41 42 55	1 50 00	ö	0 07 20	− 1
Mans, Le	F	48 00 35	0 10 04	ö	0 00 40	− 0
Maltsch/Oder	D	51 13 00	16 30 00	ö	1 06 00	−11

Ort	Land	Breite	Länge	ö	Zeitunter.	SZK
		° ′ ″	° ′ ″	w	h m s	
Mansfeld	D	51 35 15	11 26 54	ö	0 45 48	− 8
Mansfield	GB	53 10 00	1 11 55	w	0 04 48	+ 1
Mantera	I	40 40 55	16 36 56	ö	1 06 28	−11
Mantes	F	48 59 28	1 43 10	ö	0 06 53	− 1
Mantova	I	45 10 00	10 47 48	ö	0 43 11	− 7
Mäntsäla	SF	60 37 58	25 20 00	ö	1 41 20	−17
Mäntyharju	SF	61 23 27	26 47 58	ö	1 47 12	−18
Mappach	D	49 16 15	12 20 00	ö	0 49 20	− 8
Marano	I	44 44 10	19 45 00	ö	0 41 19	− 7
Marathon	GR	36 10 00	23 56 58	ö	1 35 48	−16
Marbach/Baden	D	48 01 26	8 28 47	ö	0 33 55	− 6
Marbach/Fulda	D	50 36 58	9 43 44	ö	0 38 55	− 6
Marbach/Lauter	D	48 23 19	9 25 24	ö	0 37 42	− 6
Marbach/Neckar	D	48 56 10	9 15 44	ö	0 37 03	− 6
Marbeck	D	51 48 56	6 54 12	ö	0 27 37	− 5
Marburg	D	50 48 58	8 47 25	ö	0 35 10	− 6
Marbur = Maribor	YU	46 34 42	15 40 50	ö	1 02 43	−10
Marchirolo	I	45 55 57	8 47 45	ö	0 35 11	− 6
Marcinelle	B	50 23 58	4 24 00	ö	0 17 36	− 3
Mardakert	SU	40 11 55	46 47 58	ö	3 07 12	−31
Marennes	F	45 49 20	1 06 25	w	0 04 26	+ 1
Margate	GB	51 23 28	1 22 56	ö	0 05 22	− 1
Margertshausen	D	48 18 35	10 42 35	ö	0 42 50	− 7
Margetshöchheim	D	49 49 15	9 50 45	ö	0 39 23	− 6
Marggrabowa	D	54 01 57	22 30 00	ö	1 30 00	−15
Marghilan	SU	40 27 55	71 43 10	ö	4 46 53	−47
Mariabrunn	A	48 11 57	16 13 58	ö	1 04 56	−11
Mariager	DK	56 38 53	9 59 10	ö	0 39 57	− 7
Mariampolé	SU	54 34 27	23 25 15	ö	1 33 41	−15
Maria-Thann	D	47 39 17	9 53 49	ö	0 39 35	− 7
Mariazell	A	47 45 56	15 18 57	ö	1 01 16	−10
Maribo	DK	54 48 55	11 30 00	ö	0 46 00	− 8
Marillund	S	56 12 57	15 31 58	ö	1 02 08	−10
Marienau	D	53 48 48	15 16 18	ö	1 01 05	−10
Marienbad = Marianskelazne	CS	49 58 57	12 41 59	ö	0 50 48	− 8
Marienberg	D	50 39 38	13 09 24	ö	0 52 38	− 9
Marienberg	I	46 42 58	10 30 57	ö	0 42 04	− 7
Marienberghausen	D	50 55 05	7 29 50	ö	0 29 59	− 5
Marienburg	D	54 02 28	19 01 51	ö	1 16 07	−13
Marienfels	D	50 15 00	7 49 25	ö	0 31 18	− 5
Marienhafe	D	53 31 15	7 16 04	ö	0 29 04	− 5
Marienleuchte	D	54 29 43	11 14 30	ö	0 44 58	− 7
Mariensee	D	54 11 58	18 18 45	ö	1 13 15	−12

Ort	Land	Breite ° ′ ″	Länge ° ′ ″	ö w	Zeitunter. h m s	SZK
Marienthal	D	52 15 57	10 58 59	ö	0 43 56	− 7
Marienwerder	D	53 44 14	18 55 27	ö	1 15 42	−12
Mariestad	S	58 45 00	11 33 55	ö	0 46 16	− 8
Mariinsk	SU	56 10 55	87 45 00	ö	5 51 00	−58
Mariupol	SU	47 05 35	37 35 15	ö	2 30 21	−25
Marjaniemi	SF	65 02 55	24 33 57	ö	1 38 16	−16
Markdorf	D	47 43 05	9 23 21	ö	0 37 33	− 6
Markelfingen	D	47 45 00	9 01 00	ö	0 36 04	− 6
Markelsheim	D	49 29 40	9 50 00	ö	0 39 20	− 6
Markendorf	D	51 59 02	12 40 30	ö	0 50 42	− 8
Märket	SF	60 17 55	19 08 57	ö	1 16 36	−13
Markgröningen	D	48 54 15	9 04 55	ö	0 36 20	− 6
Markhausen	D	54 16 03	21 22 48	ö	1 25 31	−14
Marklendorf	D	52 40 15	9 40 42	ö	0 38 43	− 6
Marklissa	D	51 01 08	15 15 00	ö	1 01 00	−10
Markneukirchen	D	50 18 50	12 19 50	ö	0 49 19	− 8
Markö	N	57 59 12	6 59 15	ö	0 27 57	− 5
Markowitz	D	50 06 51	18 16 57	ö	1 13 08	−12
Markranstädt	D	51 18 12	12 13 58	ö	0 48 56	− 8
Markree	IRL	54 10 32	8 27 06	w	0 33 48	+ 6
Marktbreit	D	49 40 15	10 08 57	ö	0 40 36	− 7
Marktl	D	48 15 15	12 51 30	ö	0 51 26	− 8
Markt-Oberdorf	D	47 47 15	10 37 22	ö	0 42 29	− 7
Marktredwitz	D	50 00 00	12 05 00	ö	0 48 20	− 8
Marlborough	GB	51 26 57	1 45 00	w	0 07 00	+ 1
Marmande	F	44 29 55	0 09 52	ö	0 00 39	− 0
Marnitz	D	53 18 58	11 55 57	ö	0 47 44	− 8
Marquartstein	D	47 45 00	12 28 20	ö	0 49 53	− 8
Marsala	I	37 46 58	12 25 15	ö	0 49 41	− 8
Marsberg	D	51 27 45	8 51 56	ö	0 35 28	− 6
Marschinskoje	SU	62 10 00	129 42 58	ö	8 38 52	−85
Marseille	F	43 17 49	5 23 07	ö	0 21 35	− 4
Marsens	CH	46 38 56	7 03 57	ö	0 28 16	− 5
Marsow	D	54 30 45	16 42 15	ö	1 06 49	−11
Marstal	DK	54 51 13	10 30 59	ö	0 42 04	− 7
Marstrand	S	57 53 48	11 35 57	ö	0 46 24	− 8
Martina Franca	I	40 41 56	17 21 48	ö	1 09 27	−11
Marutschak	SU	35 48 55	63 07 15	ö	4 12 29	−41
Marvejols	F	44 33 17	3 17 20	ö	0 13 09	− 2
Marwedel	D	53 08 56	11 02 18	ö	0 44 09	− 7
Marwitz	D	52 40 17	13 09 55	ö	0 52 40	− 9
Mary	SU	37 35 58	61 50 00	ö	4 06 20	−41
Maschin	PL	52 15 30	16 50 18	ö	1 07 21	−11

Ort	Land	Breite ° ′ ″	Länge ° ′ ″	ö w	Zeitunter. h m s	SZK
Maselheim	D	48 08 09	9 53 52	ö	0 39 35	− 7
Mäseskär	S	58 05 55	11 20 00	ö	0 45 20	− 7
Massafra	I	40 35 00	17 08 48	ö	1 08 35	−11
Massbach	D	50 11 30	10 15 45	ö	0 41 03	− 7
Masun	YU	45 37 58	14 21 57	ö	0 57 28	− 9
Mater domini	I	40 43 57	15 13 45	ö	1 00 55	−10
Mateszalka	H	47 56 58	22 20 00	ö	1 29 20	−15
Matherrinken	D	54 33 04	21 40 12	ö	1 26 41	−14
Maubeuge	F	50 16 57	3 58 58	ö	0 15 56	− 3
Mauer	D	49 20 33	8 48 51	ö	0 35 15	− 6
Mauern	FL	47 12 30	9 32 30	ö	0 38 10	− 6
Mauerstetten	D	47 53 48	10 40 57	ö	0 42 44	− 7
Maulbronn	D	49 00 00	8 49 11	ö	0 35 17	− 6
Mauléon	F	43 13 13	0 59 15	w	0 03 57	+ 1
Maumke	D	51 07 06	8 03 30	ö	0 32 14	− 5
Mauriac	F	45 13 07	2 20 34	ö	0 09 22	− 2
Mautern/N. Öst.	A	48 22 55	15 35 00	ö	1 02 20	−10
Mautern/Steierm.	A	47 23 57	14 18 58	ö	0 57 16	− 9
May	GB	56 11 24	2 32 45	ö	0 10 11	− 2
Mayen	D	50 19 03	7 10 58	ö	0 28 44	− 5
Mayenne	F	48 18 17	0 37 03	w	0 02 28	+ 0
Maykop	SU	44 34 56	40 10 00	ö	2 40 40	−26
Mazeikiai	SU	56 18 55	22 20 00	ö	1 29 20	−15
Mazzara	I	37 39 56	12 34 59	ö	0 50 20	− 8
Meaux	F	48 57 40	2 52 40	ö	0 11 31	− 2
Mecheln	B	51 01 36	4 28 20	ö	0 17 53	− 3
Mechernich	D	50 36 07	6 39 09	ö	0 26 37	− 4
Mechtersen	D	53 16 18	10 18 45	ö	0 41 15	− 7
Meckenheim/Pfalz	D	49 24 17	8 14 45	ö	0 32 59	− 5
Medebach	D	51 11 54	8 42 55	ö	0 34 52	− 6
Medenblick	NL	52 46 58	5 02 57	ö	0 20 12	− 3
Medicina	I	44 28 34	9 18 07	ö	0 37 12	− 6
Meerane	D	50 51 15	12 28 30	ö	0 49 54	− 8
Meersburg	D	47 41 49	9 16 40	ö	0 37 07	− 6
Megara	GR	37 59 46	23 20 26	ö	1 33 22	−15
Mehlauken	D	54 50 34	21 31 48	ö	1 26 07	−14
Mehlbergen	D	52 41 39	9 10 10	ö	0 36 41	− 6
Mehlem	D	50 39 47	7 10 10	ö	0 28 41	− 5
Mehlkehmen	D	54 27 13	22 35 06	ö	1 30 20	−15
Mehlsack	D	54 13 58	20 08 24	ö	1 20 34	−13
Mehrerau	A	47 30 00	9 42 58	ö	0 38 52	− 6
Mehring	D	49 47 36	6 50 00	ö	0 27 20	− 4
Meinerzhagen	D	51 07 30	7 37 30	ö	0 30 30	− 5

Ort	Land	Breite ° ′ ″	Länge ° ′ ″	ö w	Zeitunter. h m s	SZK
Meiningen	D	50 34 07	10 25 00	ö	0 41 40	− 7
Meiringen	CH	46 43 59	8 11 57	ö	0 32 48	− 5
Meissen	D	51 09 50	13 28 10	ö	0 53 53	− 9
Meitingen	D	48 32 33	10 51 47	ö	0 43 27	− 7
Meldorf	D	54 05 32	9 04 11	ö	0 36 17	− 6
Melegnano	I	45 17 58	9 23 48	ö	0 37 35	− 6
Melitopol	SU	46 50 00	35 21 58	ö	2 21 28	−23
Melk	A	48 13 57	15 20 00	ö	1 01 20	−10
Melkerei	D	48 25 00	7 17 57	ö	0 29 12	− 5
Melle	D	52 12 08	8 20 30	ö	0 33 32	− 5
Melle	F	46 13 20	0 08 38	w	0 00 35	+ 0
Mellenbach	D	50 38 21	11 07 23	ö	0 44 30	− 7
Mellingen	D	50 56 20	11 22 53	ö	0 45 32	− 7
Melnik	CS	50 21 05	14 28 35	ö	0 57 54	−10
Mels	FL	47 05 00	9 29 45	ö	0 37 59	− 6
Melsungen	D	51 08 00	9 31 49	ö	0 38 07	− 6
Memel	SU	55 43 43	21 06 03	ö	1 24 24	−14
Memmelsdorf/Ofr.	D	49 55 51	10 57 30	ö	0 43 50	− 7
Memmelsdorf/Ufr.	D	50 07 58	10 51 15	ö	0 43 25	− 7
Memmingen	D	47 58 30	10 11 45	ö	0 40 47	− 7
Memmo	I	45 48 57	10 18 59	ö	0 41 16	− 7
Menden/Iserlohn	D	51 26 37	7 48 06	ö	0 31 12	− 5
Mengede	D	51 34 30	7 23 20	ö	0 29 33	− 5
Mengen	D	48 02 52	9 20 00	ö	0 37 20	− 6
Mengeringhausen	D	51 22 00	8 59 00	ö	0 35 56	− 6
Menin	B	50 47 58	3 07 56	ö	0 12 32	− 2
Mensguth	D	53 42 43	20 28 05	ö	1 21 52	−13
Menton	F	43 46 59	7 30 00	ö	0 30 00	− 5
Meppel	NL	52 41 57	6 11 58	ö	0 24 48	− 4
Meppen	D	52 41 26	7 17 34	ö	0 29 10	− 5
Merano	I	46 40 58	11 10 00	ö	0 44 40	− 7
Mercatello	I	43 30 30	12 21 48	ö	0 49 27	− 8
Mergelstetten	D	48 39 15	10 08 57	ö	0 40 36	− 7
Mergentheim	D	49 29 02	9 46 30	ö	0 39 06	− 6
Merijärvi	SF	64 17 55	24 27 58	ö	1 37 52	−15
Mering	D	48 16 17	10 59 50	ö	0 43 59	− 7
Merken	D	50 50 40	6 25 00	ö	0 25 40	− 4
Merkenes	S	66 40 00	16 06 58	ö	1 04 28	−11
Merksem	B	51 15 00	4 25 57	ö	0 17 44	− 3
Mermingen	D	48 00 00	9 11 40	ö	0 36 47	− 6
Mersch	L	49 44 40	6 05 58	ö	0 24 24	− 4
Merseburg	D	51 21 24	12 00 02	ö	0 48 00	− 8
Merthyr Tydfil	GB	51 45 00	3 21 56	w	0 13 28	+ 2

Ort	Land	Breite ° ′ ″	Länge ° ′ ″	ö w	Zeitunter. h m s	SZK
Merxleben	D	51 07 30	10 40 21	ö	0 42 41	− 7
Merzdorf	D	50 51 12	16 01 16	ö	1 04 05	−11
Merzig	D	49 26 25	6 38 51	ö	0 26 35	− 4
Meschede	D	51 20 43	8 17 04	ö	0 33 08	− 5
Mesen	SU	65 50 18	44 16 28	ö	2 57 06	−29
Meseritz	D	52 26 49	15 34 45	ö	1 02 19	−10
Messina	I	38 11 45	15 32 45	ö	1 02 11	−10
Messini	GR	37 03 45	22 00 30	ö	1 28 02	−14
Messukylä	SF	61 30 00	23 45 57	ö	1 35 04	−16
Mestre	I	45 29 17	12 14 23	ö	0 48 58	− 8
Metrkrovic	YU	43 02 55	17 38 57	ö	1 10 36	−12
Metten	D	48 51 20	12 55 00	ö	0 51 00	− 8
Mettingen	D	52 19 09	7 46 33	ö	0 31 06	− 5
Mettmann	D	51 15 00	6 59 00	ö	0 27 56	− 5
Mettnich	D	49 31 55	6 59 01	ö	0 27 56	− 5
Metz	F	49 07 14	6 10 38	ö	0 24 43	− 4
Metzdorf	D	50 49 19	13 08 54	ö	0 52 36	− 9
Metzgeral	F	48 00 13	7 34 13	ö	0 30 18	− 5
Metzingen	D	48 17 34	9 16 56	ö	0 37 08	− 6
Meudon	F	48 48 18	2 13 52	ö	0 08 56	− 1
Meyenburg	D	53 19 00	12 14 06	ö	0 48 56	− 8
Méziers	F	49 45 00	4 42 56	ö	0 18 52	− 3
Mezokovesa	H	47 48 57	20 38 58	ö	1 22 36	−14
Miang	D	54 56 00	9 54 48	ö	0 39 39	− 7
Michelbach/Baden	D	48 48 45	8 21 00	ö	0 33 24	− 5
Michelbach/Hessen	D	50 13 52	8 03 33	ö	0 32 14	− 5
Michelbach/Württ.	D	49 03 30	9 44 16	ö	0 38 57	− 6
Michelstadt	D	49 40 13	9 01 30	ö	0 36 06	− 6
Michendorf	D	52 18 35	13 02 06	ö	0 52 08	− 9
Michlau	PL	53 14 30	19 25 36	ö	1 17 42	−13
Middelburg	NL	51 30 00	3 35 55	ö	0 14 24	− 2
Middelfart	DK	55 30 23	9 43 44	ö	0 38 55	− 6
Middlesborough	GB	54 53 55	1 13 57	w	0 04 56	+ 1
Miehlen	D	50 13 30	7 49 15	ö	0 31 17	− 5
Mierendorf	D	53 48 50	12 19 05	ö	0 49 16	− 8
Miesbach	D	47 47 15	11 50 44	ö	0 47 23	− 8
Mieste	D	52 27 55	11 13 09	ö	0 44 53	− 7
Mietingen	D	48 10 57	9 54 26	ö	0 39 38	− 7
Mifoli	AL	40 38 58	19 27 57	ö	1 17 52	−13
Mikkeli	SF	61 40 55	27 10 15	ö	1 48 41	−18
Mikoyan	SU	54 20 00	31 45 00	ö	3 01 20	−28
Mikulow	CS	50 47 56	13 37 58	ö	0 54 32	− 9
Milazzo	I	38 16 10	15 13 59	ö	1 00 56	−10

Ort	Land	Breite ° ′ ″	Länge ° ′ ″	ö w	Zeitunter. h m s	SZK
Mildenau	I	51 36 23	15 04 08	ö	1 00 17	−10
Mildenhall	GB	52 21 19	0 32 08	ö	0 02 09	− 0
Mildstedt	D	54 27 53	9 06 21	ö	0 36 25	− 6
Militsch	D	51 31 55	17 16 17	ö	1 09 05	−11
Militello	I	37 15 57	14 42 48	ö	0 58 51	−10
Milken	D	53 56 35	21 41 42	ö	1 26 47	−14
Millau	F	44 05 54	3 04 45	ö	0 12 19	− 2
Milow	D	52 31 08	12 19 30	ö	0 49 18	− 8
Milseburg	D	50 36 40	9 55 25	ö	0 39 42	− 7
Milspe	D	51 17 58	7 21 15	ö	0 29 25	− 5
Miltach	D	49 09 15	12 46 14	ö	0 51 05	− 8
Miltenberg	D	49 42 04	9 15 58	ö	0 37 04	− 6
Miltzow	D	54 12 08	13 13 22	ö	0 52 53	− 9
Mineo	I	37 15 57	14 41 58	ö	0 58 48	−10
Mindelheim	D	48 02 52	10 29 45	ö	0 41 59	− 7
Minden	D	52 17 33	8 54 58	ö	0 35 40	− 6
Minheim	D	49 51 52	6 56 30	ö	0 27 46	− 5
Minikowa	PL	52 21 06	16 57 24	ö	1 07 50	−11
Minken	D	51 00 49	17 28 26	ö	1 09 54	−11
Minsk	SU	53 54 13	27 33 32	ö	1 50 14	−18
Mirande	F	43 30 58	0 23 12	ö	0 01 33	− 0
Mirandola	I	44 53 10	11 04 06	ö	0 44 16	− 7
Mirecourt	F	48 17 07	6 08 10	ö	0 24 33	− 4
Misdroy	D	53 55 32	14 27 52	ö	0 57 51	− 9
Miskolc	H	48 05 55	20 46 58	ö	1 23 08	−14
Missolunghi	GR	38 21 41	21 45 41	ö	1 25 43	−14
Mistelbach	A	48 33 55	16 34 58	ö	1 06 20	−11
Mistelgau	D	49 53 37	11 30 00	ö	0 46 00	− 8
Mistorf	D	53 52 57	12 08 15	ö	0 48 33	− 8
Miswalde	D	53 54 35	19 30 00	ö	1 18 00	−13
Mitau	SU	56 39 06	23 43 27	ö	1 34 54	−16
Mitcham	GB	51 23 55	0 10 00	w	0 00 40	+ 0
Mittel-Stiepel	D	51 25 36	7 13 30	ö	0 28 54	− 5
Mittel-Wendorf	D	53 54 24	11 24 48	ö	0 45 39	− 8
Mittenwald	D	47 26 58	11 15 59	ö	0 45 04	− 7
Mittenwalde	D	52 15 38	13 32 06	ö	0 54 08	− 9
Mitterteich	D	49 57 00	12 15 00	ö	0 49 00	− 8
Mittestendorf	D	52 57 24	9 47 36	ö	0 39 10	− 6
Mittweida	D	50 58 57	12 58 59	ö	0 51 56	− 9
Mixdorf	D	52 11 30	14 24 12	ö	0 57 37	− 9
Mlada Boleslaw	CS	50 20 55	14 54 58	ö	0 59 40	−10
Mochenwangen	D	47 52 40	9 38 06	ö	0 38 32	− 6
Modena	I	44 38 52	10 56 00	ö	0 43 44	− 7

Ort	Land	Breite ° ′ ″	Länge ° ′ ″	ö w	Zeitunter. h m s	SZK
Modica	I	36 47 58	14 57 59	ö	0 59 52	−10
Modlau	D	51 20 45	15 48 06	ö	1 03 12	−10
Mödling	A	48 05 00	16 16 56	ö	1 05 08	−11
Mogendorf	D	50 29 15	7 46 30	ö	0 31 06	− 5
Mogilew-Podolskiy	SU	48 25 55	27 48 57	ö	1 51 16	−18
Mohacs	H	45 58 57	18 40 58	ö	1 14 44	−12
Mohilef	SU	53 54 01	30 20 20	ö	2 01 21	−20
Mohrungen	D	53 54 28	19 55 55	ö	1 19 44	−13
Mohsdorf	D	50 56 30	12 49 50	ö	0 51 19	− 8
Moissac	F	44 06 22	1 05 04	ö	0 04 20	− 1
Molau	D	51 03 50	11 47 04	ö	0 47 08	− 8
Molbergen	D	52 51 41	7 55 15	ö	0 31 41	− 5
Molchow	D	52 59 15	12 51 41	ö	0 51 27	− 8
Molde	N	62 47 44	7 18 15	ö	0 29 14	− 5
Mollehnen	D	54 52 00	20 30 00	ö	1 22 00	−13
Mollhagen	D	53 42 26	10 22 55	ö	0 41 32	− 7
Mölln	D	53 36 58	10 41 18	ö	0 42 45	− 7
Mollwitz	D	50 50 45	17 22 53	ö	1 09 32	−11
Molotow	SU	58 00 42	56 16 15	ö	3 45 05	−37
Molschleben	D	51 00 00	10 46 58	ö	0 43 08	− 7
Mommenheim	D	49 52 50	8 16 15	ö	0 33 05	− 5
Monaco	MC	43 42 00	7 24 29	ö	0 29 38	− 5
Monaghan	IRL	54 15 00	6 57 58	w	0 27 52	+ 5
Monastir = Bitoi	YU	41 03 02	21 19 03	ö	1 25 16	−14
Moncalieri	I	44 59 51	7 40 48	ö	0 30 43	− 5
Mönchen-Gladbach	D	51 11 48	6 26 02	ö	0 25 44	− 4
Monchique	P	37 20 00	13 16 15	w	0 53 05	+ 9
Moncontour	F	46 52 58	0 00 52	ö	0 00 03	− 0
Mondorf	D	49 25 07	6 35 57	ö	0 26 24	− 4
Mondorf	L	49 31 25	6 15 58	ö	0 25 04	− 4
Mondovi	I	44 50 00	7 47 45	ö	0 31 11	− 5
Monfalcone	I	45 48 33	13 34 45	ö	0 54 19	− 9
Monheim/Rhld.	D	51 05 23	6 53 16	ö	0 27 33	− 5
Monheim/Schw.	D	48 50 14	10 51 39	ö	0 43 27	− 7
Mönichkirchen	A	47 30 55	16 01 57	ö	1 04 08	−11
Möning	D	49 13 45	11 20 00	ö	0 45 20	− 7
Monmouth	GB	51 48 57	2 42 58	w	0 10 52	+ 2
Mons	B	50 27 20	3 56 40	ö	0 15 47	− 3
Montabaur	D	50 26 24	7 49 39	ö	0 31 19	− 5
Montargis	F	47 59 59	2 43 42	ö	0 10 52	− 2
Montauban	F	44 00 55	1 20 58	ö	0 05 24	− 1
Montbard	F	47 37 33	4 20 14	ö	0 17 21	− 3
Montbeliard	F	47 30 36	6 48 11	ö	0 27 13	− 7

Ort	Land	Breite ° ′ ″	Länge ° ′ ″	ö w	Zeitunter. h m s	SZK
Montbrison	F	45 36 22	4 03 59	ö	0 16 16	− 3
Mont-de-Marsan	F	43 53 38	0 30 03	w	0 02 00	+ 0
Montdidier	F	49 38 57	2 34 05	ö	0 10 16	− 2
Montebello	I	45 25 49	11 29 25	ö	0 45 38	− 7
Monte Bré	CH	46 00 59	8 58 57	ö	0 35 56	− 6
Monte Carlo	MC	43 43 55	7 24 31	ö	0 29 38	− 5
Montecarotto	I	43 32 57	13 03 48	ö	0 52 15	− 9
Montecassino	I	41 28 58	13 47 58	ö	0 55 12	− 9
Montefalcone	I	43 00 00	13 37 45	ö	0 54 31	− 9
Montefiascone	I	42 32 05	12 01 10	ö	0 48 05	− 8
Monte Generoso	CH	45 55 57	9 01 00	ö	0 36 04	− 6
Montélimar	F	44 33 32	4 45 06	ö	0 19 00	− 3
Monte Maggiore	I	45 16 48	14 12 05	ö	0 56 48	− 9
Montembrara	I	44 20 57	10 53 48	ö	0 43 35	− 7
Monteponi	I	39 15 00	8 25 45	ö	0 33 43	− 6
Montespluga	I	46 30 56	9 23 48	ö	0 37 35	− 6
Montevarchi	I	43 30 58	11 32 57	ö	0 46 12	− 8
Montevergine	I	40 55 55	14 42 56	ö	0 58 52	−10
Montfort	F	48 08 25	1 57 23	w	0 07 50	+ 1
Montgomery	GB	52 32 55	3 07 58	w	0 12 32	+ 2
Montigny	F	49 05 57	6 09 36	ö	0 24 38	− 4
Montlucon	F	46 20 27	2 36 16	ö	0 10 25	− 2
Montmedy	F	49 31 06	5 21 46	ö	0 21 27	− 4
Montmorillon	F	46 25 23	0 51 51	ö	0 03 27	− 1
Montpellier	F	43 36 44	3 52 59	ö	0 15 32	− 3
Montreuil	F	50 27 54	1 45 51	ö	0 07 03	− 1
Montreux-Clarens	CH	46 26 56	6 53 57	ö	0 27 36	− 5
Montrose	GB	56 42 55	2 30 58	w	0 10 04	+ 2
Mont Soleil	CH	47 08 56	7 00 00	ö	0 28 00	− 5
Monvalvo Irpinio	I	41 11 55	15 01 48	ö	1 00 07	−10
Monza	I	45 34 45	9 16 21	ö	0 37 05	− 6
Monzingen	D	49 47 56	7 35 50	ö	0 30 23	− 5
Moorburg	D	53 29 20	9 54 33	ö	0 39 38	− 7
Moorfleth	D	53 30 00	10 00 58	ö	0 40 04	− 7
Moosburg	D	48 27 53	11 56 17	ö	0 47 45	− 8
Morbegno	I	46 16 56	9 37 45	ö	0 38 31	− 6
Mörbylanga	S	56 31 57	16 22 56	ö	1 05 32	−11
Morlaix	F	48 34 48	3 53 33	w	0 15 34	+ 3
Mörs	D	51 27 10	6 37 34	ö	0 26 30	− 4
Morsbach	D	50 51 57	7 43 30	ö	0 30 54	− 5
Mortagne	F	48 31 20	1 32 48	ö	0 06 11	− 1
Mortain	F	48 38 50	1 56 15	w	0 07 45	+ 1
Morup	S	56 55 24	10 01 45	ö	0 40 07	− 7

Ort	Land	Breite ° ′ ″	Länge ° ′ ″	ö w	Zeitunter. h m s	SZK
Mosbach	D	49 20 52	9 09 45	ö	0 36 39	− 6
Möser	D	52 22 24	12 25 30	ö	0 49 42	− 8
Moskau = Moskwa	SU	55 45 20	37 34 18	ö	2 30 17	−25
Moskopole	AL	40 41 55	20 37 30	ö	1 22 30	−14
Mosonmagyrovar	H	47 51 56	17 15 58	ö	1 09 04	−11
Mosowsk	SU	51 43 57	105 52 57	ö	7 03 32	−70
Mostar	YU	43 20 00	17 50 00	ö	1 11 20	−12
Motala	S	58 34 58	15 05 57	ö	1 00 23	−10
Motherwell	GB	55 46 57	4 00 00	w	0 16 00	+ 3
Moulins	F	46 33 59	3 19 01	ö	0 13 16	− 2
Mouscron	B	50 43 58	3 12 57	ö	0 12 52	− 2
Moutiers	F	45 29 03	6 31 49	ö	0 26 07	− 4
Mozyr	SU	52 02 50	29 15 57	ö	1 57 04	−19
Mückenberg	D	51 27 55	13 44 30	ö	0 54 58	− 9
Mügelen	D	51 13 57	13 02 19	ö	0 52 09	− 9
Mühlberg	D	51 25 51	13 12 56	ö	0 52 52	− 9
Mühldorf	D	48 14 30	12 31 42	ö	0 50 07	− 8
Mühlen/Old.	D	52 36 51	8 13 56	ö	0 32 56	− 5
Mühlen/Opr.	D	53 31 18	20 12 15	ö	1 20 49	−13
Mühlhausen/Ofr.	D	49 45 00	10 46 15	ö	0 43 05	− 7
Mühlhausen/Opr.	D	54 11 10	19 44 24	ö	1 18 58	−13
Mühlhausen/Thür.	D	51 12 41	10 27 23	ö	0 41 50	− 7
Mühlhausen = Mulhouse	F	47 44 51	7 20 25	ö	0 29 22	− 5
Mühlheim/Do.	D	48 01 48	8 53 06	ö	0 35 32	− 6
Mühlheim/Main	D	50 07 30	8 50 00	ö	0 35 20	− 6
Mühlhofen	D	47 44 14	9 15 57	ö	0 37 04	− 6
Mühltal	D	48 01 26	11 21 37	ö	0 45 26	− 7
Mühltroff	D	50 32 17	11 55 20	ö	0 47 41	− 8
Muiden	NL	52 19 45	5 04 16	ö	0 20 17	− 3
Mukhor Shibir	SU	51 02 55	107 48 59	ö	7 11 16	−71
Mülheim/Ruhr	D	51 25 40	6 53 02	ö	0 27 32	− 5
Müllenbach	D	51 03 57	7 34 58	ö	0 30 20	− 5
Müllheim	D	47 48 40	7 37 30	ö	0 30 30	− 5
Mullingar	IRL	53 30 55	7 20 00	w	0 29 20	+ 5
Müllrose	D	52 15 00	14 25 05	ö	0 45 40	− 8
Mumbles	GR	51 33 57	3 56 45	w	0 15 47	+ 3
Mümling-Grumbach	D	49 46 38	9 00 00	ö	0 36 00	− 6
Münchberg	D	50 11 45	11 47 12	ö	0 47 09	− 8
Müncheberg	D	52 30 08	14 07 45	ö	0 56 31	− 9
Münchehagen	D	52 26 10	9 11 34	ö	0 36 46	− 6
Münchehof	D	51 50 45	10 10 20	ö	0 40 41	− 7
München	D	48 08 20	11 34 30	ö	0 46 18	− 8
Münchenbernsdorf	D	50 49 28	11 55 56	ö	0 47 44	− 8

Ort	Land	Breite ° ′ ″	Länge ° ′ ″	ö w	Zeitunter. h m s	SZK
Münchhausen	D	50 57 27	8 42 13	ö	0 34 53	− 6
Münden	D	51 25 22	9 39 10	ö	0 38 37	− 6
Mundenheim	D	49 27 30	8 25 58	ö	0 33 34	− 6
Munkacs	H	48 25 57	22 42 58	ö	1 30 52	−15
Münnerstadt	D	50 14 50	10 11 40	ö	0 40 47	− 7
Münsingen	D	48 25 45	9 30 00	ö	0 38 00	− 6
Munster	D	53 00 00	10 05 57	ö	0 40 24	− 7
Münster/Westf.	D	51 57 52	7 37 05	ö	0 30 28	− 5
Münsterberg	D	50 55 57	17 02 58	ö	1 08 12	−11
Münstereifel	D	50 33 20	6 45 50	ö	0 27 03	− 4
Munsvattnet	S	64 15 55	14 27 58	ö	0 57 52	−10
Münzenberg	D	50 28 15	8 46 30	ö	0 35 06	− 6
Muonionniika	SF	67 56 58	23 38 56	ö	1 34 36	−16
Murat	F	45 06 44	2 52 10	ö	0 11 29	− 2
Murau	A	47 06 57	14 10 00	ö	0 56 40	− 9
Murcia	E	37 59 11	1 07 10	w	0 04 28	+ 1
Muret	F	43 27 41	1 19 34	ö	0 05 18	− 1
Muri	CH	47 36 45	8 19 30	ö	0 33 18	− 5
Mürlenbach	D	50 09 28	6 35 30	ö	0 26 22	− 4
Murmansk	SU	68 58 00	33 05 00	ö	2 12 20	−21
Murnau	D	47 41 15	11 12 30	ö	0 44 50	− 7
Muros	E	42 45 45	9 02 40	w	0 36 11	+ 6
Murow	D	50 51 42	17 57 43	ö	1 11 51	−12
Murr	D	48 58 02	9 15 15	ö	0 37 01	− 6
Murrhardt	D	48 58 12	9 34 55	ö	0 37 20	− 6
Müsen	D	50 59 15	8 02 30	ö	0 32 10	− 5
Muskau	D	51 33 04	14 43 15	ö	0 58 53	−10
Müssen	D	53 30 00	10 33 47	ö	0 42 15	− 7
Mustasaari	SF	63 03 55	21 38 57	ö	1 26 36	−14
Mützenich	D	50 33 55	6 13 13	ö	0 24 53	− 5
Mylau	D	50 37 24	12 16 16	ö	0 49 05	− 8
Mynänäki	SF	60 40 00	21 56 58	ö	1 27 48	−14
Mysleince	PL	49 50 00	19 56 58	ö	1 19 48	−13
Myslowitz	PL	50 14 27	19 08 42	ö	1 16 35	−13
Mytilene	GR	39 05 55	26 31 50	ö	1 46 07	−17
Naarden	NL	52 17 46	5 09 53	ö	0 20 40	− 3
Nabburg	D	49 27 17	12 10 05	ö	0 48 40	− 8
Nachterstedt	D	51 49 19	11 16 49	ö	0 45 07	− 7
Nackenheim	D	49 54 45	8 20 00	ö	0 33 20	− 5
Naestved	DK	55 13 48	11 41 21	ö	0 46 45	− 8
Nafpaktas	GR	38 23 55	21 50 00	ö	1 27 20	−14

Ort	Land	Breite ° ′ ″	Länge ° ′ ″	ö w	Zeitunter. h m s	SZK
Nagold	D	48 33 11	8 43 19	ö	0 34 53	− 6
Nagykanizsa	H	46 27 58	17 00 00	ö	1 08 00	−11
Nagykoros	H	47 01 57	19 46 58	ö	1 19 08	−13
Nagyvarad	H	47 02 50	19 35 50	ö	1 18 23	−13
Nahe	D	53 47 36	10 08 44	ö	0 40 35	− 7
Naila	D	50 20 00	11 41 45	ö	0 46 47	− 8
Nakel	PL	53 00 17	17 36 17	ö	1 10 25	−12
Nakhishewan	SU	39 11 55	45 23 58	ö	3 01 36	−30
Nakskov	DK	54 50 00	11 08 15	ö	0 44 33	− 7
Nalchik	SU	43 30 00	43 36 57	ö	2 54 28	−29
Namangan	SU	41 00 00	71 40 10	ö	4 46 41	−47
Namslau	D	51 05 06	17 43 30	ö	1 10 54	−12
Namsos	N	64 26 55	11 28 57	ö	0 45 56	− 8
Namur	B	50 28 02	4 51 15	ö	0 19 25	− 3
Nancy	F	48 41 31	6 11 15	ö	0 24 45	− 4
Nandlstadt	D	48 32 15	11 48 23	ö	0 47 14	− 8
Nannhausen	D	49 58 06	7 28 36	ö	0 29 54	− 5
Nantes	F	47 13 06	1 33 06	w	0 06 12	+ 1
Nantua	F	46 09 07	5 36 37	ö	0 22 26	− 4
Napajedla	CS	49 10 00	17 30 58	ö	1 10 04	−12
Narbonne	F	43 11 08	3 00 10	ö	0 12 01	− 2
Nargö	SU	59 36 22	24 32 03	ö	1 38 08	−16
Naroi	SF	60 15 00	27 58 59	ö	1 51 56	−18
Narvik	N	68 25 55	17 25 58	ö	1 09 44	−11
Narwa	SU	59 22 54	28 14 27	ö	1 52 58	−19
Naryn	SU	41 28 00	76 01 57	ö	5 04 08	−50
Nassau	D	50 19 10	7 49 04	ö	0 31 16	− 5
Nastätten	D	50 12 24	7 51 45	ö	0 31 27	− 5
Nastola	SF	60 55 55	26 00 59	ö	1 44 04	−17
Natternberg	D	48 49 38	12 54 50	ö	0 51 39	− 8
Nauen	D	52 36 28	12 52 40	ö	0 51 31	− 8
Nauendorf	D	51 36 42	11 57 10	ö	0 47 49	− 8
Naugard	D	53 40 00	15 06 58	ö	1 00 28	−10
Nauheim	D	50 22 01	8 44 30	ö	0 34 58	− 6
Naumburg/Saale	D	51 09 11	11 48 41	ö	0 47 15	− 8
Naumburg/Schl.	D	51 47 58	15 15 00	ö	1 01 00	−10
Naumiestsis	SU	54 40 48	22 45 50	ö	1 31 03	−15
Naunheim	D	50 15 00	7 18 15	ö	0 29 13	− 5
Naunhof	D	51 16 56	12 34 39	ö	0 50 19	− 8
Nauplia	GR	37 33 39	22 47 49	ö	1 31 11	−15
Nausis	D	50 50 07	9 22 43	ö	0 37 31	− 6
Navarino	GR	36 54 34	21 41 36	ö	1 26 46	−14
Naxos	GR	37 05 55	25 22 57	ö	1 41 32	−17

Ort	Land	Breite ° ′ ″	Länge ° ′ ″	ö w	Zeitunter. h m s	SZK
Neapel = Napoli	I	40 51 45	14 08 30	ö	0 56 34	− 9
Nebra	D	51 02 14	11 35 10	ö	0 46 21	− 8
Nebringen	D	48 33 25	8 49 51	ö	0 35 19	− 6
Neckarbischofsheim	D	49 18 35	8 56 49	ö	0 35 47	− 6
Neckargemünd	D	49 20 43	8 47 43	ö	0 35 11	− 6
Neckargerach	D	49 23 37	9 05 25	ö	0 36 22	− 6
Neckarhausen	D	49 27 04	8 41 34	ö	0 34 46	− 6
Neckarsulm	D	49 11 49	9 14 16	ö	0 36 57	− 6
Neckartaiflingen	D	48 36 23	9 17 54	ö	0 37 12	− 6
Neheim	D	51 27 15	7 58 27	ö	0 31 54	− 5
Neiden	D	51 35 55	12 57 24	ö	0 51 50	− 9
Neidenburg	D	53 21 18	20 24 30	ö	1 21 38	−13
Neinstedt	D	51 45 00	11 04 58	ö	0 44 20	− 7
Neisse	D	50 28 29	17 20 10	ö	1 09 21	−11
Nendeln	FL	47 12 05	9 32 50	ö	0 38 11	− 6
Nennhausen	D	52 36 51	12 30 00	ö	0 50 00	− 8
Nepomuk	CS	49 56 58	16 37 57	ö	1 06 32	−11
Nerchinsk	SU	51 57 58	116 32 37	ö	7 46 10	−77
Neresheim	D	48 45 00	9 50 10	ö	0 39 21	− 6
Nertschimsky	SU	51 18 55	119 36 10	ö	7 58 25	−79
Neschwitz	D	51 16 36	14 19 39	ö	0 57 19	− 9
Nesselwang	D	47 39 15	10 30 00	ö	0 42 00	− 7
Nesselwitz	D	50 20 25	18 00 00	ö	1 12 00	−12
Nesserland	D	53 20 57	7 10 58	ö	0 28 44	− 5
Nettuna	I	41 27 58	12 40 57	ö	0 50 44	− 8
Netzschkau	D	50 36 38	12 15 45	ö	0 49 03	− 8
Neubäu	D	49 14 02	12 25 35	ö	0 49 42	− 8
Neu-Brandenburg	D	53 33 30	13 15 58	ö	0 53 03	− 9
Neubrücke	D	49 36 12	7 10 30	ö	0 28 42	− 5
Neu-Bukow	D	54 03 50	11 40 11	ö	0 46 41	− 8
Neuburg	D	48 44 10	11 10 57	ö	0 44 44	− 7
Neuchâtel	CH	46 59 30	6 57 15	ö	0 27 49	− 5
Neudamm	D	52 44 02	14 41 45	ö	0 58 47	−10
Neudorf	D	50 50 00	15 53 57	ö	1 03 36	−10
Neuenahr Bad.	D	50 32 36	7 08 39	ö	0 28 35	− 5
Neuenberg	D	50 32 30	9 38 24	ö	0 38 34	− 6
Neuenbrock	D	53 51 38	9 31 55	ö	0 38 08	− 6
Neuenburg/Baden	D	47 48 55	7 33 50	ö	0 30 15	− 5
Neuenburg/Old.	D	53 23 10	7 56 45	ö	0 31 47	− 5
Neuenbürg	D	48 50 52	8 35 05	ö	0 34 20	− 6
Neuendorf	D	52 11 05	14 12 10	ö	0 56 49	− 9
Neuenhaus	D	52 30 00	6 58 24	ö	0 27 54	− 5
Neuenkirchen	D	52 30 49	8 04 12	ö	0 32 17	− 5

Ort	Land	Breite ° ′ ″	Länge ° ′ ″	ö w	Zeitunter. h m s	SZK
Neuenlande	D	53 24 35	8 31 58	ö	0 34 08	− 6
Neuenmarkt	D	50 05 35	11 34 30	ö	0 46 18	− 8
Neuenrade	D	51 17 15	7 47 20	ö	0 31 09	− 5
Neuenstein	D	49 12 10	9 35 25	ö	0 38 22	− 6
Neuerburg	D	50 00 55	6 16 56	ö	0 25 09	− 4
Neufahrn	D	48 42 27	12 11 10	ö	0 48 45	− 8
Neufahrwasser	D	54 24 00	18 40 00	ö	1 14 40	−12
Neufchâteau	F	48 21 18	5 41 59	ö	0 22 48	− 4
Neufchâtel	F	49 43 57	1 26 34	ö	0 05 46	− 1
Neuffen	D	48 18 12	9 23 30	ö	0 37 34	− 6
Neufra/Donau	D	48 07 20	9 28 34	ö	0 37 54	− 6
Neufra/Hohenz.	D	48 14 30	9 11 37	ö	0 36 46	− 6
Neugersdorf	D	50 48 42	14 36 43	ö	0 58 27	−10
Neuhaldensleben	D	52 17 32	11 24 52	ö	0 45 40	− 8
Neu-Hammerstein	D	54 40 00	17 35 00	ö	1 10 20	−12
Neuhaus	D	50 30 58	11 07 59	ö	0 44 32	− 7
Neuhaus/Donau	A	48 25 00	13 58 57	ö	0 55 56	− 9
Neuhaus/Zellerrain	A	47 47 57	15 10 58	ö	1 00 44	−10
Neuhaus, Bad.	YU	46 20 00	15 11 55	ö	1 00 48	−10
Neuhof	D	54 07 06	20 34 18	ö	1 22 17	−14
Neuhoff	D	54 44 48	17 34 42	ö	1 10 19	−12
Neu-Isenburg	D	50 03 45	8 41 57	ö	0 34 48	− 6
Neu-Kamienien	PL	51 38 06	17 53 30	ö	1 11 34	−12
Neukirch/Sachsen	D	50 40 58	8 03 59	ö	0 32 16	− 5
Neukirchen/Holstein	D	54 19 34	11 01 39	ö	0 44 07	− 7
Neu-Klimsch	PL	54 07 18	18 01 54	ö	1 12 08	−12
Neukrug	D	54 15 55	17 35 28	ö	1 10 22	−12
Neumark	D	50 39 28	12 21 21	ö	0 49 25	− 8
Neumarkt	A	47 04 56	14 24 58	ö	0 57 40	− 9
Neumarkt/Bay.	D	48 21 30	12 30 57	ö	0 50 04	− 8
Neumarkt/Opf.	D	49 16 24	11 29 06	ö	0 45 56	− 8
Neumarkt/Schles.	D	51 10 15	16 35 10	ö	1 06 21	−11
Neumünster	D	54 04 18	9 59 08	ö	0 39 57	− 7
Neunburg	D	49 21 12	12 22 38	ö	0 49 31	− 8
Neunkirchen/Saar	D	49 20 50	7 10 50	ö	0 28 43	− 5
Neunkirchen	A	47 42 56	16 04 58	ö	1 04 20	−11
Neuoffingen	D	48 28 53	10 20 20	ö	0 41 21	− 7
Neuötting	D	48 14 39	12 42 06	ö	0 50 48	− 8
Neu-Rhäse	D	53 31 24	13 10 30	ö	0 52 42	− 9
Neurode	D	50 35 03	16 30 00	ö	1 06 00	−11
Neu-Ruppin	D	52 55 41	12 48 37	ö	0 51 15	−10
Neusalz	D	51 48 30	15 43 11	ö	1 02 53	−10
Neusalza	D	51 02 24	14 31 17	ö	0 58 05	−10

Ort	Land	Breite ° ′ ″	Länge ° ′ ″	ö w	Zeitunter. h m s	SZK
Neusandetz = Newy Sacz	PL	49 37 58	20 42 57	ö	1 22 52	−13
Neu-Schwarzort	SU	55 30 54	21 07 06	ö	1 24 28	−14
Neuss	D	51 12 01	6 41 38	ö	0 26 47	− 4
Neustadt	CS	49 46 24	17 07 24	ö	1 08 30	−11
Neustadt/Aisch	D	49 35 00	10 37 45	ö	0 42 31	− 7
Neustadt/Coburg	D	50 17 58	11 08 08	ö	0 44 33	− 7
Neustadt/Donau	D	48 48 40	11 45 30	ö	0 47 02	− 8
Neustadt/Weinstr.	D	49 21 20	8 08 20	ö	0 32 33	− 5
Neustadt/Hessen	D	50 51 23	9 06 36	ö	0 36 26	− 6
Neustadt/Holst.	D	54 05 55	10 49 48	ö	0 43 19	− 7
Neustadt/Meckl.	D	53 23 15	11 36 26	ö	0 46 26	− 8
Neustadt/Opf.	D	49 44 03	12 10 15	ö	0 48 41	− 8
Neustadt/O. Schl.	D	50 19 22	17 34 59	ö	1 10 20	−12
Neustadt/Orla	D	50 44 22	11 44 45	ö	0 46 59	− 8
Neustadt/Rübenb.	D	52 30 38	9 28 18	ö	0 37 53	− 6
Neustadt/Saale	D	50 19 19	10 12 43	ö	0 40 51	− 7
Neustadt/Sachsen	D	51 01 59	14 12 24	ö	0 56 50	− 9
Neustadt/Schw. W.	D	47 54 43	8 13 04	ö	0 32 52	− 5
Neustadt	PL	54 37 00	18 12 00	ö	1 12 48	−12
Neustädtel	D	51 41 25	15 43 27	ö	1 02 54	−10
Neustettin	D	53 42 39	16 41 39	ö	1 06 47	−11
Neustrelitz	D	53 21 50	13 03 40	ö	0 52 15	− 9
Neuteich	D	54 08 30	19 00 38	ö	1 16 03	−13
Neutitschein	CS	49 35 30	18 00 58	ö	1 12 04	−12
Neuwerk	D	53 54 59	8 30 00	ö	0 34 00	− 6
Neuwied	D	50 25 42	7 27 33	ö	0 29 50	− 5
Neuwiese	CS	50 48 57	15 08 58	ö	1 00 30	−10
Nevers	F	46 59 15	3 09 56	ö	0 12 40	− 2
Newbury	GB	51 25 00	1 19 30	w	0 05 18	+ 1
Newcastle upon Tyne	GB	54 57 58	1 35 57	w	0 06 24	+ 1
Newcastle under Lyme	GB	53 01 57	2 10 58	w	0 08 44	+ 1
Newport	IRL	53 53 06	9 32 55	w	0 38 12	+ 6
Newport/Monmouthshire	GB	51 35 00	3 00 00	w	0 12 00	+ 2
Newport/Insel Wright	GB	50 41 57	1 18 59	w	0 05 16	+ 1
New Romney	GB	50 58 57	0 56 30	ö	0 03 46	− 1
New Ross	IRL	52 23 58	6 56 57	w	0 27 48	+ 4
Newry	GB	54 10 55	6 20 00	w	0 25 20	+ 4
Newtownards	GB	54 35 00	5 41 58	w	0 22 48	+ 4
Nibe	DK	56 59 04	9 39 51	ö	0 38 39	− 6
Nickelswalde	D	54 19 30	18 58 07	ö	1 15 58	−12
Nidda	D	50 25 00	9 01 16	ö	0 36 05	− 6
Niebühl	D	54 47 33	8 49 26	ö	0 35 18	− 6
Nied	D	50 06 23	8 34 30	ö	0 34 18	− 6

Ort	Land	Breite ° ′ ″	Länge ° ′ ″	ö w	Zeitunter. h m s	SZK
Niederbrechen	D	50 21 57	8 12 30	ö	0 32 50	− 5
Niederheide	D	51 15 00	6 30 00	ö	0 26 00	− 4
Niederheimbach	D	50 01 38	7 47 15	ö	0 31 09	− 5
Niederhermsdorf	D	50 30 57	17 30 00	ö	1 10 00	−12
Nieder-Kainsbach	D	49 44 10	8 52 30	ö	0 35 30	− 6
Niederlandin	D	53 05 13	14 08 34	ö	0 56 34	− 9
Nieder-Marschacht	D	53 25 16	10 21 58	ö	0 41 28	− 7
Nieder-Mittlau	D	50 10 30	9 07 59	ö	0 36 32	− 6
Nieder-Murrach	D	49 27 04	12 22 58	ö	0 49 32	− 8
Niedernau	D	48 27 17	8 54 12	ö	0 35 37	− 6
Nieder-Stetten	D	49 23 56	9 55 35	ö	0 39 42	− 7
Nieder-Weistritz	D	50 48 40	16 27 55	ö	1 05 52	−11
Nieder-Zündorf	D	50 51 12	7 03 42	ö	0 28 15	− 5
Niemberg	D	51 33 18	12 04 36	ö	0 48 18	− 8
Nienburg/Weser	D	52 38 28	9 14 42	ö	0 36 56	− 6
Niendorf	D	51 52 12	13 22 42	ö	0 53 31	− 9
Niesky	D	51 17 58	14 48 57	ö	0 59 16	−10
Nieuport	B	51 07 45	2 45 05	ö	0 11 00	− 2
Nieuwediep	NL	52 57 50	4 46 37	ö	0 19 06	− 3
Nijmegen	NL	51 51 18	5 50 39	ö	0 23 23	− 4
Nikolajew	SU	46 58 22	31 58 27	ö	2 07 54	−21
Nikolajewsk	SU	53 10 00	140 43 05	ö	9 22 49	−92
Nikoleiken	D	53 51 12	19 10 20	ö	1 16 41	−13
Nikolsburg	CS	48 48 30	16 38 36	ö	1 06 34	−11
Nikopol	BG	43 42 18	24 53 10	ö	1 39 33	−16
Nikopol	SU	47 31 55	34 23 57	ö	2 17 36	−23
Nimes	F	43 50 36	4 21 01	ö	0 17 24	− 3
Niort	F	46 19 23	0 27 57	w	0 01 52	+ 0
Nisch	YU	43 18 30	21 51 18	ö	1 27 25	−14
Nischne-Udinsk	SU	54 55 00	99 02 15	ö	6 36 09	−65
Nischnij-Nowgorod = Gorki	SU	56 19 42	44 00 18	ö	2 56 01	−29
Nischnij-Tagilsk	SU	57 55 00	59 52 58	ö	3 59 32	−39
Nitau	SU	57 04 27	25 17 08	ö	1 41 09	−17
Nitra	CS	48 18 58	18 05 57	ö	1 12 24	−12
Nivelles	B	50 35 57	4 18 58	ö	0 17 16	− 3
Nizza = Nice	F	43 43 17	7 18 02	ö	0 29 12	− 5
Nizza Monferrato	I	44 45 57	8 20 58	ö	0 33 24	− 5
Nogent le Rotrou	F	48 19 29	0 48 48	ö	0 03 15	− 1
Nogent sur Seine	F	48 29 35	3 29 59	ö	0 14 00	− 2
Noirmoutier	F	47 00 06	2 14 09	w	0 08 27	+ 1
Nokia	SF	61 27 55	22 30 00	ö	1 34 00	−15
Noldau	D	52 02 33	17 53 22	ö	1 11 33	−12
Noli	I	44 11 55	8 25 00	ö	0 33 40	− 6

Ort	Land	Breite ° ′ ″	Länge ° ′ ″	ö w	Zeitunter. h m s	SZK
Nonantola	I	44 41 57	11 01 48	ö	0 44 07	− 7
Nontron	F	45 31 45	0 39 56	ö	0 02 40	− 0
Norborg	DK	55 03 29	9 44 24	ö	0 38 58	− 6
Norden	D	53 35 49	7 12 18	ö	0 28 49	− 5
Nordenburg	D	54 19 51	21 34 12	ö	1 26 17	−14
Nordenham	D	53 28 53	8 27 07	ö	0 33 52	− 6
Norderney	D	53 42 24	7 08 30	ö	0 28 34	− 5
Nordhausen	D	51 30 06	10 47 53	ö	0 43 12	− 7
Nordheim	D	49 06 42	9 07 52	ö	0 36 31	− 6
Nordholz	D	53 46 36	8 36 16	ö	0 34 25	− 6
Nordhorn	D	52 26 30	7 04 44	ö	0 28 19	− 5
Nördlingen	D	48 51 04	10 29 15	ö	0 41 57	− 7
Nordwalde	D	52 05 25	7 29 27	ö	0 29 57	− 5
Norrköping	S	58 35 28	16 10 57	ö	1 04 44	−11
Norrskär	SF	63 13 55	20 35 55	ö	1 22 24	−14
Norrtelje	S	59 45 42	18 38 57	ö	1 14 36	−12
Norry-Targ	PL	49 28 57	20 01 59	ö	1 20 08	−13
Northampton	GB	52 10 55	0 55 00	w	0 03 40	+ 1
Northeim	D	51 42 24	10 00 15	ö	0 40 01	− 7
North Foreland	GB	51 22 24	1 26 33	ö	0 05 46	− 1
North Shields	GB	55 00 59	1 26 45	w	0 05 47	− 1
Nortmoor	D	53 15 00	7 32 40	ö	0 30 11	− 5
Nortorf	D	54 10 51	9 54 30	ö	0 39 38	− 7
Nortrup	D	52 51 23	7 51 34	ö	0 31 26	− 5
Nossen	D	51 03 11	13 17 35	ö	0 53 10	− 9
Nossentin	D	53 31 36	12 26 46	ö	0 49 47	− 8
Nottingham	GB	52 56 58	1 08 15	w	0 04 33	+ 1
Nouvelle, La	F	43 00 51	3 03 58	ö	0 12 16	− 2
Novadoniskaia	SU	64 51 40	40 28 15	ö	2 41 53	−27
Novara	I	45 26 56	8 37 17	ö	0 34 29	− 6
Novi	YU	45 07 33	14 47 47	ö	0 59 11	−10
Novi Ligure	I	44 45 57	8 46 58	ö	0 35 08	− 6
Novi Pazar	YU	43 07 58	20 30 57	ö	1 22 04	−13
Novi Sad	YU	45 15 00	19 51 58	ö	1 19 28	−13
Nowaja Ladoga	SU	60 06 55	32 18 58	ö	2 09 16	−21
Nowames	D	52 24 08	13 06 24	ö	0 52 26	− 9
Nowgorod	SU	56 31 00	31 16 28	ö	2 05 06	−21
Nowocherkassk	SU	47 23 57	40 05 59	ö	2 40 24	−26
Nowograd = Volynskiy	SU	50 35 55	27 36 58	ö	1 50 28	−18
Nowógrodék	PL	53 35 00	25 50 57	ö	1 43 24	−17
Noworossijsk	SU	44 43 57	37 50 00	ö	2 31 20	−25
Nowosibirsk	SU	55 01 55	82 52 58	ö	5 31 32	−54
Noyers	I	47 40 00	3 59 45	ö	0 15 59	− 3

Ort	Land	Breite ° ′ ″	Länge ° ′ ″	ö w	Zeitunter. h m s	SZK
Nufringen	D	48 37 30	8 52 45	ö	0 35 31	− 6
Nukla	SU	41 12 18	47 12 10	ö	3 08 49	−31
Nukus	SU	42 27 04	59 34 30	ö	3 58 18	−39
Nümbrecht	D	50 54 10	7 34 20	ö	0 30 17	− 5
Nuoro	I	40 20 00	9 20 00	ö	0 37 20	− 6
Nurmes	SF	63 38 55	29 00 00	ö	1 56 00	−19
Nurmijärvi	SF	60 30 00	24 37 58	ö	1 38 32	−16
Nürnberg	D	49 27 10	11 04 40	ö	0 44 19	− 7
Nürtingen	D	48 37 37	9 19 30	ö	0 37 18	− 6
Nyborg	DK	55 20 00	10 56 15	ö	0 43 35	− 7
Nydala	S	57 18 59	14 20 58	ö	0 57 24	− 9
Nyiregyhaza	H	47 57 58	21 42 57	ö	1 26 52	−14
Nykarleby	SF	63 30 55	22 30 00	ö	1 30 00	−15
Nykjöbing	DK	55 55 30	11 41 56	ö	0 46 48	− 8
Nyköping	S	58 48 00	16 50 20	ö	1 07 21	−11
Nyon	SH	46 22 54	3 54 10	ö	0 15 37	− 3
Nyons	F	44 21 40	5 08 34	ö	0 20 34	− 3
Nyslot = Sarolinna	SF	61 52 00	28 53 00	ö	1 55 44	−19
Nystad = Unsikanpuski	SF	60 47 55	21 25 00	ö	1 26 40	−14
Obdorsk	SU	66 30 55	66 35 00	ö	4 26 20	−44
Ober Almet	D	51 26 24	8 35 57	ö	0 34 24	− 6
Oberammergau	D	47 35 52	11 03 50	ö	0 44 15	− 7
Oberaudorf	D	47 38 30	12 09 30	ö	0 48 38	− 8
Oberböbingen	D	48 47 14	9 56 04	ö	0 39 44	− 7
Oberdachstetten	D	49 24 35	10 24 35	ö	0 41 38	− 7
Oberdrauburg	A	46 45 00	12 57 58	ö	0 51 52	− 9
Ober-Eisseln	D	55 01 18	22 07 06	ö	1 28 28	−15
Obererbach	D	50 43 42	7 42 12	ö	0 30 49	− 5
Ober-Glogau	D	50 21 23	17 51 58	ö	1 11 28	−12
Obergriesbach	D	48 25 13	11 04 22	ö	0 44 17	− 7
Oberhaunstadt	D	48 47 39	11 26 19	ö	0 45 45	− 8
Oberhausen	D	51 28 24	6 51 31	ö	0 27 26	− 5
Oberhermsdorf	CS	50 23 57	17 06 58	ö	1 08 28	−11
Oberhollabrunn	A	48 33 58	16 03 57	ö	1 04 16	−11
Oberiberg	CH	47 01 59	8 46 58	ö	0 35 08	− 6
Ober-Ingelheim	D	49 58 13	8 03 57	ö	0 32 16	− 5
Ober-Kaufungen	D	51 16 48	9 38 16	ö	0 38 33	− 6
Oberkirch	D	48 31 57	8 04 50	ö	0 32 19	− 5
Oberkotzau	D	50 15 38	11 56 42	ö	0 47 47	− 8
Oberlahnstein	D	50 18 10	7 36 20	ö	0 30 25	− 5
Oberlangenstadt	D	50 11 20	11 16 45	ö	0 45 07	− 7

Ort	Land	Breite ° ′ ″	Länge ° ′ ″	ö w	Zeitunter. h m s	SZK
Ober-Leschen	D	51 28 43	15 37 14	ö	1 02 29	−10
Ober-Mois	D	51 05 33	16 30 10	ö	1 06 01	−11
Obernburg	D	49 50 23	9 08 15	ö	0 36 33	− 6
Oberndorf	D	48 17 30	8 32 55	ö	0 34 12	− 6
Obernfeld	D	51 11 48	7 18 54	ö	0 54 05	− 9
Obernkirchen	D	52 16 46	9 07 54	ö	0 36 32	− 6
Ober-Oderwitz	D	50 58 42	14 51 52	ö	0 59 27	−10
Ober-Ramstadt	D	49 49 15	8 15 00	ö	0 33 00	− 5
Ober-Rosen	D	50 41 30	17 14 14	ö	1 08 57	−11
Ober-Schlottwitz	D	50 51 51	13 48 48	ö	0 55 15	− 9
Oberschöneweide	D	52 27 40	13 31 21	ö	0 54 05	− 9
Obersiebenbrunn	A	48 15 57	16 41 58	ö	1 06 48	−11
Oberstaufen	D	47 30 00	10 02 30	ö	0 40 10	− 7
Oberstein	D	49 42 30	7 19 40	ö	0 29 19	− 5
Oberstdorf	D	47 23 56	10 16 58	ö	0 41 08	− 7
Ober-Traubling	D	48 58 05	12 09 41	ö	0 48 39	− 8
Ober-Weissbach	D	50 34 34	11 09 24	ö	0 44 38	− 7
Oberwesel	D	50 06 31	7 42 30	ö	0 30 50	− 5
Ocana	E	39 56 33	3 30 51	w	0 14 03	+ 2
Ocholt	D	53 12 45	7 53 54	ö	0 31 34	− 5
Ochotsk = Okhotsk	SU	59 21 17	143 17 10	ö	9 33 08	−94
Ochsenhausen	D	48 04 08	9 57 35	ö	0 39 50	− 7
Ochtmissen	D	53 16 06	10 23 18	ö	0 41 33	− 7
Ockfen	D	49 37 58	6 35 00	ö	0 26 20	− 4
Odenkirchen	D	51 07 56	6 27 56	ö	0 25 52	− 4
Odense	DK	55 22 55	10 22 58	ö	0 41 32	− 7
Oderberg	D	51 42 57	10 31 59	ö	0 42 08	− 7
Oderberg	CS	49 55 00	18 20 00	ö	1 13 20	−12
Odessa	SU	46 28 36	30 45 36	ö	2 03 02	−20
Odruwek	CS	49 23 57	16 52 58	ö	1 07 32	−11
Oebisfelde	D	52 25 32	10 59 54	ö	0 44 00	− 7
Oedenburg	H	47 41 12	16 35 42	ö	1 06 23	−11
Oederan	D	50 51 57	13 09 40	ö	0 52 39	− 9
Oehringen	D	49 11 30	9 30 58	ö	0 38 04	− 6
Oelde	D	51 49 43	8 08 24	ö	0 32 34	− 5
Oels	D	51 12 45	17 23 30	ö	1 09 34	−11
Oelschütz	D	51 18 50	12 44 44	ö	0 50 59	− 8
Oelsnitz/Erzgeb.	D	50 43 57	12 42 12	ö	0 50 49	− 8
Oelsnitz/Vogtl.	D	50 25 10	12 09 55	ö	0 48 40	− 8
Oerei	D	53 29 12	9 03 24	ö	0 36 14	− 6
Oettingen	D	48 57 17	10 35 40	ö	0 42 23	− 7
Oeynhausen	D	52 12 47	8 48 57	ö	0 35 16	− 6
Offenbach	D	50 06 20	8 45 56	ö	0 35 04	− 6

Ort	Land	Breite ° ′ ″	Länge ° ′ ″	ö w	Zeitunter. h m s	SZK
Offenburg	D	48 28 20	7 56 40	ö	0 31 47	− 5
Offheim	D	50 24 30	8 04 12	ö	0 32 17	− 5
Offingen	D	48 28 44	10 23 43	ö	0 41 35	− 7
Oftersheim	D	49 21 51	8 36 09	ö	0 34 25	− 6
Ogestad	S	57 52 58	16 10 00	ö	1 04 40	−11
Oggersheim	D	49 29 21	8 22 23	ö	0 33 30	− 6
Ohlau	D	50 56 39	17 17 53	ö	1 09 12	−11
Ohligs	D	51 10 20	7 01 58	ö	0 28 08	− 5
Ohlstadt	D	47 38 09	11 13 49	ö	0 44 55	− 7
Ohrid	YU	42 07 55	20 47 58	ö	1 23 12	−14
Ojebyn	S	65 20 55	21 23 57	ö	1 25 36	−14
Ölandsmandde	S	57 21 55	17 05 59	ö	1 08 24	−11
Olbernhau	D	50 40 16	13 20 20	ö	0 53 21	− 9
Olberode	D	50 51 57	9 21 21	ö	0 37 25	− 6
Olbersdorf	D	50 52 58	14 46 33	ö	0 59 06	−10
Olching	D	48 10 00	11 20 00	ö	0 45 20	− 7
Oldenburg/Holst.	D	54 17 36	10 52 37	ö	0 43 30	− 7
Oldenburg/Old.	D	53 08 21	8 13 03	ö	0 32 52	− 5
Oldenbüttel	D	53 16 36	8 47 40	ö	0 35 11	− 6
Oldenstadt	D	52 59 06	10 35 06	ö	0 42 20	− 7
Oldersum	D	53 19 29	7 21 26	ö	0 29 26	− 5
Oldesloe	D	53 48 36	10 22 38	ö	0 41 31	− 7
Oldham	GB	53 31 55	2 06 58	w	0 08 28	+ 1
Oldisleben	D	51 18 55	11 10 20	ö	0 44 41	− 7
Oldorf	D	53 37 58	7 55 55	ö	0 31 44	− 5
Olekminsk	SU	60 21 55	120 39 15	ö	8 02 37	−80
Olgiate Comaseo	I	45 45 57	8 55 48	ö	0 35 43	− 6
Oliva	D	54 25 00	18 30 00	ö	1 14 00	−12
Olmütz = Cloumuc	CS	49 35 43	17 16 58	ö	1 09 08	−11
Olonetz	SU	60 58 55	32 47 15	ö	2 11 09	−22
Olonne	F	46 29 54	1 46 51	w	0 07 07	+ 1
Oloron	F	43 11 31	0 36 25	w	0 02 26	+ 0
Olpe	D	51 01 57	7 50 35	ö	0 31 32	− 5
Olten	CH	47 20 56	7 53 57	ö	0 31 36	− 5
Oltra	I	45 35 00	13 45 00	ö	0 55 00	− 9
Omagh	IRL	54 33 55	7 15 00	w	0 29 00	+ 5
Omsk	SU	54 58 36	73 17 30	ö	4 53 10	−48
Onega	SU	63 53 36	38 09 09	ö	2 32 37	−25
Oneglia	I	43 53 14	8 02 15	ö	0 32 09	− 5
Opava	CS	49 56 58	17 53 57	ö	1 11 36	−12
Opmünden	D	51 33 48	8 09 12	ö	0 32 37	− 5
Opocno	CS	50 15 55	16 06 56	ö	1 04 28	−11
Oppeln	D	50 40 10	17 55 30	ö	1 11 42	−12

Ort	Land	Breite ° ′ ″	Länge ° ′ ″	ö w	Zeitunter. h m s	SZK
Oppenau	D	48 29 01	8 09 50	ö	0 32 39	− 5
Oppenheim	D	49 50 58	8 20 59	ö	0 33 24	− 5
Oppenweiler	D	48 59 52	9 27 03	ö	0 37 48	− 6
Oppingen	D	48 32 52	9 49 22	ö	0 39 17	− 6
Oppurg	D	50 42 46	11 38 39	ö	0 46 35	− 8
Opladen	D	51 04 00	7 00 00	ö	0 28 00	− 4
Oradea	R	47 02 55	21 55 00	ö	1 27 40	−14
Orange	F	44 08 18	4 48 30	ö	0 19 14	− 3
Oranienbaum	D	51 48 15	12 22 23	ö	0 49 30	− 8
Oranienburg	D	52 45 19	13 04 00	ö	0 52 56	− 8
Orvicza = Oravita	R	45 01 55	21 38 00	ö	1 17 36	−13
Orb	D	50 14 21	9 20 45	ö	0 37 23	− 6
Orbetello	I	42 25 30	11 14 27	ö	0 44 58	− 7
Ordino	AND	42 33 55	1 30 59	ö	0 06 04	− 1
Örebro	S	59 15 55	15 12 57	ö	1 00 52	−10
Öregrund	S	60 20 30	18 26 27	ö	1 13 46	−12
Orel	SU	52 56 55	36 05 00	ö	2 24 20	−24
Orenburg = Chkalov	SU	51 45 55	55 06 00	ö	3 40 24	−38
Orensa	E	42 20 00	7 51 58	w	0 31 28	+ 5
Orford	GB	52 05 00	1 34 15	ö	0 06 17	− 1
Oria	I	40 30 00	17 39 48	ö	1 10 39	−12
Oristano	I	51 45 55	57 27 15	ö	3 49 49	−38
Orivesi	SF	61 40 55	24 21 57	ö	1 37 28	−16
Orlamünde	D	50 46 57	11 33 03	ö	0 46 12	− 8
Orléans	F	47 59 10	1 54 35	ö	0 07 38	− 1
Orlowen	D	54 03 30	22 10 12	ö	1 28 41	−15
Ormkirk	GB	53 33 55	2 53 57	w	0 11 36	+ 2
Oropesa	E	40 04 53	0 08 56	ö	0 00 36	− 0
Oropa	I	45 37 58	7 58 59	ö	0 31 56	− 5
Orsk	SU	51 12 29	58 33 21	ö	3 54 13	−38
Orsova	R	44 42 55	22 22 55	ö	1 29 32	−15
Orsoy	D	51 01 15	6 41 40	ö	0 26 47	− 4
Ortakivi = Ivailograd	BG	41 32 55	26 06 56	ö	1 44 28	−17
Ortelsburg	D	53 33 55	21 00 00	ö	1 24 00	−14
Ortenburg	D	48 32 33	13 13 33	ö	0 52 54	− 9
Orth	A	48 08 58	16 41 57	ö	1 06 48	−11
Orthez	F	43 49 25	0 46 33	w	0 03 06	+ 1
Ortrand	D	51 22 40	13 37 58	ö	0 54 32	− 9
Orughety	SU	41 55 00	42 00 10	ö	2 48 01	−28
Oschatz	D	51 16 57	13 06 30	ö	0 52 26	− 9
Oschersleben	D	52 01 39	11 14 45	ö	0 44 59	− 7
Osh	SU	40 31 55	72 47 57	ö	4 51 12	−18
Osijek	YU	45 32 55	18 41 59	ö	1 14 48	−12

Ort	Land	Breite ° ′ ″	Länge ° ′ ″	ö w	Zeitunter. h m s	SZK
Osimo	I	43 29 07	13 29 58	ö	0 54 00	− 9
Oskarsham	S	57 15 55	16 25 57	ö	1 05 44	−11
Oslo	N	59 54 44	10 43 23	ö	0 42 54	− 7
Osman Bazar	BG	43 06 19	26 25 15	ö	1 45 41	−17
Osmussaar	SU	59 19 30	23 18 57	ö	1 33 16	−15
Osnabrück	D	52 16 44	8 02 44	ö	0 32 11	− 5
Ospedaletto	I	44 17 55	10 20 48	ö	0 41 23	− 7
Ossero	I	44 41 27	10 05 00	ö	0 56 20	− 9
Ossig	D	51 01 00	16 33 00	ö	1 06 12	−11
Ostachkow	SU	57 09 40	33 06 36	ö	2 12 26	−22
Ostende	B	51 13 47	2 55 09	ö	0 11 41	− 2
Osterburg	D	52 47 56	11 45 00	ö	0 47 00	− 8
Osterburken	D	49 25 55	9 25 57	ö	0 37 44	− 6
Ostercappeln	D	52 20 06	8 10 00	ö	0 32 40	− 5
Osterfeld/Rhprov.	D	51 30 58	6 54 49	ö	0 27 39	− 5
Osterfeld/Thür.	D	51 04 47	11 55 52	ö	0 47 43	− 8
Osternburg	D	53 07 20	8 13 39	ö	0 32 55	− 5
Osterode/Harz	D	51 43 45	10 15 13	ö	0 41 01	− 7
Osterode/Opr.	D	53 42 15	19 57 57	ö	1 19 52	−13
Osterwieck	D	51 58 03	10 42 54	ö	0 42 52	− 7
Östersund	S	63 10 55	14 38 58	ö	0 58 36	−10
Östhammer	S	60 14 30	18 23 27	ö	1 13 34	−12
Ostheim	D	50 27 45	10 14 14	ö	0 40 57	− 7
Osthofen	D	49 42 00	8 19 00	ö	0 33 16	− 5
Ostiano	I	45 12 57	10 15 48	ö	0 41 03	− 7
Ostritz	D	51 01 07	14 55 52	ö	0 59 43	−10
Ostrowo	PL	51 39 07	17 49 13	ö	1 11 17	−12
Oswiecim = Auschwitz	PL	50 02 00	19 14 00	ö	1 16 56	−13
Otranto	I	40 09 18	18 29 15	ö	1 13 57	−12
Otschokow	SU	46 36 31	31 33 30	ö	2 06 14	−21
Ottendorf	D	50 55 00	12 57 30	ö	0 51 50	− 9
Otterberg	D	49 30 10	7 46 43	ö	0 31 07	− 5
Otterfing	D	47 54 47	11 40 30	ö	0 46 42	− 8
Otterndorf	D	53 48 35	8 54 33	ö	0 35 38	− 6
Ottersberg	D	53 07 10	9 08 00	ö	0 36 32	− 6
Ottmachau	D	50 28 00	17 11 00	ö	1 08 44	−11
Ottobeuren	D	47 56 00	10 18 00	ö	0 41 12	− 7
Ottweiler	D	49 24 08	7 09 50	ö	0 28 39	− 5
Oucesant	F	48 28 06	5 03 09	w	0 20 13	+ 3
Oudenbosch	NL	51 35 56	4 30 58	ö	0 18 04	− 3
Oufa	SU	54 43 02	55 56 27	ö	3 43 46	−37
Oulu	SF	65 09 52	25 28 19	ö	1 41 53	−17
Overath	D	50 56 00	7 17 00	ö	0 29 08	− 5

Ort	Land	Breite ° ′ ″	Länge ° ′ ″	ö w	Zeitunter. h m s	SZK
Över Tornea	S	66 22 55	23 40 00	ö	1 34 40	−16
Oviedo	E	43 22 57	5 51 45	w	0 23 27	+ 4
Ovre-Gränsö	S	58 21 00	16 49 00	ö	1 07 16	−11
Oxford	GB	51 45 34	1 15 06	w	0 05 01	+ 1
Oxsjö	S	64 47 00	16 46 00	ö	1 07 04	−11
Oyrot	SU	51 58 00	85 27 00	ö	5 41 48	−56
Ozydow	PL	49 42 00	24 52 00	ö	1 39 28	−16
Paasmené	SU	56 06 45	24 30 15	ö	1 38 01	−16
Paavola	SF	64 40 00	25 08 00	ö	1 40 32	−17
Padasjoki	SF	61 20 00	25 20 00	ö	1 41 20	−17
Paderborn	D	51 43 13	8 45 23	ö	0 35 01	− 6
Padstow	GB	50 30 00	4 59 00	w	0 19 56	+ 3
Padua = Padova	I	45 24 01	11 56 48	ö	0 47 47	− 8
Padura	I	37 43 00	14 01 48	ö	0 56 07	− 9
Paimboeuf	F	47 17 12	2 01 33	w	0 08 06	+ 1
Paimio	SF	60 27 00	22 43 00	ö	1 30 52	−15
Painten	D	48 59 30	11 47 30	ö	0 47 10	− 8
Paisley	GB	55 50 44	4 25 49	w	0 17 43	+ 3
Palagnana	I	43 58 59	10 23 46	ö	0 41 35	− 7
Palamos	E	41 51 12	3 04 57	ö	0 12 12	− 2
Palana	SU	59 09 00	100 01 00	ö	6 40 04	−66
Palanzo	I	45 52 00	9 04 48	ö	0 36 19	− 6
Paldiski	SU	59 21 00	14 04 00	ö	1 36 16	−16
Palencia	E	42 01 00	4 32 00	w	0 18 08	+ 3
Palermo	I	38 06 44	13 20 45	ö	0 53 23	− 9
Palestrina	I	41 50 00	12 54 00	ö	0 51 36	− 8
Palisse	F	46 14 58	3 38 21	ö	0 14 33	− 2
Palma	E	39 34 00	2 39 00	ö	0 10 36	− 2
Palmanova	I	45 54 05	13 18 32	ö	0 53 14	− 9
Palos	E	37 08 00	6 08 00	w	0 24 32	+ 4
Pamiers	F	43 06 53	1 36 31	ö	0 06 26	− 1
Pamirski Post	SU	38 11 00	74 02 00	ö	4 56 08	−49
Pammin	D	53 13 00	15 30 00	ö	1 02 00	−10
Pamplona	E	42 49 57	1 41 15	w	0 06 45	+ 1
Pancevo	YU	44 52 00	20 40 00	ö	1 22 40	−14
Panemunedis	SU	55 53 20	25 27 50	ö	1 41 51	−17
Panemunis	SU	56 04 27	25 10 05	ö	1 40 40	−17
Panevezys	SU	55 42 50	24 24 30	ö	1 37 38	−16
Panningkau	D	51 48 54	12 36 36	ö	0 50 26	− 8
Papa	H	47 20 00	17 29 00	ö	1 09 56	−11
Papenburg	D	53 04 33	7 26 34	ö	0 29 46	− 5
Papenhagen	D	54 04 10	15 26 06	ö	1 01 44	−10

Ort	Land	Breite ° ′ ″	Länge ° ′ ″	ö w	Zeitunter. h m s	SZK
Pappenheim	D	48 55 26	10 58 31	ö	0 43 54	− 7
Paprotsch	PL	52 17 00	16 08 00	ö	1 04 32	−11
Paravisa	I	44 48 04	9 01 48	ö	0 36 07	− 6
Parchim	D	53 25 40	11 50 50	ö	0 47 24	− 8
Pardubitz = Pardubice	CS	50 03 00	15 46 00	ö	1 03 04	−10
Parga	E	43 07 30	7 44 30	w	0 30 58	+ 5
Pargas	SF	60 20 00	22 12 00	ö	1 28 48	−15
Paris	F	48 50 49	2 20 15	ö	0 09 21	− 2
Parkano	SF	62 11 00	23 05 00	ö	1 32 20	−15
Parma	I	44 48 15	10 18 45	ö	0 41 15	− 7
Parsberg	D	49 09 47	11 43 17	ö	0 46 53	− 8
Parthenay	F	46 38 49	0 14 59	w	0 01 00	+ 0
Pasajes	E	43 19 30	1 55 45	w	0 07 43	+ 1
Pasewalk	D	53 30 15	13 59 31	ö	0 55 58	− 9
Pasing	D	48 08 10	11 27 38	ö	0 45 51	− 8
Passau	D	48 34 27	13 28 08	ö	0 53 52	− 9
Passenheim	D	53 39 08	20 48 14	ö	1 23 15	−14
Patmos	GR	36 19 00	26 33 00	ö	1 46 12	−17
Patras	GR	38 14 32	21 44 40	ö	1 26 59	−14
Patschkau	D	50 27 51	17 00 34	ö	1 08 02	−11
Pau	F	43 17 44	0 22 38	w	0 01 31	+ 0
Paullo	I	45 25 00	9 25 50	ö	0 37 43	− 6
Pausa	D	50 35 00	11 59 14	ö	0 47 57	− 8
Pavia	I	45 11 06	9 08 48	ö	0 36 35	− 6
Pavullo nel Frignano	I	44 20 00	10 50 00	ö	0 43 20	− 7
Pawigl	I	46 38 00	11 06 00	ö	0 44 24	− 7
Pawlodar	SU	52 18 00	77 00 00	ö	5 08 00	−51
Pazardjik	BG	42 11 00	24 19 00	ö	1 37 16	−16
Peebles	GB	55 38 55	3 10 55	w	0 12 44	+ 2
Pecs = Fünfkirchen	H	46 04 36	18 13 57	ö	1 12 56	−10
Peeskau	SU	57 49 14	25 59 43	ö	1 43 59	−17
Pegau	D	51 10 13	12 15 30	ö	0 49 02	− 8
Pegnitz	D	49 46 40	11 30 15	ö	0 46 01	− 8
Peine	D	52 19 45	10 13 40	ö	0 40 55	− 7
Peiskretscham	D	50 23 56	18 37 45	ö	1 14 31	−12
Peissenberg	D	47 47 45	11 04 17	ö	0 44 17	− 7
Peitschendorf	D	53 45 00	21 20 42	ö	1 25 23	−14
Peitz	D	51 51 23	14 24 44	ö	0 57 39	− 9
Pejo	I	46 21 55	10 40 00	ö	0 42 40	− 7
Pekinje	AL	41 05 00	19 45 00	ö	1 19 00	−13
Pello	SF	66 48 16	23 58 30	ö	1 35 54	−16
Pembroke	GB	51 40 00	4 51 58	w	0 19 28	+ 3
Penafiel	P	41 11 55	8 16 57	w	0 33 08	+ 5

Ort	Land	Breite ° ′ ″	Länge ° ′ ″	ö w	Zeitunter. h m s	SZK
Penckowo	PL	52 39 48	16 28 36	ö	1 05 54	−11
Pendjekent	SU	39 37 05	67 43 15	ö	4 45 53	−47
Peniche	P	39 21 48	14 05 21	w	0 56 21	+ 9
Penig	D	50 55 57	12 42 25	ö	0 50 50	− 8
Peniscola	E	40 22 55	0 27 38	ö	0 01 51	− 0
Penkun	D	53 17 56	14 13 56	ö	0 56 56	− 9
Pennabilli	I	49 48 57	12 17 48	ö	0 49 11	− 8
Penting	D	49 19 34	12 22 08	ö	0 49 29	− 8
Penza	SU	53 10 55	45 01 15	ö	3 00 05	−30
Penzance	GB	50 05 55	5 30 00	w	0 22 00	+ 4
Penzberg	D	47 45 30	11 23 20	ö	0 45 33	− 7
Penzig	D	51 15 10	15 02 51	ö	1 00 11	−10
Perach	D	48 16 18	12 45 58	ö	0 51 04	− 8
Perekop	SU	46 09 38	33 41 51	ö	2 14 47	−22
Pereslavl-Zalesskiy	SU	56 43 55	38 51 58	ö	2 35 28	−25
Perpignan	F	42 42 02	2 53 48	ö	0 11 35	− 2
Perigueux	F	45 11 04	0 43 21	ö	0 02 53	− 0
Perinaldo	I	43 52 04	7 39 27	ö	0 30 38	− 5
Perle	L	49 47 58	5 45 20	ö	0 23 01	− 4
Perleberg	D	53 04 42	11 51 47	ö	0 47 26	− 8
Perm = Molotow	SU	58 00 42	56 16 15	ö	3 45 05	−37
Pernau	SU	58 24 30	24 30 15	ö	1 38 01	−16
Peronne	F	49 55 47	2 56 10	ö	0 11 45	− 2
Perovsk	SU	44 50 46	65 31 55	ö	4 22 08	−43
Pershore	GB	52 06 57	2 04 30	w	0 08 18	+ 1
Perth	GB	56 23 58	3 28 57	w	0 13 56	+ 2
Perugia	I	43 06 55	12 22 45	ö	0 49 31	− 8
Perwez	B	50 36 56	4 47 30	ö	0 19 10	− 3
Pesaro	I	43 55 19	12 52 48	ö	0 51 31	− 8
Pescara	I	42 27 58	14 12 57	ö	0 56 52	− 9
Peschiera	I	45 26 06	10 41 26	ö	0 42 46	− 7
Pescia	I	43 53 57	10 41 58	ö	0 42 48	− 7
Pétange	L	49 33 45	5 52 05	ö	0 23 28	− 4
Peterborough	GB	52 35 55	0 16 30	w	0 01 06	+ 0
Peterhead	GB	57 30 00	1 45 58	w	0 07 04	+ 1
Petersdorf/Riesengeb.	D	50 50 33	15 36 06	ö	1 02 24	−10
Petershagen	D	52 22 35	8 58 10	ö	0 35 53	− 6
Petershof	D	53 46 54	20 31 54	ö	1 22 08	−13
Peterswald	I	46 52 58	11 41 57	ö	0 46 48	− 8
Peterswaldau	D	50 42 45	16 35 05	ö	1 06 20	−11
Peterwarad	YU	45 15 16	19 51 59	ö	1 19 28	−13
Petro-Alexandrowsk = Turkul	SU	41 27 23	61 05 50	ö	4 04 23	−40
Petrovorets	SU	59 52 58	29 53 57	ö	1 59 36	−20

Ort	Land	Breite ° ′ ″	Länge ° ′ ″	ö w	Zeitunter. h m s	SZK
Petrogrado = Leningrad	SU	59 55 00	30 15 00	ö	2 01 13	−20
Petrokrepost	SU	59 56 55	31 02 57	ö	2 04 12	−20
Petropawlowsk	SU	54 52 23	69 06 32	ö	4 36 26	−45
Petropawlowsk-Kamtschatskij	SU	53 00 58	158 43 25	ö	10 34 54	-104
Petrosawodsk	SU	61 47 17	34 23 45	ö	2 17 35	−23
Petrovgrad	YU	45 22 55	20 21 59	ö	1 21 28	−13
Petrowsk	SU	51 16 55	108 50 57	ö	7 15 24	−72
Petrowskaie	SU	55 50 00	37 33 15	ö	2 30 13	−25
Petsamo	SF	69 32 55	31 15 00	ö	2 05 00	−21
Petworth	GB	50 58 59	0 36 15	w	0 02 25	+ 0
Pevensey	GB	50 49 12	0 20 24	ö	0 01 22	− 0
Pfäfers	CH	46 57 58	9 28 57	ö	0 37 56	− 6
Pfaffenhofen	D	48 31 55	11 30 00	ö	0 46 00	− 8
Pfarrkirchen	D	48 23 57	12 55 00	ö	0 51 40	− 8
Pfelling	D	48 52 58	12 45 00	ö	0 51 00	− 8
Pforta	D	51 08 36	11 45 17	ö	0 47 01	− 8
Pforzheim	D	48 53 30	8 42 20	ö	0 34 49	− 6
Pfronten	D	47 35 45	10 34 03	ö	0 42 16	− 7
Pfullendorf	D	47 55 32	9 15 30	ö	0 37 02	− 6
Pfullingen	D	48 27 33	9 13 58	ö	0 36 56	− 6
Pfungstadt	D	49 47 56	8 35 57	ö	0 34 24	− 6
Philippopel = Plovdir	BG	42 08 54	24 45 00	ö	1 39 00	−16
Philippsburg	D	49 14 01	8 26 45	ö	0 33 47	6
Piacenza	I	45 02 56	9 42 48	ö	0 38 51	− 6
Piandelagotti	I	44 12 58	10 33 46	ö	0 42 15	− 7
Piano di Sorento	I	40 37 56	14 25 57	ö	0 57 44	− 9
Piccolo S. Bernardo	I	45 40 00	6 55 57	ö	0 27 44	− 5
Picerno	I	40 37 58	15 37 59	ö	1 02 32	−10
Pielavesi	SF	63 13 55	26 45 00	ö	1 47 00	−18
Pieliljärvi	SF	63 18 55	30 07 58	ö	2 00 32	−20
Pienza	I	43 03 57	11 40 58	ö	0 46 44	− 8
Piestany = Postyan	CS	48 36 57	17 50 00	ö	1 11 20	−12
Piesting	A	47 52 58	16 06 56	ö	1 04 28	−11
Pieve nel Cairolt	I	45 02 57	8 46 45	ö	0 35 07	− 6
Pieve pelago	I	44 12 56	10 35 48	ö	0 42 23	− 7
Pihtipudas	SF	63 17 55	25 36 58	ö	1 42 28	−17
Pilatus-Kulm	CH	46 58 57	8 15 59	ö	0 23 04	− 5
Pillau	D	54 38 23	19 53 45	ö	1 19 35	−13
Pillkallen	D	54 46 34	22 30 25	ö	1 30 02	−15
Pillupönen	D	54 30 00	22 52 30	ö	1 31 30	−15
Pilsen = Plzen	CS	49 44 55	13 22 47	ö	0 53 51	− 9
Pinneberg	D	53 39 34	9 48 50	ö	0 39 15	− 6
Pinsk	SU	52 08 57	26 06 56	ö	1 44 28	−17

Ort	Land	Breite ° ′ ″	Länge ° ′ ″	ö w	Zeitunter. h m s	SZK
Piola	I	44 20 00	10 22 48	ö	0 41 31	− 7
Piombino	I	42 53 58	10 22 59	ö	0 41 32	− 7
Piotrkow	PL	51 18 55	19 42 15	ö	1 18 49	−13
Pirach	D	48 08 56	12 45 58	ö	0 51 04	− 8
Piraios	GR	37 56 49	23 38 50	ö	1 34 35	−16
Pirmasens	D	49 11 50	7 37 57	ö	0 30 32	− 5
Pirna	D	50 57 50	13 56 20	ö	0 55 45	− 9
Pirttikylä	SF	62 42 55	21 36 58	ö	1 26 28	−14
Pisa	I	43 42 57	10 23 58	ö	0 41 36	− 7
Pisek	CS	49 18 58	14 08 58	ö	0 56 36	− 9
Pisino	I	45 13 59	13 55 58	ö	0 55 44	− 9
Piskent	SU	40 52 55	69 20 15	ö	4 37 21	−46
Pistoia	I	43 55 58	10 53 57	ö	0 43 36	− 7
Pitea	S	65 18 55	21 28 58	ö	1 25 56	−14
Pithiviers	F	48 10 28	′2 20 06	ö	0 09 20	− 2
Pitigliano	I	42 37 48	11 42 46	ö	0 46 51	− 8
Pitlekai	SU	67 04 49	175 43 17	ö	11 42 53	-115
Pitschen	D	51 06 51	18 06 58	ö	1 12 28	−12
Plaaz	D	53 50 33	12 21 14	ö	0 49 25	− 8
Planitz	D	50 41 45	12 28 27	ö	0 49 54	− 8
Plataea	GR	38 13 10	23 16 35	ö	1 33 06	−15
Platta Medels	CH	46 38 57	8 50 58	ö	0 35 24	− 6
Plattling	D	48 46 07	12 52 53	ö	0 51 32	− 8
Plau	D	53 27 43	12 16 04	ö	0 49 04	− 8
Plaue	D	52 24 35	12 25 10	ö	0 49 41	− 8
Plauen	D	50 29 30	12 07 50	ö	0 48 31	− 8
Plettenberg	D	51 12 47	7 52 45	ö	0 31 31	− 5
Plewna = Plewen	BG	43 24 34	24 36 58	ö	1 38 28	−16
Plieningen	D	48 42 08	9 12 49	ö	0 36 51	− 6
Plochingen	D	48 43 04	9 25 24	ö	0 37 42	− 6
Plock	PL	52 32 55	19 42 45	ö	1 18 51	−13
Ploermel	F	47 55 57	2 28 54	w	0 09 56	+ 2
Ploiesti	R	44 56 55	26 01 58	ö	1 44 08	−17
Plön	D	54 09 30	10 24 54	ö	0 41 40	− 7
Plönzig	D	53 06 15	15 06 26	ö	1 00 25	−10
Plossig	D	51 41 45	12 55 50	ö	0 51 43	− 9
Pluwig	D	49 41 30	6 40 30	ö	0 26 42	− 4
Plymouth	GB	50 21 55	4 09 45	w	0 16 39	+ 3
Pobenhausen	D	48 41 51	11 21 58	ö	0 45 28	− 7
Pocking	D	48 20 33	13 19 21	ö	0 53 17	− 9
Podgoczyn	PL	52 49 36	17 45 30	ö	1 11 02	−12
Podmokly	CS	50 45 57	14 12 58	ö	0 56 52	− 9
Podsamtsche	PL	51 18 42	18 07 48	ö	1 12 39	−12

Ort	Land	Breite ° ′ ″	Länge ° ′ ″	ö w	Zeitunter. h m s	SZK
Poggio Mirteto	I	42 15 57	12 16 48	ö	0 49 07	− 8
Pogradec	AL	40 55 00	20 42 30	ö	1 22 50	−14
Pohja	SF	60 05 00	23 38 57	ö	1 24 36	−16
Poitiers	F	46 34 55	0 20 24	ö	0 01 22	− 0
Pola	I	44 51 48	13 50 48	ö	0 55 23	− 9
Polch	D	50 17 52	7 18 30	ö	0 29 14	− 5
Poligny	F	46 15 16	5 42 42	ö	0 22 51	− 4
Polkwitz	D	51 30 05	16 04 39	ö	1 04 15	−11
Pollanten	D	49 08 09	11 26 34	ö	0 45 46	− 8
Pöllau	A	47 17 57	15 50 00	ö	1 03 20	−10
Pollnitz	D	53 45 00	17 23 34	ö	1 09 36	−11
Pollnow	D	54 07 10	16 41 30	ö	1 06 46	−11
Polozk = Polotsk	SU	55 29 25	28 45 15	ö	1 55 01	−19
Pöls	A	47 12 55	14 35 00	ö	0 58 20	−10
Poltawa	SU	49 34 58	34 34 22	ö	2 18 17	−23
Polvijärvi	SF	62 50 55	29 20 00	ö	1 57 20	−19
Polwitz	D	50 54 44	17 10 56	ö	1 08 44	−11
Polygyros	GR	40 27 58	23 25 57	ö	1 33 44	−15
Polzin	D	53 45 58	16 06 15	ö	1 04 25	−11
Pombal	P	39 55 00	8 37 58	w	0 34 32	+ 6
Ponoi	SU	67 04 36	43 29 30	ö	2 53 58	−29
Pont-Audemer	F	49 21 21	0 30 57	ö	0 02 04	− 0
Pontarlier	F	46 54 09	6 21 29	ö	0 01 26	− 0
Ponte Campovasta	CH	46 34 30	9 56 15	ö	0 39 45	− 7
Pontedera	I	43 39 00	10 40 30	ö	0 42 42	− 7
Pontevedra	E	42 23 40	8 40 50	w	0 34 43	+ 6
Pontivy	F	48 04 05	2 57 59	w	0 11 52	+ 2
Pont l'Evéque	F	49 17 14	0 11 06	ö	0 00 44	− 0
Pontoise	F	49 03 05	2 34 38	ö	0 10 19	− 2
Pontresina	CH	46 30 00	9 54 00	ö	0 39 36	− 7
Pontypridd	GB	51 35 00	3 21 00	w	0 13 24	+ 2
Ponzrol	I	40 50 00	13 55 00	ö	0 55 40	− 9
Poolle	GB	50 43 00	1 59 00	w	0 07 57	+ 1
Poperinghe	B	50 51 10	2 53 20	ö	0 11 33	− 2
Poppelsdorf	D	50 44 00	7 05 00	ö	0 28 20	− 5
Poppenhausen	D	50 06 42	10 09 09	ö	0 40 37	− 7
Porchester	GB	50 50 00	1 06 30	w	0 04 26	+ 1
Pordenone	I	45 57 00	12 39 31	ö	0 50 38	− 8
Pori	SF	61 26 00	21 51 00	ö	1 27 24	−14
Porjus	S	66 57 00	19 51 00	ö	1 19 24	−13
Porkkala	SF	59 56 00	24 25 00	ö	1 37 40	−16
Porlezza	I	46 01 00	9 05 50	ö	0 36 22	− 6
Poronin	PL	49 20 00	20 00 00	ö	0 01 20	−13

Ort	Land	Breite ° ′ ″	Länge ° ′ ″	ö w	Zeitunter. h m s	SZK
Poros	GR	37 29 16	21 08 13	ö	1 24 33	−14
Porrentruy	CH	47 25 00	7 04 00	ö	0 28 16	− 5
Portadown	GB	54 25 00	6 27 00	w	0 25 48	+ 4
Portalegre	P	39 18 00	7 27 00	w	0 29 48	+ 5
Port Glasgow	GB	55 56 00	4 41 00	w	0 18 44	+ 3
Portglenone	GB	54 52 00	6 28 00	w	0 25 52	+ 4
Portici	I	40 49 00	14 20 00	ö	0 57 20	− 9
Portland	GB	50 33 54	2 45 49	w	0 09 43	+ 2
Portnahaven	GB	55 41 00	6 35 00	w	0 26 20	+ 4
Porto	I	41 46 42	12 14 27	ö	0 48 58	− 8
Porto	P	41 08 54	8 37 21	w	0 33 41	+ 6
Portobello	GB	55 57 00	3 07 00	w	0 12 28	+ 2
Portoferraio	I	42 48 57	10 20 00	ö	0 41 20	− 5
Porto Lago	GR	37 09 00	26 51 00	ö	1 47 24	−18
Porto Maurizio	I	43 53 00	8 01 15	ö	0 32 05	− 5
Portotorres	I	40 50 00	8 24 48	ö	0 33 39	− 6
Port Patrick	GB	54 50 26	5 06 56	w	0 20 28	+ 3
Portsmouth	GB	50 48 00	1 06 12	w	0 04 25	+ 1
Port Talbot	GB	51 35 00	3 45 00	w	0 15 00	+ 2
Portugalete	E	43 20 10	3 02 48	w	0 12 11	+ 2
Porvoo	SF	60 22 00	25 40 00	ö	1 42 40	−17
Porz		50 53 00	7 04 00	ö	0 28 16	− 4
Posen = Pozan	PL	52 24 36	16 56 11	ö	1 07 45	−11
Pösing	D	49 14 22	12 32 57	ö	0 50 12	− 8
Pößneck	D	50 42 00	11 35 00	ö	0 46 20	− 8
Potenza	I	40 38 00	15 48 00	ö	1 03 12	−10
Poti	SU	42 09 00	41 36 59	ö	2 46 28	−27
Potsdam	D	52 23 52	13 03 46	ö	0 52 15	− 9
Pöyttyä	SF	60 39 00	22 35 00	ö	1 30 20	−15
Pozega	YU	45 21 30	17 42 55	ö	1 10 52	−12
Präbichl	A	47 31 00	14 57 00	ö	0 59 48	−10
Prachatitz	CS	49 00 00	14 00 00	ö	0 56 00	− 9
Prades	F	42 37 07	2 25 24	ö	0 09 42	− 2
Praesto	DK	55 08 00	12 02 00	ö	0 48 08	− 8
Prag = Praha	CS	50 05 16	14 25 04	ö	0 57 40	− 9
Pragelato	I	45 02 00	6 57 00	ö	0 27 48	− 5
Pragersko	YU	46 25 00	15 39 00	ö	1 02 36	−10
Prästkulla	S	57 43 00	14 59 00	ö	0 59 56	−10
Prato	I	43 53 00	11 05 15	ö	0 44 21	− 7
Prats-de-Mollo	F	42 25 15	2 29 30	ö	0 09 58	− 2
Prausnitz	D	51 22 02	16 57 40	ö	1 07 51	−11
Pravadija	BG	43 10 39	27 26 45	ö	1 49 47	−18
Preetz	D	54 15 00	10 17 10	ö	0 41 09	− 7

Ort	Land	Breite ° ′ ″	Länge ° ′ ″	ö w	Zeitunter. h m s	SZK
Prellwitz	D	53 01 55	16 07 00	ö	1 04 28	−11
Premeti	AL	40 13 00	20 20 30	ö	1 21 22	−13
Prenzlau	D	53 19 05	13 51 46	ö	0 55 27	− 9
Prerau = Prerov	CS	49 27 00	17 00 00	ö	1 08 00	−11
Presa Ticino	I	45 40 00	8 48 15	ö	0 35 15	− 6
Presine	I	39 54 00	18 16 48	ö	1 13 07	−12
Presov	CS	49 00 00	21 14 00	ö	1 24 56	−14
Pressburg = Bratislava	CS	48 04 48	17 06 30	ö	1 08 26	−11
Pretzsch	D	51 43 05	12 48 06	ö	0 51 12	− 8
Pretzschendorf	D	50 52 10	13 31 30	ö	0 54 06	− 9
Preußisch-Bärnecke	D	51 52 56	11 27 55	ö	0 45 52	− 8
Pr.-Eylau	D	54 23 02	20 38 42	ö	1 22 41	−14
Pr.-Holland	D	54 03 55	19 39 54	ö	1 18 44	−13
Pr.-Uedem	D	51 40 13	6 16 33	ö	0 25 06	− 4
Prévéza	GR	38 57 05	20 45 00	ö	1 23 00	−14
Pribram	CS	49 42 00	14 00 00	ö	0 56 00	− 9
Pribyslav	CS	49 33 00	15 39 00	ö	1 02 36	−10
Priobisch	PL	51 47 42	16 29 48	ö	1 05 59	−11
Pritzier	D	53 22 15	11 05 00	ö	0 44 20	− 7
Pritzwalk	D	53 09 15	12 10 27	ö	0 48 42	− 8
Privas	F	44 44 11	4 35 41	ö	0 18 23	− 3
Prizren	YU	42 14 00	20 43 00	ö	1 22 52	−14
Probstzella	D	50 31 57	11 23 38	ö	0 45 35	− 7
Projestov = Prossnitz	CS	49 28 00	17 06 00	ö	1 08 24	−11
Prokopiewsk = Prokopievak	SU	53 50 00	86 49 00	ö	5 47 16	−57
Promoisel	D	54 32 36	13 35 48	ö	0 54 23	− 9
Proseken	D	53 54 20	11 22 50	ö	0 45 29	− 7
Proskurow	SU	49 25 00	27 00 00	ö	1 48 00	−18
Prossnitz	CS	49 28 30	17 06 54	ö	1 08 28	−11
Provins	F	48 33 41	3 17 34	ö	0 13 10	− 2
Prschewalsk = Przevalk	SU	42 30 00	78 25 58	ö	5 13 44	−52
Prüm	D	50 12 30	6 25 50	ö	0 25 44	− 4
Przemysl	PL	49 46 00	22 46 00	ö	1 31 04	−15
Pserimos	GR	36 56 00	27 09 00	ö	1 48 36	−18
Pskow	SU	57 50 00	28 20 00	ö	1 53 20	−19
Pudasjärvi	SF	65 08 00	27 52 00	ö	1 51 28	−18
Puget-Théniers	F	43 57 21	6 53 49	ö	0 27 35	− 5
Puka	SU	58 03 15	26 10 55	ö	1 44 44	−17
Pulheim	D	51 00 00	6 47 58	ö	0 27 12	− 4
Pulkowa	SU	59 46 19	30 19 42	ö	2 01 19	−20
Pulsnitz	D	51 10 32	14 00 59	ö	0 56 04	− 9
Punduri	SU	56 55 30	27 45 45	ö	1 51 03	−18
Punkaharju	SF	61 48 00	29 17 00	ö	1 57 08	−19

Ort	Land	Breite ° ′ ″	Länge ° ′ ″	ö w	Zeitunter. h m s	SZK
Puolanka	SF	64 51 00	27 43 00	ö	1 50 52	−18
Purmerend	NL	52 30 36	4 56 55	ö	0 19 46	− 3
Pushkino	SU	56 01 00	37 51 00	ö	2 31 24	−25
Putbus	D	54 21 20	13 28 40	ö	0 53 55	− 9
Püttlingen	D	49 17 17	6 52 37	ö	0 27 30	− 5
Putzkau	D	51 05 55	14 14 44	ö	0 56 59	− 9
Puycerda	E	42 25 59	1 55 33	ö	0 07 42	− 1
Puy-en-Velay	F	45 02 46	3 53 10	ö	0 15 33	− 3
Pyatigorsk	SU	44 01 00	43 05 00	ö	2 52 20	−28
Pyhäjärvi	SF	64 39 00	26 12 00	ö	1 44 48	−17
Pyrbaum	D	49 17 52	11 17 13	ö	0 45 09	− 7
Pyrgos	GR	37 41 00	21 28 00	ö	1 25 52	−14
Pyritz	D	53 08 38	14 53 41	ö	0 59 35	−10
Pyrmont	D	52 00 00	9 15 42	ö	0 37 03	− 6
Pyttis	SF	60 29 00	26 32 00	ö	1 46 08	−17
Quakenbrück	D	52 40 43	7 57 22	ö	0 31 49	− 5
Quaritz	D	51 37 40	15 52 45	ö	1 03 31	−10
Quedlinburg	D	51 47 15	11 08 17	ö	0 44 33	− 7
Queenstown	IRL	51 51 09	8 16 30	w	0 33 06	+ 5
Querfurt	D	51 29 36	11 57 42	ö	0 47 51	− 8
Quierschied	D	49 19 34	7 02 57	ö	0 28 12	− 5
Quiestello	I	45 00 00	10 58 46	ö	0 43 55	− 7
Quilleboeuf	F	49 28 26	0 31 31	ö	0 02 06	− 0
Quimper	F	47 59 47	4 06 11	w	0 16 25	+ 3
Quimperlé	F	47 52 18	3 32 54	w	0 14 12	+ 2
Qujetzo	YU	43 42 00	22 68 15	ö	1 28 33	−15
Raab = Gyor	H	47 41 46	17 38 59	ö	1 10 36	−12
Raahe	SF	64 41 00	24 28 00	ö	1 37 52	−16
Raahede	DK	55 16 36	8 43 18	ö	0 34 53	− 6
Rabenau	D	50 57 43	13 39 10	ö	0 54 37	− 9
Rabenkirchen	D	54 38 48	9 50 33	ö	0 39 22	− 6
Rabka	PL	49 37 00	19 58 00	ö	1 19 52	−13
Rachelshof	D	53 46 55	18 57 21	ö	1 15 49	−12
Rackwitz	D	51 27 23	12 22 45	ö	0 49 31	− 8
Radbruch	D	53 19 04	10 16 36	ö	0 41 06	− 7
Raddusa	I	37 28 00	14 33 48	ö	0 58 15	−10
Rade	D	53 15 49	8 31 36	ö	0 34 06	− 6
Radeberg	D	51 07 20	13 55 20	ö	0 55 41	− 9
Radebeul	D	51 06 25	13 40 20	ö	0 54 41	− 7

Ort	Land	Breite ° ′ ″	Länge ° ′ ″	ö w	Zeitunter. h m s	SZK
Radeburg	D	51 14 03	13 43 11	ö	0 44 53	− 7
Radenthein	A	49 37 00	19 58 00	ö	1 19 52	−13
Radevormwald	D	51 12 20	7 21 58	ö	0 29 28	− 5
Radkersburg	A	46 42 00	16 00 00	ö	1 04 00	−11
Radldorf	D	48 51 04	12 26 37	ö	0 49 46	− 8
Radlin	PL	52 01 06	17 30 08	ö	1 10 01	−12
Radmannsdorf	YU	46 20 00	14 10 00	ö	0 56 40	− 9
Radolfzell	D	47 45 00	8 57 37	ö	0 35 50	− 6
Radom	PL	51 24 00	21 08 59	ö	1 24 36	−14
Radomir	BG	42 32 54	22 59 00	ö	1 31 56	−15
Radweg	A	46 41 00	14 08 00	ö	0 56 32	− 9
Ragaz	CH	47 01 00	9 29 45	ö	0 37 59	− 6
Ragnit	D	55 02 15	22 02 27	ö	1 28 10	−15
Raguhn	D	51 42 45	12 16 33	ö	0 49 06	− 8
Ragusa = Dubrovnik	YU	42 39 00	18 06 57	ö	1 12 28	−12
Rahove	BG	43 44 25	23 57 30	ö	1 35 50	−16
Raibl	A	46 26 00	13 34 00	ö	0 54 16	− 9
Raima	SF	61 08 00	21 30 00	ö	1 26 00	−14
Rain	D	48 41 22	10 55 32	ö	0 43 42	− 7
Rain	I	46 57 00	12 04 00	ö	0 48 16	− 8
Rainbach	A	48 34 00	14 29 00	ö	0 57 56	−10
Raisälä	SF	60 57 00	29 49 00	ö	1 59 16	−20
Raisting	D	47 55 03	11 06 12	ö	0 44 25	− 7
Rakvere	SU	59 21 00	24 04 00	ö	1 36 16	−16
Rambouiller	F	48 38 05	0 49 49	ö	0 03 19	− 1
Ramenskoje	SU	55 34 00	38 13 00	ö	2 32 52	−25
Ramiseto	I	40 07 00	18 19 48	ö	1 13 19	−12
Ramsgate	GB	51 19 39	1 25 26	ö	0 05 42	− 1
Ramzova	CS	50 13 45	17 04 15	ö	1 08 17	−11
Randers	DK	56 27 48	10 03 39	ö	0 40 15	− 7
Rann	YU	45 54 00	15 36 00	ö	1 02 24	−10
Rantasalmi	SF	61 59 00	28 15 00	ö	1 53 00	−19
Rapallo	I	44 20 00	9 14 00	ö	0 36 56	− 6
Rappenau	D	49 15 00	9 06 53	ö	0 36 28	− 6
Raseiniai	SU	55 22 20	23 07 45	ö	1 32 31	−15
Rastatt	D	48 51 30	8 12 20	ö	0 32 49	− 5
Rastede	D	53 15 00	8 06 52	ö	0 32 27	− 5
Rastenburg	D	54 04 34	21 22 34	ö	1 25 30	−14
Rastenburgfelde	D	54 06 24	21 21 48	ö	1 25 27	−14
Ratan	S	64 00 00	20 55 00	ö	1 23 40	−14
Rathenow	D	52 36 30	12 20 01	ö	0 49 20	− 8
Rathgar	IRL	53 18 00	6 16 00	w	0 25 04	+ 4
Rathmines	IRL	53 19 00	6 15 00	w	0 25 00	+ 4

Ort	Land	Breite ° ′ ″	Länge ° ′ ″	ö w	Zeitunter. h m s	SZK
Ratibor	D	50 05 40	18 13 10	ö	1 12 53	−12
Ratingen	D	51 17 58	6 51 30	ö	0 27 26	− 5
Rattey	D	53 34 34	13 37 05	ö	0 54 28	− 9
Ratzebuhr	D	53 32 15	16 51 30	ö	1 07 26	−11
Ratzeburg	D	53 42 20	10 46 34	ö	0 43 06	− 7
Raubach	D	50 34 45	7 37 30	ö	0 30 30	− 5
Raubu	SF	60 32 00	30 11 00	ö	2 00 44	−20
Rauenthal	D	50 03 12	8 06 30	ö	0 32 25	− 5
Rauma	SF	61 08 00	21 30 00	ö	1 26 00	−14
Rauschenberg	D	50 52 56	8 55 00	ö	0 35 40	− 6
Rautasalmi	SF	61 59 00	28 15 00	ö	1 53 00	−19
Rautavaara	SF	63 29 00	28 17 00	ö	1 53 08	−19
Ravenna	I	44 25 08	12 12 05	ö	0 48 48	− 8
Ravensburg	D	47 46 58	9 36 50	ö	0 38 27	− 6
Ravolzhausen	D	50 11 30	8 59 15	ö	0 35 57	− 6
Rawa Ruska	PL	50 14 00	23 34 00	ö	1 34 16	−15
Rawitsch	PL	51 36 30	16 52 00	ö	1 04 28	−11
Razgrad	BG	43 32 00	26 31 00	ö	1 46 04	−17
Razzolo	I	44 22 00	10 27 48	ö	0 41 51	− 7
Reading	GB	51 26 00	0 58 00	w	0 03 52	+ 1
Recanati	I	43 24 13	13 32 59	ö	0 54 12	− 9
Reckingen	D	46 28 00	8 14 00	ö	0 32 56	− 5
Recklinghausen	D	51 36 57	7 11 55	ö	0 28 48	− 5
Redange	L	49 45 30	5 53 15	ö	0 23 33	− 4
Redhill	GB	51 14 00	0 10 00	w	0 00 40	+ 0
Redon	F	47 39 05	2 05 04	w	0 08 20	+ 1
Regensburg	D	49 01 10	12 05 58	ö	0 48 24	− 8
Regenstauf	D	49 07 40	12 08 30	ö	0 48 34	− 8
Regenwalde	D	53 46 30	15 24 30	ö	1 01 38	−10
Reggio Calabria	I	38 07 00	15 44 59	ö	1 03 00	−10
Reggio Emilia	I	44 42 00	10 38 01	ö	0 42 32	− 7
Rehau	D	50 13 56	12 01 58	ö	0 48 08	− 8
Rehburg	D	52 28 34	9 14 12	ö	0 36 57	− 6
Rehfelde	D	52 31 36	13 55 00	ö	0 55 40	− 9
Reibl	I	46 26 00	13 34 00	ö	0 54 16	− 9
Reichelsdorf	D	49 22 49	11 01 59	ö	0 44 08	− 7
Reichenau	A	47 41 58	15 50 00	ö	1 03 20	−10
Reichenau	CH	46 48 57	9 24 20	ö	0 35 12	− 6
Reichenbach/Bergstr.	D	49 43 00	8 42 00	ö	0 32 48	− 5
Reichenbach/Oberlausitz	D	51 08 18	14 48 48	ö	0 59 15	−10
Reichenbach/Niederschl.	D	50 43 49	16 39 05	ö	1 06 36	−11
Reichenbach/Vogtl.	D	50 37 50	12 18 59	ö	0 49 16	− 8
Reichenberg = Liderec	CS	50 46 00	15 04 00	ö	1 00 16	−10

Ort	Land	Breite ° ′ ″	Länge ° ′ ″	ö w	Zeitunter. h m s	SZK
Reichenhall	D	47 42 59	12 52 58	ö	0 51 32	− 8
Reichensachsen	D	51 10 12	10 00 12	ö	0 40 01	− 7
Reichenstein	D	50 26 49	16 52 48	ö	1 07 31	−11
Reichersberg	A	48 20 00	13 22 00	ö	0 53 28	− 9
Reichstadt	CS	50 41 00	14 39 00	ö	0 58 36	−10
Reigate	GB	51 14 00	0 12 00	w	0 00 48	+ 0
Reims	F	49 15 15	4 02 04	ö	0 16 08	− 3
Reinerz	D	50 24 00	16 24 00	ö	1 05 36	−11
Reinfeld	D	53 50 06	10 29 00	ö	0 41 56	− 7
Reinickendorf	D	52 34 53	13 20 05	ö	0 53 20	− 9
Reinsfeld	D	49 41 00	6 53 00	ö	0 27 32	− 5
Remich	L	49 32 45	6 22 30	ö	0 25 30	− 4
Remiremont	F	48 00 58	6 35 32	ö	0 26 22	− 4
Remlingen	D	52 06 52	10 41 16	ö	0 42 45	− 7
Remscheid	D	51 11 03	7 11 07	ö	0 28 44	− 5
Remus	CH	46 50 00	10 23 00	ö	0 41 32	− 7
Renaix	B	50 45 00	3 56 00	ö	0 15 44	− 3
Renchen	D	48 35 25	8 01 13	ö	0 32 05	− 5
Rendsburg	D	54 18 25	9 39 58	ö	0 38 40	− 6
Renfrew	GB	55 53 00	4 23 00	w	0 17 32	+ 3
Rengersdorf	D	50 23 18	16 37 38	ö	1 06 31	−11
Rennes	F	48 06 55	1 40 25	w	0 06 42	+ 1
Renningen	D	48 46 17	8 56 08	ö	0 35 45	− 6
Rentwertshausen	D	50 27 08	10 26 26	ö	0 41 46	− 7
Reole	F	44 35 06	0 02 15	w	0 00 09	+ 0
Repelen	D	51 30 00	6 37 45	ö	0 26 31	− 4
Reppen	D	52 20 18	14 49 24	ö	0 59 18	−10
Rethel	F	49 30 44	4 22 03	ö	0 17 28	− 3
Rethimi	GR	35 22 00	24 30 00	ö	1 38 00	−16
Retz	H	48 46 00	15 57 00	ö	1 03 48	−10
Reus	E	41 09 00	1 06 00	ö	0 04 24	− 1
Reutlingen	D	48 29 30	9 12 50	ö	0 36 51	− 6
Reval	SU	59 26 28	24 44 45	ö	1 38 59	−16
Revenow	D	53 56 00	14 49 12	ö	0 59 17	−10
Revonhahbi	SF	64 41 00	25 06 00	ö	1 40 24	−17
Reykjavik	IS	64 09 30	22 00 00	w	1 28 00	+14
Rezekne	SU	56 29 30	27 22 10	ö	1 49 29	−18
Rhayader	GB	52 18 00	5 51 00	w	0 23 24	+ 4
Rhein	D	53 49 00	21 33 15	ö	1 26 13	−14
Rheinbach	D	50 37 38	6 57 06	ö	0 27 48	− 5
Rheinberg	D	51 02 40	6 36 00	ö	0 26 24	− 4
Rheindahlen	D	51 09 00	6 22 00	ö	0 25 28	− 4
Rheine	D	52 16 51	7 26 21	ö	0 29 45	− 5

Ort	Land	Breite ° ′ ″	Länge ° ′ ″	ö w	Zeitunter. h m s	SZK
Rheinfelden	CH	47 33 00	7 47 00	ö	0 31 08	− 5
Rheingönheim	D	49 26 25	8 24 55	ö	0 33 40	− 6
Rheinsberg	D	53 06 04	12 54 06	ö	0 51 36	− 8
Rhens	D	50 16 36	7 36 00	ö	0 30 24	− 5
Rheydt	D	51 10 17	6 27 23	ö	0 25 50	− 4
Rho	I	45 32 00	9 03 48	ö	0 36 15	− 6
Rhodos	GR	36 27 00	28 16 00	ö	1 53 04	−19
Rhonda	GB	51 39 00	3 31 00	w	0 14 04	+ 2
Riazan =Tyazan	SU	54 38 07	39 44 53	ö	2 39 00	−26
Ribadeo	E	43 33 00	7 02 00	w	0 28 08	+ 5
Ribe Dä	DK	55 20 00	8 46 00	ö	0 35 04	− 6
Ribérac	F	45 15 13	0 19 16	ö	0 01 17	− 0
Ribnik	CS	49 46 00	17 12 00	ö	1 08 48	−11
Ribnitz	D	54 14 42	12 26 00	ö	0 49 44	− 8
Richmond	GB	51 28 00	0 18 30	w	0 01 14	+ 0
Rickling	D	54 00 00	10 10 05	ö	0 40 40	− 7
Ried	A	48 13 00	13 30 00	ö	0 54 00	− 9
Riedenburg	D	48 57 33	11 41 19	ö	0 46 45	− 8
Riedlingen	D	48 09 47	9 28 33	ö	0 37 54	− 6
Riegersdorf	PL	49 52 00	18 53 00	ö	1 15 32	−12
Rieneck	D	50 06 04	9 39 00	ö	0 38 36	− 6
Riesa	D	51 19 00	13 18 00	ö	0 53 12	− 9
Rieschweiler	D	49 15 00	7 30 00	ö	0 30 00	− 5
Riesenburg	D	53 45 00	19 12 00	ö	1 16 48	−13
Riestedt	D	51 29 20	11 22 00	ö	0 45 28	− 7
Rietberg	D	51 48 30	8 25 20	ö	0 33 41	− 6
Rieti	I	42 24 00	12 51 00	ö	0 51 24	− 8
Riga	SU	56 57 07	24 07 02	ö	1 36 28	−16
Rigas Jurmala	SU	56 58 00	23 46 00	ö	1 35 04	−16
Rigi-Kulm	CH	47 03 00	8 30 00	ö	0 34 00	− 6
Riimaki	SF	60 44 00	24 46 00	ö	1 39 04	−16
Rijeka = Fiume	YU	45 20 00	14 26 57	ö	0 57 48	−10
Riksgränsen	S	68 25 00	18 07 00	ö	1 12 28	−12
Rimaszombat	H	48 23 00	20 02 00	ö	1 20 08	−13
Rimini	I	44 07 00	12 38 48	ö	0 50 35	− 8
Ringkjobing	DK	56 05 00	8 15 00	ö	0 33 00	− 5
Ringleben	D	51 06 12	10 56 22	ö	0 43 45	− 7
Rinteln	D	52 11 25	9 05 08	ö	0 36 21	− 6
Riom	F	45 53 39	3 06 46	ö	0 12 27	− 2
Ripatransone	I	42 59 51	11 25 27	ö	0 45 42	− 8
Ripon	GB	54 09 00	1 32 00	w	0 06 08	+ 1
Riposto	I	37 44 00	15 14 00	ö	1 00 56	−10
Risör	N	58 42 36	9 19 57	ö	0 37 20	− 6

Ort	Land	Breite ° ′ ″	Länge ° ′ ″	ö w	Zeitunter. h m s	SZK
Risti	SU	59 03 20	24 02 10	ö	1 36 09	−16
Ristiina	SF	61 30 00	27 14 00	ö	1 48 56	−18
Ristijärvi	SF	64 29 00	28 15 00	ö	1 53 00	−19
Ristiküla	SU	58 10 05	24 26 30	ö	1 37 46	−16
Ritterhude	D	53 11 45	8 46 04	ö	0 35 04	− 6
Ritzlhof	A	48 10 00	14 16 00	ö	0 57 04	− 9
Riva	I	45 53 00	10 50 00	ö	0 43 20	− 7
Rivesaltes	F	42 58 30	2 53 15	ö	0 11 33	− 2
Rivoli	I	45 04 02	6 28 24	ö	0 25 54	− 4
Roanne	F	46 02 26	4 04 23	ö	0 16 18	− 3
Rochdale	GB	53 37 00	2 09 00	w	0 08 36	+ 1
Rochechouart	E	45 49 27	0 49 16	ö	0 03 17	− 1
Rochefort	F	45 56 10	0 59 50	w	0 03 59	+ 1
Rochelle	F	46 09 24	1 09 35	w	0 04 38	+ 1
Rochester	GB	51 32 00	0 27 00	ö	0 01 48	− 0
Roche-sur-Yonne	F	46 40 17	1 25 31	w	0 05 42	+ 1
Rochlitz	D	51 02 45	12 48 18	ö	0 51 13	− 8
Rockstedt	D	51 17 17	10 45 00	ö	0 43 00	− 7
Rocroy	F	49 55 32	4 31 20	ö	0 18 05	− 3
Rodach	D	50 20 06	10 46 30	ö	0 43 06	− 7
Rodalben	D	49 14 00	7 38 22	ö	0 30 33	− 5
Rodange	L	49 33 00	5 49 50	ö	0 23 19	− 4
Rodenkirchen i. Oldenb.	D	53 24 15	8 26 46	ö	0 33 47	− 6
Rodenkirchen i. Rheinl.	D	50 53 30	7 00 00	ö	0 28 00	− 5
Röderau	D	51 20 25	13 20 41	ö	0 53 23	− 9
Rodez	F	44 21 05	2 34 30	ö	0 10 18	− 2
Roermond	NL	51 12 00	6 00 00	ö	0 24 00	− 4
Roeselare = Roulers	B	50 57 00	3 07 00	ö	0 12 28	− 2
Rogasen	PL	52 44 57	17 00 20	ö	1 08 01	−11
Roggenstein	D	49 38 00	12 16 00	ö	0 49 04	− 8
Rohitsch Sauerbrunn	YU	46 14 00	15 42 00	ö	1 02 48	−10
Rohmstadt	D	50 25 42	8 16 00	ö	0 33 04	− 5
Rohnstock	D	50 57 23	16 14 14	ö	1 04 57	−11
Rohr	D	48 46 00	11 58 00	ö	0 47 52	− 8
Röhrsdorf	D	50 58 00	15 23 00	ö	1 01 32	−10
Rolfsö	N	71 10 00	24 00 00	ö	1 36 00	−16
Rom	I	41 53 54	12 28 48	ö	0 49 55	− 8
Roma	S	57 01 00	18 30 00	ö	1 14 00	−13
Roman	R	46 53 00	26 51 15	ö	1 47 25	−18
Romanshorn	CH	47 34 00	9 23 00	ö	0 37 32	− 6
Römerstadt	CS	49 56 00	17 16 30	ö	1 09 06	−11
Rommerskirchen	D	51 02 00	6 41 00	ö	0 26 44	− 4
Romney	GB	50 59 07	0 56 39	ö	0 03 47	− 1

Ort	Land	Breite ° ′ ″	Länge ° ′ ″	ö w	Zeitunter. h m s	SZK
Romont	CH	46 41 00	6 55 00	ö	0 27 40	− 5
Romorantin	F	47 21 26	1 44 43	ö	0 06 59	− 1
Ronne	DK	55 05 00	14 43 00	ö	0 58 52	−10
Ronneburg	D	50 52 20	12 10 41	ö	0 48 43	− 8
Ronneby	S	56 12 10	15 17 50	ö	1 01 11	−11
Ronsdorf	D	51 14 00	7 12 00	ö	0 28 48	− 5
Roosendaal	NL	51 32 00	4 28 00	ö	0 17 52	− 3
Rorregg	A	48 18 00	15 04 00	ö	1 00 16	−10
Rorschach	CH	47 29 00	9 30 00	ö	0 38 00	− 6
Rosasco	I	45 15 00	8 51 48	ö	0 35 27	− 6
Rosbach/Sieg	D	50 48 00	7 37 00	ö	0 30 28	− 5
Rosbach v. d. H.	D	50 18 11	8 43 30	ö	0 34 54	− 6
Roscoff	F	48 45 00	3 58 00	w	0 15 52	+ 3
Roscommon	IRL	53 37 00	8 11 00	w	0 32 44	+ 5
Rosdorf	D	51 30 00	9 53 47	ö	0 39 35	− 7
Rosenbach	D	49 23 18	10 30 00	ö	0 42 00	− 7
Rosenberg/OSchl.	D	50 53 18	18 24 42	ö	1 13 39	−12
Rosenberg/Wpr.	D	53 43 22	19 12 40	ö	1 16 51	−13
Rosenfelde	D	53 06 23	15 09 06	ö	1 00 36	−10
Rosenhagen	D	53 05 42	11 55 12	ö	0 47 41	− 8
Rosenheim	D	47 51 20	12 07 50	ö	0 48 31	− 8
Rosenthal	D	50 29 00	14 03 00	ö	0 56 12	− 9
Rositz	CS	49 55 00	15 57 00	ö	1 03 48	−10
Roskilde	DK	55 38 00	12 06 00	ö	0 48 24	− 8
Rössel	D	54 02 57	21 08 55	ö	1 24 36	−14
Rossitten	D	55 09 00	20 51 00	ö	1 23 24	−14
Roßlau	D	51 53 00	12 15 00	ö	0 49 00	− 8
Roßleben	D	51 17 50	11 25 56	ö	0 45 44	− 8
Roßwein	D	51 04 15	13 11 22	ö	0 52 45	− 9
Rostin	D	52 53 37	14 48 00	ö	0 59 12	−10
Rostock	D	54 05 20	12 08 30	ö	0 48 34	− 8
Rostow = Rostov-na-Donu	SU	47 15 00	39 53 00	ö	2 39 32	−26
Rotenburg/Han.	D	53 06 42	9 23 34	ö	0 37 34	− 6
Rotenburg/Fulda	D	50 59 22	9 44 00	ö	0 38 56	− 6
Roth	D	49 15 00	11 02 57	ö	0 44 12	− 7
Röthenbach/Opf.	D	49 37 30	12 00 45	ö	0 48 03	− 8
Röthenbach/Osch.	D	47 37 20	9 58 53	ö	0 39 54	− 7
Rothenburg o. d. T.	D	49 25 00	10 11 00	ö	0 40 44	− 7
Rothenburg a. d. O.	D	52 00 50	15 25 45	ö	1 01 39	−10
Rothenfels	D	49 53 37	9 35 00	ö	0 38 20	− 6
Rothenkirchen/Bay.	D	50 22 00	11 21 00	ö	0 45 24	− 7
Rothenkirchen/Vogtl.	D	50 33 00	12 30 00	ö	0 50 00	− 7
Rotherham	GB	53 26 00	1 21 00	w	0 05 24	+ 1

Ort	Land	Breite ° ′ ″	Länge ° ′ ″	ö w	Zeitunter. h m s	SZK
Rothfließ	D	53 54 47	20 54 30	ö	1 23 38	−14
Rothhausen	D	50 11 30	10 20 30	ö	0 41 22	− 7
Rotholz	A	47 23 00	11 48 00	ö	0 47 12	− 8
Rothwasser	D	51 15 00	15 11 38	ö	1 00 47	−10
Rott	D	47 59 24	12 07 42	ö	0 48 29	− 8
Rottenburg	D	48 28 40	8 56 00	ö	0 35 44	− 6
Rottendorf	D	49 48 11	10 01 30	ö	0 40 06	− 7
Rotterdam	NL	51 54 39	4 29 46	ö	0 17 59	− 3
Rotthausen	D	51 29 22	7 04 39	ö	0 28 19	− 5
Röttingen	D	49 31 00	9 59 00	ö	0 39 56	− 7
Rottneros	S	59 47 40	13 06 20	ö	0 52 25	− 9
Rottweil	D	48 10 00	8 37 40	ö	0 34 31	− 6
Roubaix	F	50 42 00	3 10 00	ö	0 12 40	− 2
Roudnice = Raudnitz	CS	50 26 00	14 16 00	ö	0 57 04	− 9
Rouen	F	49 26 24	1 06 02	ö	0 04 24	− 1
Rousdon	GB	50 42 38	2 59 43	w	0 11 59	+ 2
Rovaniemi	SF	66 30 00	25 45 00	ö	1 43 00	−17
Rovellasca	I	45 39 00	8 59 50	ö	0 35 59	− 6
Rovereto	I	45 53 30	11 04 30	ö	0 44 18	− 7
Rovigno	I	45 04 50	13 38 42	ö	0 54 35	− 9
Rovigo	I	45 04 05	11 47 32	ö	0 47 10	− 8
Rovno	SU	50 35 00	26 09 00	ö	1 44 36	−17
Royston	GB	52 03 00	0 01 00	w	0 00 04	+ 0
Rozinka	CS	49 29 00	16 13 00	ö	1 04 52	−11
Rückenwaldau	D	51 24 15	15 45 30	ö	1 03 02	−10
Rudersberg	D	48 52 50	9 31 58	ö	0 38 08	− 6
Rudersdorf	D	50 50 25	8 08 07	ö	0 32 32	− 5
Rüdesheim	D	49 59 15	7 55 45	ö	0 31 43	− 5
Rudnik	PL	50 27 00	22 15 00	ö	1 29 00	−15
Rudolstadt	D	50 43 26	11 20 21	ö	0 45 21	− 7
Rudoltowitz	PL	49 57 18	18 59 12	ö	1 15 57	−12
Ruffec	F	46 01 44	0 11 58	ö	0 00 48	− 0
Rugby	GB	52 22 07	1 15 30	w	0 05 02	+ 1
Rugeln	FL	47 14 30	9 31 40	ö	0 38 07	− 6
Rügenwalde	D	54 25 27	16 24 45	ö	1 05 39	−11
Rügheim	D	50 06 42	10 31 00	ö	0 42 04	− 7
Ruhla	D	50 53 18	10 22 22	ö	0 41 29	− 7
Ruhpolding	D	47 45 30	12 38 43	ö	0 50 35	− 8
Ruhstorf	D	48 26 25	13 20 48	ö	0 53 23	− 9
Rulaort	D	51 27 10	6 44 10	ö	0 26 57	− 4
Rumelange	L	49 29 00	6 02 00	ö	0 24 08	− 4
Rummelsburg	D	54 01 00	16 59 00	ö	1 07 56	−11
Runkel	D	50 24 34	8 10 10	ö	0 32 41	− 5

Ort	Land	Breite ° ′ ″	Länge ° ′ ″	ö w	Zeitunter. h m s	SZK
Runö	SU	57 48 30	23 06 57	ö	1 32 28	−15
Runowo	PL	52 47 30	17 03 24	ö	1 08 14	−11
Ruokolahti	SF	61 10 00	28 47 00	ö	1 55 08	−19
Ruovesi	SF	61 55 00	24 03 00	ö	1 36 12	−16
Ruppichteroth	D	50 50 40	7 29 00	ö	0 29 56	− 5
Rüsselsheim	D	49 59 00	8 25 00	ö	0 33 40	− 6
Rüstringen	D	53 31 55	8 05 42	ö	0 32 23	− 5
Rustschuk	BG	43 50 59	25 57 30	ö	1 43 50	−17
Rüthen	D	51 29 35	8 26 07	ö	0 33 44	− 6
Ruzomberok = Rosenberg	CS	49 05 00	19 18 00	ö	1 17 20	−13
Ryazan	SU	54 40 00	39 40 00	ö	2 38 40	−26
Rye	GB	50 27 00	0 44 03	ö	0 02 56	− 0
Rykowskoje	SU	50 47 00	142 55 00	ö	9 31 40	−94
Säaksmäki	SF	61 12 00	24 03 00	ö	1 36 12	−19
Saalfeld/Pr.	D	53 50 35	19 33 35	ö	1 18 14	−13
Saalfeld/Th.	D	50 38 59	11 21 42	ö	0 45 27	− 7
Saarbrücken	D	49 13 56	6 59 32	ö	0 27 58	− 5
Saarburg	D	49 37 00	6 33 00	ö	0 26 12	− 4
Saarhölzbach	D	49 30 30	6 37 23	ö	0 26 30	− 4
Saarijärvi/Rah.	SF	62 42 00	25 20 00	ö	1 41 20	−17
Saarijärvi/Raj.	SF	65 42 00	25 16 00	ö	1 41 04	−17
Saaringen	D	52 11 10	12 40 10	ö	0 50 41	− 8
Saarlouis	D	49 19 02	6 45 08	ö	0 27 02	− 4
Saas-Fee	CH	46 07 00	7 56 00	ö	0 31 44	− 5
Saaz	CS	50 19 54	13 32 48	ö	0 54 11	− 9
Sabac	YU	44 45 00	19 44 00	ö	1 18 56	−13
Sabadell	E	41 33 00	2 06 00	ö	0 08 24	− 1
Sabbioneta	I	44 59 47	8 09 01	ö	0 32 36	− 5
Sables d'Olonne	F	46 29 47	1 47 12	w	0 07 09	+ 1
Saborwitz	D	51 41 49	16 40 51	ö	1 06 43	−11
Säby	S	58 01 00	11 36 00	ö	0 46 24	− 8
Säby	DK	57 20 00	10 31 50	ö	0 42 07	− 7
Sachsenflur	D	49 31 36	9 43 30	ö	0 38 54	− 6
Sachsenhausen	D	51 14 50	9 00 00	ö	0 36 00	− 6
Säckingen	D	47 31 52	7 56 40	ö	0 31 47	− 5
Saerbeck	D	52 13 42	7 40 30	ö	0 30 42	− 5
Sagan	D	51 37 12	15 19 25	ö	1 01 18	−10
Sagard	D	54 31 38	13 32 47	ö	0 54 11	− 9
Sagastyr	SU	73 22 48	126 34 55	ö	8 26 20	−83
Saintes	F	45 44 40	0 38 30	w	0 02 34	+ 0
Saklö	S	58 21 00	11 15 27	ö	0 45 02	− 7

Ort	Land	Breite ° ′ ″	Länge ° ′ ″	ö w	Zeitunter. h m s	SZK
Salamanca	E	40 58 00	5 40 00	w	0 22 40	− 4
Salamis	GR	37 58 00	23 29 00	ö	1 33 56	−15
Salcava	I	44 25 00	1 27 48	ö	0 41 51	− 7
Salder	D	52 08 30	10 18 57	ö	0 41 16	− 7
Saldus	SU	56 40 00	22 30 00	ö	1 30 00	−15
Salem	D	53 42 48	12 48 42	ö	0 51 15	− 8
Salerno	I	40 44 00	14 47 57	ö	0 59 12	−10
Salford	GB	53 29 00	2 18 00	w	0 09 12	− 1
Salgotarjan	H	48 06 00	19 49 00	ö	1 19 16	−13
Sälgrund	SF	62 20 00	21 11 00	ö	1 24 44	−14
Salisbury	GB	51 04 00	1 47 15	w	0 07 09	+ 1
Salo	SF	60 22 00	23 08 00	ö	1 32 32	−15
Saloniki	GR	40 37 30	22 58 00	ö	1 31 52	−15
Salonta	R	46 48 00	21 39 00	ö	1 26 36	−14
Sälskär	SF	60 25 00	19 35 00	ö	1 18 20	−13
Salsomaggiore	I	44 49 00	9 58 48	ö	0 39 55	− 7
Saltcoats	GB	55 38 00	4 47 00	w	0 19 08	+ 3
Salzbrunn	D	50 48 30	16 16 00	ö	1 05 04	−11
Salzburg	A	47 47 48	13 03 00	ö	0 52 12	− 9
Salzderhelden	D	51 47 33	9 53 16	ö	0 39 33	− 7
Salzdetfurth	D	52 03 50	10 00 00	ö	0 40 00	− 7
Salzgitter	D	52 02 36	10 23 09	ö	0 41 33	− 7
Salzkotten	D	51 40 13	8 37 45	ö	0 34 31	− 6
Salzuflen	D	52 05 25	8 45 30	ö	0 35 02	− 6
Salzungen	D	50 48 12	10 14 30	ö	0 40 58	− 7
Salzwedel	D	52 51 03	11 09 02	ö	0 44 36	− 7
Samara	SU	53 11 00	52 26 15	ö	3 29 45	−34
Samarkand	SU	39 39 23	66 58 07	ö	4 27 52	−44
Sambor	PL	49 31 00	23 12 00	ö	1 32 48	−15
Samer	F	50 37 00	1 43 45	ö	0 06 55	− 1
Samothraki	GR	40 28 00	25 32 00	ö	1 42 08	−17
Samter	PL	52 36 56	16 35 00	ö	1 06 20	−11
Sandberg	D	55 01 18	8 25 30	ö	0 33 42	− 6
Sande	D	53 29 20	8 01 05	ö	0 32 04	− 5
Sandersdorf	D	48 53 48	11 36 53	ö	0 46 28	− 8
Sandersleben	D	51 41 15	11 35 10	ö	0 46 21	− 8
Sandförde	D	53 34 05	14 00 00	ö	0 56 00	− 9
Sandhagen	D	54 03 25	11 44 45	ö	0 46 59	− 8
Sandbäckshult	S	57 00 00	16 16 56	ö	1 05 08	−11
Sandkrug	D	53 03 30	8 08 03	ö	0 32 32	− 5
Sandowitz	D	50 34 47	18 30 00	ö	1 14 00	−12
Sandown	GB	51 14 00	1 24 00	w	0 05 36	+ 1
Sandstedt	D	53 21 42	8 31 36	ö	0 34 06	− 6

Ort	Land	Breite ° ′ ″	Länge ° ′ ″	ö w	Zeitunter. h m s	SZK
Sandwich	GB	51 16 30	1 20 37	ö	0 05 22	− 1
San Felice sul Panard	I	44 51 00	11 09 46	ö	0 44 39	− 7
San Fernando	E	36 27 40	6 12 21	w	0 24 49	+ 4
San Lorenzo	E	40 35 00	4 07 55	w	0 16 32	+ 3
San Marino	I	43 56 21	12 27 05	ö	0 49 48	− 8
San Miniato	I	43 39 00	11 16 45	ö	0 45 07	− 7
San Nazzario	I	45 31 57	13 43 58	ö	0 54 56	− 9
San Pellegrino	I	40 50 00	9 35 48	ö	0 38 23	− 6
San Remo	I	43 49 00	7 47 00	ö	0 31 08	− 5
San Sebastian	E	43 19 30	1 58 27	w	0 07 57	+ 1
San Sepolcro	I	43 35 00	12 08 46	ö	0 48 35	− 8
Sangerhausen	D	51 28 33	11 18 11	ö	0 45 13	− 7
Sankt Hülfe	D	52 37 54	8 24 28	ö	0 33 38	− 6
Sanok	PL	49 35 00	22 14 00	ö	1 28 56	−15
Santander	E	43 28 18	3 41 57	w	0 14 48	+ 2
Santarem	PL	39 14 00	8 42 00	w	0 34 48	+ 6
Santiago de Compostela	E	42 52 30	8 32 45	w	0 34 11	+ 6
Säntis	CH	47 15 00	9 20 00	ö	0 37 20	− 6
Säppi	SF	61 29 00	21 21 00	ö	1 25 24	−14
Saragossa	E	41 39 00	0 54 00	w	0 03 36	+ 1
Sarajevo	YU	43 52 00	18 26 00	ö	1 13 44	−12
Saransk	SU	54 11 00	45 12 00	ö	3 00 48	−30
Saratow	SU	46 12 00	51 34 00	ö	3 04 08	−21
Sarau	D	53 45 49	10 43 05	ö	0 42 52	− 7
Sarepta	SU	48 30 00	44 34 00	ö	2 58 16	−29
Sargans	CH	47 03 00	9 26 00	ö	0 37 44	− 6
Sarlat	F	44 53 22	1 13 01	ö	0 04 52	− 1
Särna	S	61 41 50	13 09 25	ö	0 52 38	− 9
Sarnen	CH	46 54 00	8 15 00	ö	0 33 00	− 5
Saroca	R	48 10 04	28 18 28	ö	1 53 14	−19
Sarpsborg	N	59 17 00	11 08 00	ö	0 44 32	− 7
Sarrebourg	F	48 44 08	7 03 13	ö	0 28 13	− 5
Sarreguemines	F	49 06 42	7 04 03	ö	0 28 16	− 5
Sarstedt	D	52 14 00	9 52 30	ö	0 39 30	− 6
Sartton	GB	53 07 36	1 42 53	w	0 06 52	+ 1
Sarzana	I	44 07 00	9 58 45	ö	0 39 55	− 7
Saslave	SU	50 07 29	26 48 29	ö	1 47 14	−18
Sassari	I	40 43 43	8 34 11	ö	0 34 17	− 6
Sassnitz	D	54 31 00	13 39 18	ö	0 54 37	− 9
Satoraljaujhely	H	48 24 00	21 39 00	ö	1 26 36	−14
Satteldorf	D	49 10 51	10 05 25	ö	0 40 22	− 7
Satu Mare	R	47 48 00	22 52 00	ö	1 31 28	−15
Sauerlach	D	47 58 05	11 39 12	ö	0 46 37	− 8

Ort	Land	Breite ° ′ ″	Länge ° ′ ″	ö w	Zeitunter. h m s	SZK
Sauldorf	D	47 56 05	9 05 44	ö	0 36 25	− 6
Saulgau	D	48 02 04	9 30 00	ö	0 38 00	− 6
Saumur	F	47 15 34	0 04 25	w	0 00 18	+ 0
Sausenberg	D	50 50 00	18 15 00	ö	1 13 00	−12
Sauvo	SF	60 21 00	22 35 00	ö	1 30 20	−15
Savatan	CH	46 13 00	7 02 00	ö	0 28 08	− 5
Saverne	F	48 44 30	7 21 57	ö	0 29 28	− 5
Savolinna	SF	61 52 00	28 53 00	ö	1 55 44	−19
Savona	I	44 17 00	8 29 57	ö	0 34 00	− 6
Savonrauta	SF	62 11 00	29 09 00	ö	1 56 36	−19
Saybusch	PL	49 41 00	19 12 00	ö	1 16 48	−13
Scarborough	GB	54 16 30	0 24 43	w	0 01 39	+ 0
Scarl = S-charl	CH	46 43 00	10 20 00	ö	0 41 20	− 7
Sceaux	F	48 46 39	2 20 40	ö	0 09 23	− 2
Schaaken	D	54 53 47	20 41 30	ö	1 22 46	−14
Schaerbeck	B	50 52 00	4 25 00	ö	0 17 40	− 3
Schaffhausen	CH	47 42 00	8 38 00	ö	0 34 32	− 6
Schalke	D	51 31 29	7 05 24	ö	0 28 22	− 5
Schandau	D	50 55 10	14 09 28	ö	0 56 38	− 9
Schärding	A	48 27 00	13 26 00	ö	0 53 44	− 9
Scharfenstein	D	51 50 00	10 34 00	ö	0 42 16	− 7
Scharley	D	50 22 49	18 57 00	ö	1 15 48	−12
Schatzalp	CH	46 18 00	9 19 00	ö	0 39 16	− 7
Schaulen	SU	55 56 40	23 24 10	ö	1 33 37	−15
Scheessel	D	53 10 13	9 28 24	ö	0 37 54	− 6
Scheibbs	A	48 00 00	15 10 00	ö	1 00 40	−10
Scheibe	D	50 29 00	11 04 00	ö	0 44 16	− 7
Scheibenberg	D	50 32 37	12 54 54	ö	0 51 40	− 8
Scheidegg	D	47 34 47	9 50 57	ö	0 39 24	− 6
Scheiplitz	D	51 08 37	11 55 20	ö	0 47 41	− 8
Schelklingen	D	48 23 09	9 44 30	ö	0 38 58	− 6
Schellenberg	D	47 41 10	13 02 51	ö	0 52 11	− 9
Schenefeld	D	54 02 15	9 28 54	ö	0 37 56	− 6
Schenklengsfeld	D	50 49 09	9 51 12	ö	0 39 25	− 6
Schermbeck	D	51 41 49	6 52 45	ö	0 27 31	− 5
Scheveningen	NL	52 06 16	4 15 11	ö	0 17 01	− 3
Schiak	AL	41 20 02	19 30 15	ö	1 18 01	−13
Schieben	D	51 01 00	11 30 30	ö	0 46 02	− 8
Schiedam	NL	51 55 06	4 24 03	ö	0 17 36	− 3
Schierke	D	51 46 00	10 40 00	ö	0 42 40	− 7
Schiers	CH	46 58 00	9 41 00	ö	0 38 44	− 6
Schifflange	L	49 31 10	6 01 00	ö	0 24 04	− 4
Schildau	D	50 53 36	15 50 06	ö	1 03 20	−10

Ort	Land	Breite ° ′ ″	Länge ° ′ ″	ö w	Zeitunter. h m s	SZK
Schiltach	D	48 16 48	8 19 50	ö	0 33 19	− 5
Schirgiswalde	D	51 04 47	14 26 53	ö	0 57 48	− 9
Schivelbein	D	53 45 30	15 45 42	ö	1 03 03	−10
Schkaeditz	D	51 23 27	12 13 56	ö	0 48 56	− 8
Schlabitz	D	51 42 27	16 31 33	ö	1 06 06	−11
Schladen	D	52 01 30	10 32 38	ö	0 42 11	− 7
Schlanstedt	D	52 01 00	11 12 00	ö	0 44 08	− 7
Schlawe	D	54 22 10	16 40 33	ö	1 06 42	−11
Schlebusch	D	51 02 20	7 03 00	ö	0 28 12	− 5
Schlegel	D	50 33 00	16 33 00	ö	1 06 12	−11
Schleiden	D	50 32 00	6 28 30	ö	0 25 54	− 4
Schleißheim	D	48 15 00	11 34 21	ö	0 46 17	− 8
Schleiz	D	50 35 07	11 48 18	ö	0 47 13	− 8
Schleswig	D	54 30 55	9 34 15	ö	0 38 17	− 6
Schlettau	D	50 33 38	12 57 05	ö	0 51 48	− 9
Schlettstadt	F	48 15 40	7 27 26	ö	0 29 50	− 5
Schleusingen	D	50 30 39	10 45 04	ö	0 42 00	− 7
Schliersee	D	47 44 40	11 51 54	ö	0 47 28	− 8
Schlobitten	D	54 08 00	19 46 48	ö	1 19 07	−13
Schlochau	D	53 39 06	17 20 24	ö	1 09 22	−11
Schlüchtern	D	50 20 45	9 32 17	ö	0 38 09	− 6
Schluckenau	CS	51 00 00	14 26 57	ö	0 57 48	− 9
Schluschow	D	54 39 35	18 04 27	ö	1 12 18	−12
Schlüsselburg = Petrokrepost	SU	59 56 55	31 02 57	ö	2 04 08	−20
Schmalleningken	SU	55 05 12	22 35 45	ö	1 30 23	−15
Schmalkalden	D	50 43 20	10 27 10	ö	0 41 49	− 7
Schmallenberg	D	51 09 27	8 17 35	ö	0 33 10	− 5
Schmidtheim	D	50 25 00	6 33 00	ö	0 26 12	− 4
Schmiedeberg	D	50 48 00	15 50 00	ö	1 03 20	−10
Schmiedefeld	D	50 37 00	10 48 00	ö	0 43 12	− 7
Schmilau	D	53 39 15	10 45 50	ö	0 43 03	− 7
Schmilgen	D	54 51 38	22 26 20	ö	1 29 45	−15
Schmölln	D	50 53 37	12 26 15	ö	0 49 45	− 8
Schmücke	D	50 39 00	10 48 00	ö	0 43 12	− 7
Schnabelwaid	D	49 48 30	11 35 45	ö	0 46 23	− 8
Schnaittach	D	49 31 45	11 19 00	ö	0 45 16	− 7
Schnaittenbach	D	49 30 30	12 01 30	ö	0 48 06	− 8
Schneeberg	D	50 34 30	12 39 10	ö	0 50 37	− 8
Schneeherz	A	47 45 00	15 50 00	ö	1 03 20	−10
Schneidemühl	D	53 09 08	16 44 15	ö	1 06 57	−11
Schnepfenthal	D	50 53 00	10 34 00	ö	0 42 16	− 7
Schönau	D	51 01 00	15 54 00	ö	1 03 36	−10
Schönbach	D	50 40 26	8 13 44	ö	0 32 55	− 5

Ort	Land	Breite ° ′ ″	Länge ° ′ ″	ö w	Zeitunter. h m s	SZK
Schönberg/Holst.	D	54 23 52	10 22 15	ö	0 41 29	− 7
Schönberg/Meckl.	D	53 50 35	10 55 38	ö	0 43 43	− 7
Schönberg	CS	49 57 58	16 59 42	ö	1 07 59	−11
Schönborn	D	51 02 05	17 03 30	ö	1 08 14	−11
Schönebeck	D	52 01 08	11 45 15	ö	0 47 01	− 8
Schöneberg	D	54 12 45	18 57 30	ö	1 15 50	−12
Schöneck	D	50 23 37	12 19 30	ö	0 49 18	− 8
Schönfeld	D	51 04 00	18 03 00	ö	1 12 12	−12
Schönfließ	D	52 39 24	13 21 42	ö	0 53 27	− 9
Schongau	D	47 48 50	10 53 20	ö	0 43 33	− 7
Schönhagen	D	51 41 15	9 36 45	ö	0 38 27	− 6
Schönheide	D	50 30 00	12 31 00	ö	0 50 04	− 8
Schönhof	D	53 36 30	19 34 06	ö	1 18 16	−13
Schöningen	D	52 09 00	10 58 24	ö	0 43 54	− 7
Schöninghsdorf	D	52 43 00	7 05 00	ö	0 28 20	− 5
Schönlanke	D	53 02 45	16 28 07	ö	1 05 52	−11
Schönsee	D	49 30 45	12 32 30	ö	0 50 10	− 8
Schoo	D	53 36 00	7 34 00	ö	0 30 16	− 5
Schoonhoven	NL	51 56 49	4 51 10	ö	0 19 25	− 3
Schopfheim	D	47 39 05	7 49 03	ö	0 31 16	− 5
Schopfloch	D	49 07 20	10 17 42	ö	0 41 11	− 7
Schöppenstedt	D	52 09 10	10 46 26	ö	0 43 06	− 7
Schorndorf	D	47 48 00	9 32 13	ö	0 38 09	− 6
Schötmar	D	52 04 00	8 45 46	ö	0 35 03	− 6
Schotten	D	50 30 00	9 07 22	ö	0 36 29	− 6
Schramberg	D	48 13 05	8 23 14	ö	0 33 33	− 6
Schraplau	D	51 25 51	11 40 41	ö	0 46 43	− 8
Schreiberhau	D	50 51 00	15 52 00	ö	1 03 28	−10
Schrimm	PL	52 05 53	17 01 17	ö	1 08 05	−11
Schrobenhausen	D	48 33 30	11 16 13	ö	0 45 05	− 7
Schrombehnen	D	54 30 45	20 35 42	ö	1 22 23	−14
Schroop	D	53 58 34	19 10 22	ö	1 16 41	−13
Schrozberg	D	49 20 42	9 58 30	ö	0 39 54	− 7
Schuh = Schuls	CH	46 47 58	10 17 57	ö	0 41 12	− 7
Schull	IRL	51 31 55	9 32 58	w	0 38 12	+ 6
Schulzendorf	D	53 14 30	16 05 42	ö	1 04 23	−11
Schurow	D	54 29 48	17 30 12	ö	1 10 01	−12
Schussenried	D	48 00 00	9 39 40	ö	0 38 39	− 6
Schüttorf	D	52 19 34	7 13 09	ö	0 28 53	− 5
Schwabach	D	49 20 06	11 01 15	ö	0 44 05	− 7
Schwaben	D	48 11 25	11 52 15	ö	0 47 29	− 8
Schwabenitz	CS	49 16 58	17 07 57	ö	1 08 32	−11
Schwabmünchen	D	48 10 51	10 45 30	ö	0 43 02	− 7

Ort	Land	Breite ° ′ ″	Länge ° ′ ″	ö w	Zeitunter. h m s	SZK
Schwäbrig	CH	47 22 55	9 28 57	ö	0 37 56	− 6
Schwabsberg	D	48 55 30	10 08 37	ö	0 40 34	− 7
Schwader	A	47 20 00	11 46 58	ö	0 47 08	− 8
Schwandorf	D	49 19 40	12 07 23	ö	0 48 30	− 8
Schwanebeck	D	51 58 05	11 07 22	ö	0 44 29	− 7
Schwanenkirchen	D	48 45 00	13 06 53	ö	0 52 28	− 9
Schwanheim	D	50 05 35	8 35 00	ö	0 34 20	− 6
Schwante	D	52 40 42	13 05 22	ö	0 52 21	− 9
Schwarmitz	D	52 00 00	15 45 00	ö	1 03 00	−10
Schwarmstedt	D	52 40 58	9 37 13	ö	0 38 29	− 6
Schwartow	D	53 50 06	16 20 12	ö	1 05 21	−11
Schwarzau	A	47 47 57	15 41 58	ö	1 02 48	−10
Schwarzenborn	D	50 55 00	9 26 58	ö	0 37 48	− 6
Schwarzwasser	PL	49 55 00	18 45 00	ö	1 15 00	−12
Schwaz	A	47 22 50	11 43 30	ö	0 46 54	− 8
Schwechat	A	48 08 55	16 28 58	ö	1 05 56	−11
Schwedt	D	53 03 30	14 17 21	ö	0 57 09	− 9
Schweich	D	49 34 28	6 45 30	ö	0 27 02	− 4
Schweidnitz	D	50 50 32	16 29 38	ö	1 05 59	−11
Schweinfurt	D	50 02 40	10 13 57	ö	0 40 56	− 7
Schweinsberg	D	50 45 58	8 58 59	ö	0 35 52	− 6
Schwelin	D	54 00 35	16 22 22	ö	1 05 29	−11
Schwelm	D	51 17 06	7 17 38	ö	0 29 11	− 5
Schwenningen	D	48 03 57	8 30 58	ö	0 34 04	− 6
Schwerin/Brand.	D	52 35 57	15 30 00	ö	1 02 00	−10
Schwerin/Meckl.	D	53 37 50	11 25 00	ö	0 45 40	− 8
Schwerte	D	51 26 20	7 34 40	ö	0 30 19	− 5
Schwetz	PL	53 27 00	18 20 00	ö	1 13 20	−12
Schwetzin	D	53 50 35	12 34 55	ö	0 50 20	− 8
Schwetzingen	D	49 22 58	8 34 45	ö	0 34 19	− 6
Schwicheldt	D	52 18 30	10 03 57	ö	0 40 16	− 7
Schwieberdingen	D	48 52 20	9 04 25	ö	0 36 18	− 6
Schwiebus	D	52 15 00	15 31 35	ö	1 02 06	−10
Schwindegg	D	48 15 57	12 15 30	ö	0 49 02	− 8
Schwinkendorf	D	53 38 37	12 41 30	ö	0 50 46	− 8
Schwyz	CH	47 00 58	8 38 58	ö	0 34 36	− 6
Sciacca	I	37 29 55	13 03 17	ö	0 52 13	− 9
Scilla	I	38 15 18	15 42 45	ö	1 02 51	−10
Scowen	NL	51 38 55	5 56 12	ö	0 23 45	− 4
Sdengowen	D	53 49 34	21 48 30	ö	1 27 14	−14
Sebenico = Sibenik	YU	43 45 00	15 55 57	ö	1 03 44	−10
Sebnitz	D	50 58 45	14 16 43	ö	0 57 07	− 9
Seckau	A	47 15 55	14 46 58	ö	0 59 08	−10

Ort	Land	Breite ° ′ ″	Länge ° ′ ″	ö w	Zeitunter. h m s	SZK
Seda	SU	56 10 05	22 05 48	ö	1 28 23	−15
Sedan	F	49 42 06	4 56 55	ö	0 19 48	− 3
Seebach	D	51 09 54	10 32 36	ö	0 42 10	− 7
Seeberg	D	50 56 05	10 18 58	ö	0 41 16	− 7
Seeburg	D	53 58 35	20 46 22	ö	1 23 05	−14
Seegutten	D	53 46 38	21 51 50	ö	1 27 27	−14
Seehausen/Altm.	D	52 53 45	11 46 04	ö	0 47 04	− 8
Seehausen/Sachs.	D	52 05 45	11 17 38	ö	0 45 11	− 7
Seelbach	D	48 18 40	7 56 37	ö	0 31 46	− 5
Seelow	D	52 31 30	14 22 45	ö	0 57 31	− 9
Sées	F	48 36 21	0 10 24	ö	0 00 42	− 0
Seesen	D	51 53 57	10 10 00	ö	0 40 40	− 7
Seeshaupt	D	47 49 19	11 17 37	ö	0 45 10	− 7
Seeven	CH	47 02 00	8 37 48	ö	0 34 12	− 6
Seewis	CH	46 58 57	9 37 58	ö	0 38 32	− 6
Segeberg	D	53 55 57	10 19 22	ö	0 41 17	− 7
Seggelund	DK	55 19 54	9 29 30	ö	0 37 58	− 6
Segovia	E	40 56 43	4 07 20	w	0 16 29	+ 3
Segré	F	47 41 14	0 52 20	w	0 03 29	+ 1
Sehnde	D	52 19 10	9 57 54	ö	0 39 52	− 7
Seidenberg	D	51 01 45	15 03 48	ö	1 00 15	−10
Seidingstadt	D	50 19 47	10 41 42	ö	0 42 47	− 7
Seiffersdorf	D	51 48 30	15 28 55	ö	1 01 56	−10
Seinajoki	SF	62 46 55	22 48 58	ö	1 31 16	−15
Seiskari	SF	59 59 59	28 28 28	ö	1 53 54	−19
Seitenberg	D	50 20 44	16 52 53	ö	1 07 32	−11
Seitschen	D	51 09 35	14 19 39	ö	0 57 19	− 9
Seivästö	SF	60 10 55	29 02 58	ö	1 56 12	−19
Selb	D	50 10 15	12 07 30	ö	0 48 30	− 8
Selbelang	D	52 38 37	12 39 55	ö	0 50 40	− 8
Selbitz	D	50 18 35	11 44 45	ö	0 46 59	− 8
Selenginsk	SU	51 06 06	106 53 15	ö	7 07 33	−70
Seligenstadt	D	50 03 30	8 58 30	ö	0 35 54	− 6
Selkirk	GB	55 35 00	2 55 00	ö	0 11 40	− 2
Sellen	D	52 10 00	7 18 30	ö	0 29 14	− 5
Semani	AL	40 50 00	19 18 45	ö	1 17 15	−13
Sendenhorst	D	51 51 04	7 48 49	ö	0 31 16	− 5
Senftenberg	D	50 05 10	16 27 39	ö	1 05 51	−11
Senghilei	SU	53 58 02	48 48 21	ö	3 15 13	−32
Seneis	F	49 12 27	2 34 32	ö	0 10 18	− 2
Sennfeld	D	49 22 50	9 22 08	ö	0 37 29	− 6
Sens	F	48 11 54	3 17 04	ö	0 13 08	− 2
Sensburg	D	53 37 30	21 18 32	ö	1 25 14	−14

Ort	Land	Breite ° ′ ″	Länge ° ′ ″	ö w	Zeitunter. h m s	SZK
Senta	YU	45 56 57	20 05 58	ö	1 20 24	−13
Sentenhart	D	47 54 47	9 08 06	ö	0 36 32	− 6
Seraing	B	50 35 55	5 30 00	ö	0 22 00	− 4
Serba	D	50 56 30	11 48 37	ö	0 47 14	− 8
Serdobol	SF	61 42 06	30 41 45	ö	2 02 47	−20
Serdohsk	SU	52 27 12	44 12 25	ö	2 56 50	−29
Sergatsch	SU	55 31 51	45 27 48	ö	3 01 51	−30
Sergijewsk	SU	53 51 08	51 09 53	ö	3 24 40	−34
Sergiopal	SU	47 56 29	80 23 10	ö	5 21 33	−53
Serkenrode	D	51 13 04	8 05 10	ö	0 32 21	− 5
Sermido	I	45 00 00	11 17 48	ö	0 45 11	− 7
Serpeissk	SU	54 20 19	34 58 59	ö	2 19 56	−23
Serpuchow	SU	54 55 10	37 23 57	ö	2 29 36	−25
Serrai	GR	41 03 55	23 31 58	ö	1 34 08	−15
Serrig	D	49 35 00	6 35 00	ö	0 26 20	− 4
Sestola	I	44 13 57	10 45 59	ö	0 43 04	− 7
Sestri Levante	I	44 15 59	9 22 57	ö	0 37 32	−16
Setubel	P	38 31 55	8 53 58	w	0 35 36	+ 6
Seubersdorf	D	49 10 26	11 38 22	ö	0 46 33	− 8
Sevenoaks	GB	51 15 55	0 11 57	ö	0 00 48	− 0
Sevilla	E	37 22 45	6 01 10	w	0 24 05	+ 4
Sewastopol	SU	44 36 51	33 31 23	ö	2 14 06	−22
Shaftesbury	GB	51 00 24	4 31 58	w	0 08 45	+ 1
Sheerness	GB	51 26 45	0 44 45	ö	0 02 59	− 0
Shepetovka	SU	50 11 55	27 03 58	ö	1 48 16	−18
Sheffield	GB	53 25 55	1 31 58	w	0 06 08	+ 1
Sherborne	GB	50 56 57	2 30 57	w	0 10 01	+ 2
Shields	GB	55 00 01	1 27 45	ö	0 05 51	− 1
Shipka	BG	42 42 28	25 20 00	ö	1 41 20	−17
Shipurskoi-nos	SU	52 55 00	159 42 57	ö	10 38 25	-105
Shisbury	GB	51 03 57	1 47 40	w	0 03 11	+ 1
Shitomir	SU	50 15 22	28 39 45	ö	1 54 39	−19
Shrewsbury	GB	52 41 55	2 45 15	w	0 11 01	+ 2
Siauliai	SU	55 55 55	23 17 58	ö	1 33 12	−15
Sibiu = Hermannstadt	R	45 47 58	24 08 57	ö	1 36 36	−16
Sicciole	I	45 28 55	13 36 58	ö	0 54 28	− 9
Siculina	I	37 19 50	13 26 28	ö	0 53 46	− 9
Siders	CH	46 17 58	7 31 58	ö	0 30 08	− 5
Sidmouth	GB	50 40 55	3 10 59	w	0 12 44	+ 2
Sidsjö	S	62 21 55	17 16 58	ö	1 09 08	−11
Siebenlehn	D	51 01 55	13 17 37	ö	0 53 14	− 9
Siedlce	PL	52 10 08	22 17 02	ö	1 29 08	−15
Siegburg	D	50 47 49	7 12 43	ö	0 28 51	− 5

Ort	Land	Breite ° ′ ″	Länge ° ′ ″	ö w	Zeitunter. h m s	SZK
Siegen	D	50 52 34	8 01 38	ö	0 32 07	− 5
Siegersdorf	D	51 13 45	15 23 48	ö	1 01 35	−10
Sieglar	D	50 48 00	7 07 30	ö	0 28 30	− 5
Siek	D	53 38 00	10 17 30	ö	0 41 10	− 7
Sielow	D	51 47 52	14 17 00	ö	0 57 08	− 9
Siemensdorf	D	54 05 18	12 50 12	ö	0 51 21	− 8
Siena	I	43 18 57	11 20 48	ö	0 45 23	− 7
Sienno	R	54 48 48	29 42 38	ö	1 58 51	−20
Sierad	PL	51 35 38	18 44 24	ö	1 16 58	−13
Sierpe	PL	52 50 55	19 41 55	ö	1 18 48	−13
Siershahn	D	50 29 30	7 47 03	ö	0 31 08	− 5
Sievi	SF	63 56 55	24 15 00	ö	1 37 00	−16
Sievsk	SU	52 09 20	34 29 48	ö	2 17 59	−23
Siewier	PL	50 28 06	19 13 54	ö	1 16 56	−13
Sighet	R	47 55 55	23 53 57	ö	1 35 36	−16
Sigmaringen	D	48 05 10	9 13 15	ö	0 36 53	− 6
Sigtuna	S	59 37 33	15 15 43	ö	1 01 03	−10
Sikaskalan	S	63 37 55	15 05 57	ö	1 00 24	−10
Siklos	H	45 50 55	18 18 58	ö	1 13 16	−12
Silberberg	D	50 33 35	16 39 18	ö	1 06 37	−11
Silistria	R	44 07 22	27 15 57	ö	1 49 04	−18
Siljansfors	S	60 52 55	14 22 58	ö	0 57 52	− 9
Sils-Maria	CH	46 25 55	9 45 57	ö	0 39 04	− 6
Silstedt	D	51 52 11	10 50 00	ö	0 43 20	− 7
Simbach	D	48 16 00	13 01 56	ö	0 52 08	− 9
Simbirsk = Ulyanovsk	SU	54 18 51	48 24 12	ö	3 13 37	−32
Simferopol	SU	44 56 55	34 05 57	ö	2 16 24	−22
Simmern	D	49 59 00	7 31 00	ö	0 30 04	− 5
Simmersdorf	D	51 40 22	14 36 03	ö	0 58 24	−10
Simo	SF	65 57 55	26 05 58	ö	1 44 24	−17
Sinaia	R	45 20 55	25 32 58	ö	1 42 12	−17
Sindelfingen	D	48 42 45	9 00 00	ö	0 36 00	− 6
Singen/Hohentw.	D	47 46 00	8 50 00	ö	0 35 20	− 6
Singjerc	AL	41 16 55	20 10 00	ö	1 20 40	−13
Sinigaglia	I	43 43 02	13 13 43	ö	0 52 55	− 9
Sinj	YU	43 41 55	16 37 58	ö	1 06 32	−11
Siofok	H	46 53 55	18 03 57	ö	1 12 16	−12
Sion = Sitten	CH	46 13 57	7 21 30	ö	0 29 26	− 5
Sippola	SF	60 43 55	27 00 00	ö	1 48 00	−18
Siracusa	I	37 03 42	15 17 45	ö	1 01 11	−10
Sirmione	I	45 28 57	10 35 48	ö	0 42 23	− 7
Sisteron	F	44 11 57	5 56 40	ö	0 23 47	− 4
Sistovo = Swichtov	BG	43 37 13	25 20 45	ö	1 41 23	−17

Ort	Land	Breite ° ′ ″	Länge ° ′ ″	ö w	Zeitunter. h m s	SZK
Sittard	NL	51 00 00	5 53 58	ö	0 23 36	− 4
Sitten = Sion	CH	46 13 59	7 21 20	ö	0 29 26	− 5
Sjöholmen	S	55 55 00	13 26 58	ö	0 53 48	− 9
Sjötorp	S	58 50 00	13 58 57	ö	0 55 56	− 9
Skagen	DK	57 43 42	10 37 51	ö	0 42 31	− 7
Skanör	S	55 24 54	12 50 27	ö	0 51 22	− 8
Skara	S	58 23 55	19 11 58	ö	1 16 48	−13
Skellefted	S	64 45 21	18 36 54	ö	1 14 28	−12
Skerries	GB	53 23 55	4 32 57	w	0 18 12	+ 3
Skien	N	59 11 55	9 35 58	ö	0 38 24	− 6
Skive	DK	56 39 15	9 04 39	ö	0 36 19	− 6
Sknira	SU	49 43 55	29 41 15	ö	1 58 45	−20
Skole	PL	49 01 55	23 30 58	ö	1 34 04	−15
Skopin	SU	53 49 24	39 32 23	ö	2 38 10	−26
Skoplje	YU	42 00 00	21 25 00	ö	1 25 40	−14
Skövde	S	58 22 55	13 50 58	ö	0 55 24	− 9
Skovorodino	SU	53 58 57	123 55 00	ö	8 15 40	−81
Skrunda	SU	56 25 45	22 00 30	ö	1 28 02	−14
Skudenäshavn	N	59 08 42	5 19 15	ö	0 21 17	− 4
Skutari	AL	42 02 55	19 30 00	ö	1 18 00	−13
Slagelse	DK	55 24 13	11 21 15	ö	0 45 25	− 7
Slamen	D	51 34 24	14 23 26	ö	0 57 34	− 9
Slatonst	SU	55 10 00	59 40 58	ö	3 58 44	−39
Slavianossechsk	SU	48 11 42	38 59 19	ö	2 35 57	−26
Slaviansk	SU	48 51 10	37 36 33	ö	2 30 26	−25
Slavko	CS	49 08 55	16 51 58	ö	1 07 28	−11
Sligo	IRL	54 15 55	8 20 00	w	0 33 20	+ 5
Sliudynka	SU	51 38 55	103 48 58	ö	6 55 16	−68
Sliven	BG	42 40 00	26 18 57	ö	1 45 16	−17
Slobodskai	SU	58 43 55	50 11 58	ö	3 20 48	−33
Slough	GB	51 30 55	0 35 57	w	0 02 24	+ 0
Slutzk	SU	53 01 38	27 32 45	ö	1 50 11	−18
Smedenova = Semendria	YU	44 40 00	20 51 58	ö	1 23 48	−14
Smögen	S	58 21 55	11 12 59	ö	0 44 52	− 7
Smolensk	SU	54 47 17	32 03 19	ö	2 08 13	−21
Smolnik	CS	49 15 55	22 07 58	ö	1 28 32	−15
Sneek	NL	53 01 57	5 39 41	ö	0 22 39	− 4
Sobernheim	D	49 47 15	7 39 30	ö	0 30 38	− 5
Sobkowitz	D	54 08 25	18 35 00	ö	1 14 20	−12
Sodankylä/Mut.	SF	68 00 55	27 25 00	ö	1 49 40	−18
Sodankylä/Täh.	SF	67 21 55	26 38 58	ö	1 46 36	−18
Södarskäs	SF	60 06 55	25 25 57	ö	1 41 44	−17
Söderarm	S	59 45 55	19 06 27	ö	1 16 26	−13

Ort	Land	Breite ° ′ ″	Länge ° ′ ″	ö w	Zeitunter. h m s	SZK
Söderhamm	S	61 41 55	17 08 30	ö	1 08 34	−11
Sodertalge	S	59 11 55	17 37 58	ö	1 10 32	−12
Soest	D	51 34 22	8 06 29	ö	0 32 26	− 5
Sofia	BG	42 41 57	23 19 45	ö	1 33 19	−15
Sofienwald	CS	48 47 58	14 53 57	ö	0 59 36	−10
Sifiisk	SU	52 26 55	134 06 58	ö	8 56 28	−88
Sögel	D	52 50 33	7 31 26	ö	0 30 06	− 5
Sohland	D	51 02 52	14 25 52	ö	0 57 43	− 9
Soissons	F	49 22 53	3 19 33	ö	0 13 18	− 2
Sokolka	PL	53 26 20	23 33 11	ö	1 34 13	−15
Sölde	D	51 30 00	7 35 25	ö	0 30 22	− 5
Soldin	D	52 55 42	14 52 30	ö	0 59 30	−10
Soleure = Solothurn	CH	47 12 35	7 31 58	ö	0 30 08	− 3
Soligalitsch	SU	59 04 42	42 17 14	ö	2 49 09	−28
Solikamsk	SU	59 38 59	56 47 52	ö	3 47 11	−37
Solingen	D	51 10 23	7 05 08	ö	0 29 21	− 5
Solka	R	47 41 55	25 50 00	ö	1 43 20	−17
Sollbacken	S	60 20 00	15 51 58	ö	1 03 28	−10
Solnhofen	D	48 53 09	10 59 00	ö	0 43 56	− 7
Solnytschégodsk	SU	61 19 35	46 54 11	ö	3 07 37	−31
Solothurn = Soleure	CH	47 12 55	7 31 58	ö	0 30 08	− 5
Soltau	D	53 00 00	9 49 12	ö	0 39 17	− 6
Soltmahnen	D	53 42 00	22 24 06	ö	1 29 36	−15
Sombor	YU	45 46 58	19 07 59	ö	1 16 32	−13
Somero/Kirk.	SF	60 36 55	23 30 58	ö	1 34 04	−15
Somero/Langs.	SF	60 40 00	23 16 57	ö	1 33 08	−15
Somma Lombardo	I	45 40 55	8 43 48	ö	0 34 55	− 6
Somma Vesuviana	I	40 49 40	14 23 48	ö	0 57 35	− 9
Sömmerda	D	51 09 37	11 07 00	ö	0 44 28	− 7
Sommerfeld	D	51 47 30	14 59 00	ö	0 59 56	−10
Sommerfelde	D	52 49 48	13 51 30	ö	0 55 26	− 9
Sommerland	D	53 47 36	9 34 00	ö	0 38 16	− 6
Sonderburg	DK	54 54 59	9 47 44	ö	0 39 11	− 6
Sondershausen	D	51 22 23	10 52 21	ö	0 43 29	− 7
Sondrio	I	46 10 00	9 51 58	ö	0 39 28	− 6
Sonneberg/Thür.	D	50 21 30	11 10 51	ö	0 44 43	− 7
Sonnenberg	D	51 46 00	10 31 00	ö	0 42 04	− 7
Sonthofen	D	47 30 40	10 17 22	ö	0 41 09	− 7
Soppau	D	50 09 00	17 46 00	ö	1 11 04	−12
Sopron	H	47 41 55	16 35 57	ö	1 06 24	−11
Sorau	D	51 38 23	15 08 55	ö	1 00 36	−10
Soria	E	41 48 59	2 31 16	w	0 10 05	+ 2
Soro	DK	55 25 55	11 35 59	ö	0 46 24	− 8

Ort	Land	Breite ° ′ ″	Länge ° ′ ″	ö w	Zeitunter. h m s	SZK
Sorquitten	D	53 33 45	21 09 16	ö	1 24 37	−14
Sorrento	I	40 36 55	14 22 58	ö	0 57 32	− 9
Sortanlahti	SF	60 50 00	30 27 57	ö	2 01 52	−20
Sortavala	SF	61 41 55	30 40 59	ö	2 02 44	−20
Soroka = Belomorsk	SU	64 31 42	34 48 00	ö	2 19 12	−23
Sosnitza	SU	51 31 28	32 30 56	ö	2 10 04	−21
Sosnovo	SU	52 31 55	111 32 58	ö	7 26 12	−73
Sostegno	I	45 38 55	8 07 48	ö	0 32 31	− 5
Sotkamo/Kalm.	SF	63 50 55	28 05 00	ö	1 52 20	−18
Sotkamo/Kirk.	SF	64 06 59	28 26 57	ö	1 53 48	−19
Soudak	SU	44 51 22	35 00 54	ö	2 20 03	−23
Soudislav	SU	57 52 59	41 42 23	ö	2 46 50	−27
Soudja	SU	51 20 00	35 11 15	ö	2 20 45	−23
South Foreland	GB	51 08 24	1 22 09	ö	0 05 29	− 1
Southampton	GB	50 53 51	1 23 43	w	0 05 35	+ 1
Southhend-on-Sea	GB	51 31 55	0 42 58	ö	0 02 52	− 0
Southport	GB	53 38 55	3 00 00	w	0 12 00	+ 2
Southsea	GB	50 46 55	1 05 00	w	0 04 20	+ 1
South Shieldd	GB	54 58 55	1 25 57	w	0 05 44	+ 1
Souzdal	SU	56 25 02	40 26 42	ö	2 41 47	−27
Soyen	D	48 06 23	12 12 06	ö	0 48 48	− 8
Spaatz	D	52 42 45	12 19 17	ö	0 49 17	− 8
Spaichingen	D	48 04 34	8 45 15	ö	0 35 01	− 6
Spalato = Split	YU	43 30 26	16 26 35	ö	1 05 44	−11
Spallholt	IS	64 00 00	23 40 00	w	1 34 40	+16
Spalt	D	49 10 45	10 55 35	ö	0 43 42	− 7
Spandau	D	52 32 23	13 12 25	ö	0 52 50	− 9
Sparow	D	53 31 06	12 23 36	ö	0 49 34	− 8
Sparavalle	I	44 06 55	10 27 47	ö	0 41 51	− 7
Sparta	GR	37 04 47	22 25 35	ö	1 29 42	−15
Spassk/Rjäsan	SU	54 23 59	40 22 39	ö	2 41 31	−27
Spassk/Tambow	SU	53 55 33	43 10 59	ö	2 52 44	−28
Spassk/Wjätka	SU	55 02 42	49 21 58	ö	3 17 28	−32
Speyer	D	49 19 10	8 26 10	ö	0 33 45	− 6
Spezia	I	44 06 54	9 48 45	ö	0 39 15	− 6
Spiegelsberge	D	51 52 30	11 02 13	ö	0 44 09	− 7
Spirikeln	D	54 29 00	22 01 12	ö	1 28 05	−14
Spital a. Pyhrn	A	47 40 00	14 20 00	ö	0 57 20	− 9
Splügen	CH	46 32 55	9 18 57	ö	0 37 16	− 6
Spornitz	D	53 24 30	11 44 30	ö	0 46 58	− 8
Spremberg	D	51 34 22	14 22 46	ö	0 57 31	− 9
Sprendlingen/Hessen	D	50 01 30	8 42 15	ö	0 34 49	− 6
Sprendlingen/Rheinh.	D	49 51 45	8 00 00	ö	0 32 00	− 5

Ort	Land	Breite ° ′ ″	Länge ° ′ ″	ö w	Zeitunter. h m s	SZK
Springe	D	52 12 04	9 32 38	ö	0 40 11	− 7
Sprockhöfel	D	51 22 00	7 15 00	ö	0 29 00	− 5
Srogö	DK	55 19 51	10 58 10	ö	0 43 53	− 7
Sprottau	D	51 33 45	15 32 35	ö	1 02 10	−10
Spurn Head	GB	53 37 12	0 12 15	ö	0 00 49	− 0
Ssemipalatinsk	SU	50 23 52	80 05 30	ö	5 20 22	−53
Sszarvas	H	46 51 55	20 32 58	ö	1 22 12	−13
Stade	D	53 36 12	9 28 39	ö	0 37 55	− 6
Stadtamhof	D	49 01 55	12 05 20	ö	0 48 21	− 8
Stadthagen	D	52 19 19	9 12 22	ö	0 36 49	− 6
Stadtilm	D	50 47 00	11 05 00	ö	0 44 20	− 7
Stadtrode	D	50 51 12	11 43 13	ö	0 46 53	− 8
Stafford	GB	52 47 55	2 08 58	w	0 08 36	+ 1
St. Affrique	F	43 57 30	2 53 10	ö	0 11 33	− 2
St. Albans	GB	51 42 55	0 18 59	w	0 01 16	+ 0
St. Alfio	I	37 43 55	15 09 48	ö	1 00 39	−10
St. Amand-Montrond	F	46 43 17	2 30 43	ö	0 10 03	− 2
St. Andrä	A	46 45 57	14 48 59	ö	0 54 16	−10
St. Andrews	GB	56 18 59	2 48 57	ö	0 11 16	− 2
St. Angelo-Lodig	I	45 13 58	9 25 45	ö	0 37 43	− 6
St. Anne	GB	51 40 55	5 09 21	w	0 20 37	+ 3
St. Anton	A	47 07 55	10 15 58	ö	0 41 04	− 7
St. Arcangelo	I	43 02 55	12 23 47	ö	0 49 35	− 8
St. Asaph	GB	53 15 28	3 26 18	w	0 13 45	+ 2
St. Aubin du Cernier	F	48 15 41	1 23 52	w	0 05 35	+ 1
St. Beatenberg	CH	46 40 55	7 47 58	ö	0 31 12	− 5
St. Bees Head	GB	54 30 55	3 30 00	w	0 14 00	+ 2
St. Brieuc	F	48 31 01	2 45 25	w	0 11 02	+ 2
St. Calais	F	47 55 19	0 44 47	ö	0 02 59	− 0
St. Catherines Point	GB	50 35 36	1 17 51	w	0 05 11	+ 1
St. Claude	F	46 23 13	5 52 03	ö	0 23 28	− 4
St. David	GB	51 52 56	5 15 49	w	0 21 03	+ 1
St. Denis	F	48 56 11	2 21 36	ö	0 09 26	− 2
St. Dié	F	48 17 04	6 57 02	ö	0 27 48	− 5
St. Etienne	F	45 26 09	4 23 35	ö	0 17 34	− 3
St. Fleur	F	45 02 05	3 05 40	ö	0 12 23	− 2
St. Florian	A	48 12 58	14 22 56	ö	0 57 32	− 9
St. Gallen	CH	47 24 42	9 20 06	ö	0 37 00	− 6
St. Gaudens	F	43 06 29	0 43 26	ö	0 02 54	− 0
St. Girons	F	42 59 06	1 08 38	ö	0 04 35	− 1
St. Gotthard	CH	46 32 58	8 33 57	ö	0 34 16	− 6
St. Helens	GB	53 26 55	2 43 58	w	0 10 56	+ 2
St. Helier	GB	49 10 55	2 05 57	w	0 08 24	+ 1

Ort	Land	Breite ° ′ ″	Länge ° ′ ″	ö w	Zeitunter. h m s	SZK
St. Ingbert	D	49 17 00	7 07 30	ö	0 28 30	− 5
St. Jean	F	45 16 36	6 20 49	ö	0 25 23	− 4
St. Jean d'Angely	F	45 56 39	0 31 24	w	0 02 06	+ 0
St. Jean de Luz	F	43 23 22	1 39 50	w	0 06 39	+ 1
St. Johann	A	47 12 59	15 48 59	ö	1 03 16	−10
St. Julien	F	46 08 35	6 05 01	ö	0 24 20	− 4
St. Katharein	A	47 27 55	15 10 00	ö	1 00 40	−10
St. Kathrein	A	47 06 56	11 26 58	ö	0 45 48	− 8
St. Leonhard	A	48 35 57	15 32 58	ö	1 02 12	−10
St. Lô	F	49 06 59	1 05 40	w	0 04 23	+ 1
St. Malo	F	48 38 57	2 01 32	w	0 08 06	+ 1
St. Marcellin	F	45 09 18	5 19 24	ö	0 21 18	− 4
St. Maria	CH	46 35 59	10 25 00	ö	0 41 40	− 7
St. Marie	F	47 41 45	2 00 00	w	0 08 00	+ 1
St. Mathieu	F	48 19 36	4 45 35	w	0 19 02	+ 3
St. Menehould	F	49 05 27	4 53 49	ö	0 19 35	− 3
St. Moritz	CH	46 30 00	9 50 00	ö	0 39 20	− 6
St. Nazaire	F	47 16 22	2 11 56	w	0 08 48	+ 1
St. Nicolas	B	51 10 00	4 04 58	ö	0 16 32	− 3
St. Olga	SU	43 43 56	135 20 00	ö	9 01 20	−89
St. Omar	F	50 44 53	2 25 18	ö	0 09 41	− 2
St. Paul	A	46 41 57	14 51 56	ö	0 59 28	−10
St. Peter Port	GB	49 27 55	2 31 57	w	0 10 08	+ 2
St. Pol	F	50 22 55	2 21 30	ö	0 09 26	− 2
St. Pölten	A	48 12 18	15 37 30	ö	1 02 30	−10
St. Pons	F	43 29 22	2 45 33	ö	0 11 02	− 2
St. Quentin	F	49 50 55	3 17 28	ö	0 13 10	− 2
St. Reverne	GB	50 03 06	5 05 02	w	0 20 20	+ 2
St. Rupert	A	47 25 00	13 12 57	ö	0 52 52	− 9
St. Sever	F	43 45 48	0 34 27	w	0 02 18	+ 0
St. Tropez	F	43 16 24	6 38 45	ö	0 24 35	− 4
St. Trond	B	50 48 59	5 10 58	ö	0 20 44	− 3
St. Ulderico di Tretto	I	45 42 57	11 18 48	ö	0 45 15	− 7
St. Valery-en-Caux	F	49 52 25	0 42 36	ö	0 02 50	− 0
St. Valery/Normandie	F	49 52 12	1 04 27	ö	0 04 18	− 1
St. Valery/Picardie	F	50 11 24	1 37 51	ö	0 06 31	− 1
St. Veit	A	47 18 58	13 10 00	ö	0 52 40	− 9
St. Wolfgang	A	47 43 59	13 26 59	ö	0 53 48	− 9
St. Yrieix	F	45 30 57	1 12 08	ö	0 04 49	− 1
Stadtoldendorf	D	51 54 00	9 37 00	ö	0 38 28	− 6
Stagno	YU	42 50 00	17 41 58	ö	1 10 48	−12
Stalinabad	SU	38 34 00	68 47 58	ö	4 35 12	−45
Stalingrad	SU	48 72 10	44 31 14	ö	2 58 05	−29

Ort	Land	Breite ° ′ ″	Länge ° ′ ″	ö w	Zeitunter. h m s	SZK
Stalinir	SU	42 13 55	43 57 59	ö	2 55 52	−29
Stalino	SU	48 00 00	37 47 58	ö	2 31 12	−25
Stalinogorsk	SU	54 03 55	38 15 00	ö	2 33 00	−25
Stalinsk	SU	47 40 55	131 35 57	ö	8 46 24	−86
Stallupönen	D	54 38 35	22 34 48	ö	1 30 19	−15
Stamford	GB	52 38 55	0 28 57	w	0 01 56	+ 0
Stanislawo	PL	48 55 59	24 41 56	ö	1 38 48	−16
Staples	GB	55 37 55	1 17 02	w	0 05 08	+ 1
Staraya Roussa	SU	57 59 16	31 23 00	ö	2 05 32	−21
Stara Zagora = Eski Zagre	BG	42 25 00	25 37 58	ö	1 42 32	−17
Stargard/Meckl.	D	53 30 00	13 19 05	ö	0 53 16	− 9
Stargard/Pommern	D	53 20 18	15 02 55	ö	1 00 12	−10
Staritza	SU	56 30 52	34 55 44	ö	2 19 43	−23
Starnberg	D	48 00 00	11 20 00	ö	0 45 20	− 7
Starodoub	SU	52 35 15	32 45 34	ö	2 11 02	−22
Starohichk	SU	49 16 59	38 55 33	ö	2 35 42	−26
Starokonstantinow	SU	49 45 12	27 13 19	ö	1 48 53	−18
Start Point	GB	50 13 24	3 28 21	w	0 14 33	+ 2
Staryi-Bykhof	SU	53 31 05	30 15 31	ö	2 01 02	−20
Stassfurt	D	51 50 45	11 34 40	ö	0 46 19	− 8
Staudach	D	47 46 30	12 29 00	ö	0 49 56	− 8
Stauden	YU	45 46 57	15 10 00	ö	1 00 40	−10
Staufen	D	47 53 48	7 41 30	ö	0 30 58	− 5
Stavanger	N	58 58 00	5 44 00	ö	0 22 56	− 4
Stavenhagen	D	53 42 08	12 54 32	ö	0 51 38	− 8
Staw	PL	52 19 54	17 45 06	ö	1 11 00	−12
Stawropol = Voroshilovsk	SU	45 03 11	41 59 19	ö	2 47 57	−28
Stedesand	D	54 45 00	8 56 06	ö	0 35 44	− 6
Steegen	D	54 19 30	19 06 15	ö	1 16 25	−13
Steele	D	51 26 58	7 04 30	ö	0 28 18	− 5
Steenwijk	NL	52 47 14	6 07 18	ö	0 24 29	− 4
Steffenshagen	D	54 06 42	13 17 30	ö	0 53 10	− 9
Stein	YU	46 13 55	14 36 58	ö	0 58 28	−10
Stein/Rhein	CH	47 40 50	8 54 15	ö	0 35 37	− 6
Steinach	D	50 25 22	11 09 00	ö	0 44 36	− 7
Steinau/Opr.	D	54 07 12	22 25 48	ö	1 29 43	−15
Steinau/Schl.	D	51 25 32	16 25 20	ö	1 05 41	−11
Steinbach/Allg.	D	47 40 00	10 42 00	ö	0 42 48	− 7
Steinbach-Hallenberg	D	50 42 15	10 34 04	ö	0 42 16	− 7
Steinheim	D	51 51 45	9 05 41	ö	0 36 23	− 6
Steinkirche	D	50 43 45	17 02 30	ö	1 08 10	−11
Steinmühle	D	49 58 24	12 16 30	ö	0 49 06	− 8
Steinrain	D	48 46 15	12 11 48	ö	0 48 47	− 8

Ort	Land	Breite ° ′ ″	Länge ° ′ ″	ö w	Zeitunter. h m s	SZK
Stendal	D	52 36 25	11 51 42	ö	0 47 27	− 8
Stenegard	S	60 25 55	16 11 57	ö	1 04 48	−11
Stepanakert	SU	39 50 00	46 45 58	ö	3 07 04	−31
Stephansheim	D	50 53 18	16 38 08	ö	1 06 33	−11
Stephansposching	D	48 49 07	12 48 18	ö	0 51 13	− 8
Stepnoy	SU	46 18 55	44 15 58	ö	2 57 04	−29
Sterbfritz	D	50 18 50	9 37 37	ö	0 38 30	− 6
Sterkrade	D	51 31 30	6 51 43	ö	0 27 27	− 5
Sternberg/Meckl.	D	53 43 12	11 49 55	ö	0 47 20	− 8
Sternberg/Neum.	D	52 18 45	15 04 12	ö	1 00 17	−10
Sternberg	CS	49 43 54	17 18 12	ö	1 09 13	−11
Sternbergen	NL	51 35 18	4 19 28	ö	0 17 18	− 3
Sterlitamak	SU	53 37 15	55 58 10	ö	3 43 53	−37
Stettin	D	53 25 41	14 33 43	ö	0 58 15	−10
Steyr	A	48 02 18	14 25 12	ö	0 57 41	− 9
Stimpfach	D	49 03 30	10 05 25	ö	0 40 22	− 7
Stipanj	AL	40 58 00	20 06 45	ö	1 20 21	−13
Stirling	GB	56 06 55	3 55 57	w	0 15 44	+ 3
Stjarnsund	S	60 25 55	16 05 00	ö	1 04 20	−11
Stockach	D	47 51 12	9 01 41	ö	0 36 07	− 6
Stöcken	D	52 45 00	10 42 06	ö	0 42 48	− 7
Stöckerau	A	48 23 12	16 12 48	ö	1 04 51	−11
Stockheim	D	50 27 17	10 16 41	ö	0 41 07	− 7
Stockholm	S	59 20 34	18 03 30	ö	1 12 14	−12
Stockport	GB	53 23 55	2 08 58	w	0 08 36	+ 1
Stockton-on-Tees	GB	54 33 55	1 18 45	w	0 05 15	+ 1
Stoke-upon-Trent	GB	53 00 00	2 10 55	w	0 08 44	+ 1
Stolberg/Harz	D	51 35 08	10 56 45	ö	0 43 47	− 7
Stolberg/Rh. Aachen	D	50 46 30	6 13 50	ö	0 24 55	− 4
Stollberg	D	50 42 33	12 50 20	ö	0 51 21	− 8
Stollberg	A	48 04 57	15 50 00	ö	1 03 20	−10
Stollhamm	D	53 30 37	8 21 00	ö	0 33 26	− 6
Stollhofen	D	48 45 25	8 03 23	ö	0 32 14	− 5
Stolp	D	54 28 03	17 01 59	ö	1 08 08	−11
Stolpen	D	51 02 15	14 02 27	ö	0 56 10	− 9
Stolpmünde	D	54 34 06	16 51 18	ö	1 07 25	−11
Stolzenau	D	52 30 58	9 04 45	ö	0 36 19	− 6
Stolzenberg	D	53 53 56	15 41 47	ö	1 02 47	−10
Stolzenhagen	D	53 30 00	14 35 30	ö	0 58 22	−10
Stommeln	D	51 01 18	6 46 00	ö	0 27 04	− 4
Stonyhurst	GB	53 50 40	2 28 10	w	0 09 53	+ 2
Stoppenberg	D	51 28 30	7 02 00	ö	0 28 08	− 5
Stora Ekeberg	S	58 23 55	13 32 57	ö	0 54 12	− 9

Ort	Land	Breite ° ′ ″	Länge ° ′ ″	ö w	Zeitunter. h m s	SZK
Storfors	S	59 32 55	14 16 58	ö	0 57 08	− 9
Storjungfrun	S	61 10 00	17 20 00	ö	1 09 29	−11
Storkow	D	52 15 05	13 56 19	ö	0 55 45	− 9
Storlien	S	63 18 55	12 05 57	ö	0 48 24	− 8
Storlo	I	45 23 57	9 06 46	ö	0 36 27	− 6
Stormyrheden	S	65 46 55	19 23 58	ö	1 17 36	−13
Storonetz-Putilla	R	47 58 55	25 05 00	ö	1 40 20	−16
Storsätern	S	62 02 50	12 16 10	ö	0 49 05	− 8
Storzingen	D	48 08 00	9 06 47	ö	0 36 27	− 6
Strabane	GB	54 50 00	7 27 57	w	0 29 52	+ 5
Stradam	D	51 15 57	17 36 12	ö	1 10 25	−12
Stralsund	D	54 19 01	13 05 34	ö	0 52 22	− 9
Strandvallen	S	57 50 00	14 16 59	ö	0 57 08	− 9
Strasburg	D	53 15 25	19 24 18	ö	1 17 37	−13
Strasnitz	CS	48 52 55	17 17 57	ö	1 09 12	−11
Straßburg/Elsaß	F	48 34 57	7 42 12	ö	0 30 49	− 5
Straßebersberg	D	50 50 06	8 18 50	ö	0 33 15	− 5
Strassen	L	49 36 56	6 03 58	ö	0 24 16	− 4
Stratford-upon-Avon	GB	52 23 55	1 07 58	w	0 04 32	+ 1
Straubing	D	48 52 50	12 34 30	ö	0 50 18	− 8
Strausberg	D	52 34 54	13 52 56	ö	0 55 32	− 9
Strehla	D	51 21 42	13 13 58	ö	0 52 56	− 9
Strehlen	D	50 46 55	17 04 25	ö	1 08 18	−11
Striegau	D	50 57 45	16 20 51	ö	1 05 23	−11
Strietensk	SU	52 14 12	117 41 24	ö	7 50 46	−77
Strobl	A	47 42 55	13 30 00	ö	0 54 00	− 9
Strömstadt	S	58 55 30	11 11 57	ö	0 44 48	− 7
Strond	GB	51 45 00	2 10 58	w	0 08 44	+ 1
Strozzawolpe	I	43 27 59	11 11 44	ö	0 44 47	− 7
Strückhausen	D	53 18 50	8 23 02	ö	0 33 32	− 6
Strücklingen	D	53 07 21	7 40 43	ö	0 30 43	− 5
Struckum	D	54 34 53	9 00 00	ö	0 36 00	− 6
Strugnano	I	45 31 56	13 35 58	ö	0 54 24	− 9
Strullendorf	D	49 50 45	10 58 30	ö	0 43 54	− 7
Strumica	YU	41 26 55	22 36 58	ö	1 30 28	−15
Stryj	PL	49 15 00	23 51 57	ö	1 35 28	−16
Strubben	D	53 24 15	8 48 00	ö	0 35 12	− 6
Studzienna	D	50 03 35	18 11 30	ö	1 12 46	−12
Stuhlweißenburg = Szekesfehervar	H	47 11 54	18 25 00	ö	1 13 29	−12
Stuhm	D	53 54 45	19 02 45	ö	1 16 11	−13
Stuhr	D	53 01 37	8 44 30	ö	0 34 58	− 6
Stürza	D	51 00 38	14 03 37	ö	0 56 15	− 9

Ort	Land	Breite ° ′ ″	Länge ° ′ ″	ö w	Zeitunter. h m s	SZK
Stuttgart	D	48 46 30	9 10 30	ö	0 36 42	− 6
Stüttgen	D	51 09 06	6 46 36	ö	0 27 06	− 4
Stutthof	D	54 19 30	19 10 00	ö	1 16 40	−13
Stykhicholm	IS	65 05 00	22 46 00	w	1 31 04	+15
Subiaco	I	41 55 57	13 04 48	ö	0 52 19	− 9
Subotsko	GR	40 55 30	22 04 30	ö	1 28 18	−15
Succiso	I	44 21 55	10 13 48	ö	0 40 55	− 7
Süchteln	D	51 16 58	6 22 30	ö	0 25 30	− 4
Suchumkale	SU	42 59 18	40 59 40	ö	2 43 59	−27
Sudogda	SU	55 57 03	40 52 21	ö	2 43 29	−27
Suhl	D	50 37 06	10 41 15	ö	0 42 45	− 7
Sukhinitchi	SU	54 05 07	35 20 16	ö	2 21 21	−23
Sukhumi	SU	43 00 55	41 01 58	ö	2 44 08	−27
Sulau	D	51 30 00	17 11 00	ö	1 08 44	−11
Sulina	R	45 09 06	29 40 37	ö	1 58 42	−20
Sulingen	D	52 40 51	8 48 24	ö	0 35 14	− 6
Sulkava	SF	64 47 55	28 20 00	ö	1 53 20	−19
Sulz/Neckar	D	48 21 23	8 38 00	ö	0 34 32	− 6
Sulzbach/Mainfr.	D	49 54 47	9 09 30	ö	0 36 38	− 6
Sulzbach/Opf.	D	49 30 20	11 45 00	ö	0 47 00	− 8
Sulzbach/Saarl.	D	49 17 30	7 03 56	ö	0 28 16	− 5
Sulzburg	D	47 50 33	7 42 23	ö	0 30 49	− 5
Suma	SU	64 15 35	35 27 59	ö	2 21 52	−23
Sumen = Shumen	BG	43 17 23	26 57 10	ö	1 47 49	−18
Sumy	SU	50 54 38	34 48 08	ö	2 19 13	−23
Sunderland	GB	54 55 00	1 21 16	w	0 05 25	+ 1
Sundsvall	S	62 23 29	17 18 00	ö	1 09 12	−10
Suojärvi	SF	62 13 55	32 25 00	ö	2 09 40	−21
Suomennierni	SF	61 23 55	27 25 00	ö	1 49 40	−18
Suomussalmi	SF	64 53 55	29 01 58	ö	1 56 08	−19
Suorva	S	67 32 00	18 13 57	ö	1 12 56	−12
Suraz	PL	52 56 33	22 56 41	ö	1 31 47	−15
Surgut	SU	61 13 55	73 19 15	ö	4 53 17	−48
Surheim	D	47 52 50	12 57 35	ö	0 51 50	− 9
Surop	SU	59 28 30	24 23 22	ö	1 37 33	−16
Susa	I	45 05 57	7 01 58	ö	0 28 08	− 5
Suschow	D	51 48 06	14 06 18	ö	0 56 25	− 9
Sustamo	SF	61 58 55	31 43 55	ö	2 06 56	−21
Sutton	GB	51 21 00	0 12 00	w	0 00 48	+ 1
Suursaari	SF	60 00 55	27 01 58	ö	1 48 08	−18
Suwalki	PL	54 05 55	22 55 57	ö	1 31 44	−15
Svalferfort	SU	57 55 59	22 00 15	ö	1 28 01	−14
Svalöv	S	55 55 00	13 06 59	ö	0 52 28	− 9

Ort	Land	Breite ° ′ ″	Länge ° ′ ″	ö w	Zeitunter. h m s	SZK
Svedala	S	55 30 55	13 15 00	ö	0 53 00	− 9
Sveg	S	62 02 10	14 22 45	ö	0 57 31	− 9
Svendborg	DK	55 03 37	10 36 49	ö	0 42 27	− 7
Svenska Högarns	S	59 26 55	19 30 00	ö	1 18 00	−13
Sventziary	SU	55 08 09	26 09 55	ö	1 44 38	−17
Svitavy	CS	49 45 57	16 26 58	ö	1 05 48	−11
Swansea	GB	51 36 55	3 55 36	w	0 15 42	+ 3
Swenigorodka	SU	49 04 37	30 57 41	ö	2 03 51	−20
Swerdlowsk	SU	56 50 00	60 37 58	ö	4 02 32	−40
Swindon	GB	51 33 55	1 46 57	w	0 07 08	+ 1
Swinemünde	D	53 54 34	14 15 15	ö	0 57 01	− 9
Syklyvkar = List Sysolske	SU	61 40 00	50 50 58	ö	3 23 24	−33
Sysmä	SF	61 26 55	25 51 00	ö	1 43 24	−17
Syzzan	SU	53 08 48	48 27 47	ö	3 13 51	−32
Szabadka = Subotica	YU	46 05 55	19 40 00	ö	1 18 40	−13
Szczawinca	PL	49 25 55	20 30 00	ö	1 22 00	−13
Szczerzek	PL	50 05 55	23 33 56	ö	1 34 16	−15
Szecseny	H	48 05 00	19 31 58	ö	1 18 08	−13
Szegedin	H	46 15 30	20 08 30	ö	1 20 34	−13
Szekesfehervar						
Stuhlweissenburg	H	47 11 55	18 25 00	ö	1 13 40	−12
Szekszard	H	46 20 55	18 42 59	ö	1 14 52	−12
Szentendro	H	47 40 55	19 03 57	ö	1 16 16	−12
Szentes	H	46 38 55	20 15 57	ö	1 21 04	−13
Szigetvar	H	46 02 55	17 48 59	ö	1 11 16	−12
Szolnok	H	47 10 00	20 12 00	ö	1 20 48	−13
Szombathely	H	47 13 55	16 36 56	ö	1 06 28	−11
Tabor	CS	49 25 55	14 40 58	ö	0 58 44	−10
Tachow = Tachau	CS	49 47 58	12 38 57	ö	0 50 36	− 8
Taganrog	SU	47 12 27	38 56 32	ö	2 35 46	−26
Taivalkoski	SF	65 32 55	28 15 00	ö	1 53 00	−19
Talamone	I	42 33 08	11 08 05	ö	0 44 32	− 7
Talas	SU	42 31 55	72 12 58	ö	4 48 52	−47
Taldy-Kurgan	SU	45 00 00	78 23 59	ö	5 13 36	−52
Talmay	F	47 21 50	5 26 24	ö	0 21 46	− 4
Talsi	SU	57 13 55	22 06 58	ö	1 28 28	−14
Taman	SU	45 12 55	36 43 15	ö	2 26 53	−24
Tambow	SU	41 29 00	43 20 00	ö	2 45 56	−29
Tamhof	SU	52 43 33	41 27 44	ö	2 45 51	−27
Tamisto	SF	60 15 55	24 57 58	ö	1 39 52	−16
Tammela	SF	60 48 55	23 36 59	ö	1 34 28	−16

Ort	Land	Breite ° ′ ″	Länge ° ′ ″	ö w	Zeitunter. h m s	SZK
Tammisaari	SF	59 57 56	23 25 58	ö	1 33 44	−15
Tampere	SF	61 30 00	23 45 58	ö	1 35 04	−16
Tamsal	SU	59 10 00	26 03 12	ö	1 44 13	−17
Tangermünde	D	52 32 38	11 58 43	ö	0 47 55	− 8
Tannheim	D	48 00 00	10 04 36	ö	0 40 18	− 7
Taormina	I	37 48 15	15 17 40	ö	1 01 11	−10
Tapa	SU	59 16 40	25 59 20	ö	1 43 57	−17
Tapia	AL	40 46 58	19 55 00	ö	1 19 40	−13
Tara	SU	56 54 52	74 23 52	ö	4 57 35	−49
Tarachtcha	SU	49 33 47	30 30 25	ö	2 02 02	−20
Taranto	I	40 28 16	17 14 30	ö	1 08 58	−11
Tarbes	F	43 13 48	0 04 56	ö	0 00 20	− 0
Târgu-Jiu	R	45 02 11	23 13 46	ö	1 32 55	−15
Târgu-Mures	R	46 31 55	24 35 00	ö	1 38 20	−16
Tarifa	E	36 00 30	5 35 15	w	0 22 21	+ 4
Tärnaby	S	65 42 45	15 17 15	ö	1 01 09	−10
Tarnopol	SU	49 32 55	25 35 57	ö	1 42 24	−17
Tarnow	D	53 46 00	12 03 00	ö	0 48 12	− 8
Tarnow	PL	50 00 55	21 00 00	ö	1 24 00	−14
Tarnowitz	PL	50 26 39	18 51 21	ö	1 15 25	−12
Tarragona	E	41 06 02	1 14 23	ö	0 04 58	− 1
Tarrasa	E	41 33 55	2 01 00	ö	0 08 04	− 2
Tartu	SU	58 22 55	26 43 59	ö	1 46 56	−17
Tarussa	SU	54 43 44	37 10 53	ö	2 28 44	−24
Tarvestad	N	59 22 42	5 15 03	ö	0 21 00	− 3
Tashans	SU	41 50 22	59 59 25	ö	3 59 58	−39
Taschkent	SU	41 19 31	69 17 40	ö	4 37 11	−46
Tating	D	54 19 36	8 43 24	ö	0 34 54	− 6
Tauberbischofsheim	D	49 37 20	9 39 50	ö	0 38 39	− 6
Tauberfeld	D	48 49 24	11 17 00	ö	0 45 08	− 7
Taucha	D	51 23 10	12 30 00	ö	0 50 00	− 8
Taukar	SF	63 56 55	22 50 58	ö	1 31 24	−15
Taunton	GB	51 00 55	3 05 15	w	0 12 21	+ 2
Tavastehns	SF	61 00 00	24 27 58	ö	1 37 52	−16
Taviano	I	39 58 56	18 06 48	ö	1 12 27	−12
Tavira	P	37 02 55	7 24 45	w	0 29 39	+ 5
Tavistock	GB	50 33 55	4 07 58	w	0 16 32	+ 3
Tbilisi = Tiflis	SU	41 45 00	44 50 00	ö	2 59 40	−30
Teana	I	40 07 57	16 10 47	ö	1 04 43	−11
Techlipp	D	54 10 24	16 52 54	ö	1 07 32	−11
Tecklenburg	D	52 13 14	7 49 00	ö	0 31 16	− 5
Teddington	GB	51 25 55	0 20 00	w	0 01 20	+ 0
Tegel	D	52 35 52	13 16 04	ö	0 53 04	− 9

Ort	Land	Breite ° ′ ″	Länge ° ′ ″	ö w	Zeitunter. h m s	SZK
Tegernsee	D	47 43 00	11 45 00	ö	0 47 00	− 8
Teglio	I	46 10 00	10 02 46	ö	0 40 11	− 7
Teichwolframsdorf	D	50 44 11	12 15 45	ö	0 49 03	− 8
Teisko	SF	61 38 55	24 01 57	ö	1 36 08	−16
Telaw	SU	41 55 22	45 28 12	ö	3 01 53	−30
Telgte	D	51 57 24	7 49 54	ö	0 31 20	− 5
Telschi	SU	55 59 32	22 15 59	ö	1 29 04	−15
Teltsch	CS	49 12 00	15 26 57	ö	1 01 48	−10
Temesvar	R	45 45 36	21 15 18	ö	1 25 06	−14
Temir-chan-schura	SU	42 50 00	47 09 40	ö	3 08 39	−31
Temmikof	SU	54 37 47	43 12 06	ö	2 52 48	−28
Tempelburg	D	53 33 45	16 08 10	ö	1 04 33	−11
Tempelhof	D	52 53 18	15 00 00	ö	1 00 00	−10
Tempio Pausania	I	40 53 55	9 05 00	ö	0 36 20	− 6
Templin	D	53 07 30	13 30 00	ö	0 54 00	− 9
Tenby	GB	51 40 20	4 41 41	w	0 18 47	+ 3
Tencin = Trencsen	CS	48 52 55	18 02 00	ö	1 12 08	−12
Tennstedt	D	51 09 18	10 40 26	ö	0 42 42	− 7
Tensfeld	D	54 02 37	10 19 23	ö	0 41 18	− 7
Tepeleni	AL	40 18 58	20 02 30	ö	1 20 10	−13
Tepl	CS	49 57 10	12 50 00	ö	0 48 13	− 8
Teplitz-Schönau = Teplice	CS	50 38 55	13 47 58	ö	0 55 12	− 9
Teramo	I	42 39 27	13 43 15	ö	0 54 53	− 9
Termez	SU	37 10 55	67 12 59	ö	4 28 52	−44
Termini	I	37 57 28	13 42 15	ö	0 54 19	− 9
Termoli	I	42 00 25	15 00 26	ö	1 00 02	−10
Terni	I	42 38 55	12 38 57	ö	0 50 36	− 8
Terracina	I	41 16 56	13 15 36	ö	0 53 02	− 9
Terranova	I	37 04 30	14 14 59	ö	0 57 00	− 9
Terricciola	I	43 31 00	14 14 48	ö	0 56 59	− 9
Teruel	E	40 20 55	1 05 57	w	0 04 24	+ 1
Teschen	PL	49 45 00	18 37 56	ö	1 14 32	−12
Teschenhagen	D	54 23 56	13 22 15	ö	0 53 29	− 9
Teschow	D	54 00 00	11 38 10	ö	0 46 33	− 8
Tesebend	SU	37 31 57	60 44 15	ö	4 02 57	−40
Tessin	D	51 01 36	12 27 50	ö	0 49 51	− 8
Tetango	L	49 29 40	6 02 15	ö	0 24 09	− 4
Teterow	D	53 46 36	12 33 50	ö	0 50 15	− 8
Tétiuhi	SU	54 56 29	48 50 11	ö	3 15 21	−32
Tetschen	CS	50 45 55	14 15 00	ö	0 57 00	− 9
Tettau	D	50 28 05	11 15 15	ö	0 45 01	− 7
Tetten	D	53 38 18	7 52 55	ö	0 31 32	− 5
Tettnang	D	47 40 12	9 35 44	ö	0 38 23	− 6

Ort	Land	Breite ° ′ ″	Länge ° ′ ″	ö w	Zeitunter. h m s	SZK
Teublitz	D	49 13 05	12 05 25	ö	0 48 22	− 8
Teuchern	D	51 07 11	12 01 00	ö	0 48 04	− 8
Teufenbach	A	47 07 59	14 21 57	ö	0 57 28	− 9
Teuva	SF	62 28 55	21 45 00	ö	1 27 00	−14
Tewskbury	GB	52 00 00	2 02 58	w	0 08 12	+ 1
Thale	D	51 45 38	11 02 35	ö	0 44 10	− 7
Tharandt	D	50 59 12	13 34 24	ö	0 54 18	− 9
Theben	GR	38 19 16	23 19 13	ö	1 32 17	−15
Thessaloniki	GR	40 37 55	22 55 58	ö	1 31 44	−15
Theussing	CS	50 03 55	12 58 57	ö	0 51 56	− 9
Thiedinghausen	D	52 57 50	9 00 00	ö	0 36 00	− 6
Thielt	B	51 00 04	3 19 36	ö	0 13 18	− 2
Thiers	F	45 51 15	3 32 57	ö	0 14 12	− 2
Thionville	F	49 21 30	6 10 08	ö	0 24 41	− 4
Thisted	DK	56 55 58	8 40 57	ö	0 34 44	− 6
Thivai	GR	38 20 00	23 18 57	ö	1 33 16	−15
Thommendorf	D	51 17 15	15 25 20	ö	1 01 41	−10
Thonon	F	46 22 22	6 28 59	ö	0 25 50	− 4
Thorn = Torun	PL	53 00 43	18 36 27	ö	1 14 26	−12
Thorne	GB	53 36 57	0 55 58	w	0 03 44	+ 1
Thourout	B	51 03 58	3 04 58	ö	0 12 24	− 2
Thun	CH	46 45 57	7 36 58	ö	0 30 28	− 5
Thüngen	D	49 56 49	9 51 30	ö	0 39 26	− 6
Thüngersheim	D	49 53 18	9 50 58	ö	0 39 24	− 6
Thurow	D	53 58 12	13 32 54	ö	0 54 12	− 9
Thüste	D	52 01 38	9 37 54	ö	0 38 32	− 6
Tiegenhof	D	54 12 45	19 06 52	ö	1 16 27	−13
Tiegenort	D	54 30 00	19 07 49	ö	1 16 31	−13
Tiel	NL	51 52 55	5 25 00	ö	0 21 40	− 4
Tiflis = Tbilisi	SU	41 45 00	44 50 00	ö	2 59 12	−29
Tihang	H	46 54 53	15 33 22	ö	1 02 13	−10
Tikhvin	SU	59 38 49	33 30 39	ö	2 14 03	−22
Tikkurila	SF	60 17 55	25 01 58	ö	1 40 08	−16
Tilburg	NL	51 31 55	5 02 57	ö	0 20 12	− 3
Tilsit	D	55 05 03	21 54 25	ö	1 27 38	−14
Tim	SU	51 37 14	37 07 20	ö	2 28 29	−24
Tingleff	DK	54 57 00	9 15 00	ö	0 37 00	− 6
Tingstäde	S	57 43 55	18 36 58	ö	1 14 28	−12
Tipperary	IRL	52 27 57	8 07 58	w	0 32 32	+ 5
Tipton	GB	52 31 55	2 03 57	w	0 08 16	+ 1
Tirana	AL	41 18 00	19 49 55	ö	1 19 20	−13
Tiraspol	SU	46 50 13	31 02 22	ö	2 04 09	−20
Tirlemont	B	50 47 59	4 55 58	ö	0 19 44	− 3

Ort	Land	Breite ° ′ ″	Länge ° ′ ″	ö w	Zeitunter. h m s	SZK
Tirnovo	BG	43 05 09	25 38 30	ö	1 42 34	−17
Tirschenreuth	D	49 52 57	12 20 30	ö	0 49 22	− 8
Tittling	D	48 43 45	13 23 07	ö	0 53 32	− 9
Titz	D	51 00 20	6 25 15	ö	0 25 41	− 4
Tiukalinsk	SU	51 52 27	72 13 48	ö	4 48 55	−47
Tiulenij	SU	44 27 55	47 30 15	ö	3 10 01	−31
Tiverston	GB	50 55 00	3 30 00	w	0 14 00	+ 2
Tivoli	I	41 57 59	12 48 15	ö	0 51 13	− 8
Tjumen	SU	57 10 09	65 31 45	ö	4 22 07	−43
Tobolsk	SU	58 11 54	68 13 36	ö	4 32 54	−44
Todtnau	D	47 49 35	7 46 40	ö	0 31 07	− 5
Thomajärvi	SF	62 10 00	30 38 59	ö	2 02 36	−20
Toksmak	SU	42 50 30	75 20 58	ö	5 01 24	−50
Toledo	E	39 52 24	4 01 15	w	0 16 05	+ 3
Tolkemit	D	54 18 56	19 33 30	ö	1 18 14	−13
Töllschütz	D	51 11 20	13 02 51	ö	0 52 11	− 9
Tolna	H	46 25 11	16 27 24	ö	1 05 50	−11
Tölz, Bad	D	47 45 48	11 33 20	ö	0 46 13	− 8
Tomorica	AL	40 41 55	20 17 30	ö	1 21 10	−13
Tomsk	SU	56 29 55	84 57 12	ö	5 39 49	−56
Tondern	DK	54 56 16	8 52 57	ö	0 35 32	− 6
Tongres	B	50 46 53	5 27 58	ö	0 21 52	− 4
Tonnerre	F	47 51 23	3 58 21	ö	0 15 53	− 3
Tönning	D	54 19 10	8 56 30	ö	0 35 46	− 6
Tonsberg	N	59 15 55	10 25 58	ö	0 41 44	− 7
Tonta	S	59 47 55	16 32 58	ö	1 06 12	−11
Topper	D	52 15 57	15 15 42	ö	1 01 03	−10
Tordesillas	E	41 30 00	5 00 00	w	0 20 00	+ 3
Torgau	D	51 33 41	13 00 28	ö	0 52 02	− 9
Torgelow	D	53 37 40	14 02 00	ö	0 56 08	− 9
Torjok	SU	57 02 28	34 57 30	ö	2 19 50	−23
Torna	H	48 35 28	18 33 03	ö	1 14 12	−12
Tornea	SF	65 50 00	24 13 45	ö	1 36 55	−16
Törneby	S	56 37 15	16 10 00	ö	1 04 40	−11
Torokszentmiklos	H	47 10 55	20 25 57	ö	1 21 44	−13
Torpa	S	57 10 55	12 16 58	ö	0 49 08	− 8
Torquay	GB	50 21 55	3 30 00	w	0 14 00	+ 2
Torre Annunciata	I	40 45 15	14 26 51	ö	0 57 47	−10
Torre del Greco	I	40 46 58	14 22 15	ö	0 57 29	− 9
Torre del Mar	E	36 43 18	4 05 30	w	0 16 22	+ 3
Torrevieja	E	37 58 18	0 39 27	w	0 02 38	+ 0
Torrnigton	GB	50 57 59	4 06 58	w	0 16 28	+ 3
Torro	E	37 43 21	3 57 11	w	0 15 49	+ 3

Ort	Land	Breite ° ′ ″	Länge ° ′ ″	ö w	Zeitunter. h m s	SZK
Torsta	S	63 15 00	14 33 57	ö	0 58 16	−10
Tortoli	I	39 55 45	9 43 25	ö	0 38 54	− 6
Tortona	I	44 53 36	8 52 19	ö	0 35 29	− 6
Tortosa	E	40 49 14	0 29 37	ö	0 01 59	− 0
Tost	D	50 27 08	18 31 16	ö	1 14 05	−12
Töstamaa	SU	58 20 10	23 59 30	ö	1 35 58	−16
Tostedt	D	53 17 24	9 41 14	ö	0 38 45	− 6
Totma	SU	60 07 55	45 01 30	ö	3 00 06	−30
Toul	F	48 40 32	5 53 30	ö	0 23 34	− 4
Toulon	F	43 07 17	5 56 01	ö	0 23 44	− 4
Toulouse	F	43 36 45	1 27 45	ö	0 05 51	− 1
Tour-du-pin	F	45 33 50	5 02 59	ö	0 20 12	− 3
Tournai	B	50 36 21	3 23 45	ö	0 13 35	− 2
Tournon	F	45 04 02	4 50 10	ö	0 19 21	− 3
Tours	F	47 23 47	0 41 39	ö	0 02 47	− 0
Tovehult	S	57 38 55	16 33 59	ö	1 06 16	−11
Traben-Trarbach	D	49 57 30	7 06 58	ö	0 28 28	− 5
Traberg	A	48 30 58	14 11 56	ö	0 56 48	− 9
Trackenberg	D	51 27 58	16 55 36	ö	1 07 42	−11
Trafalgar	E	36 09 00	5 58 30	w	0 23 54	+ 4
Tragoss	A	47 30 57	15 05 00	ö	1 00 20	−10
Tralee	IRL	52 15 00	9 37 58	w	0 38 32	+ 6
Tranekiär	DK	54 59 12	10 53 24	ö	0 43 34	− 7
Trani	I	41 16 45	16 25 31	ö	1 05 42	−11
Trapani	I	38 02 58	12 30 30	ö	0 50 02	− 8
Traunstein	D	47 52 24	10 37 42	ö	0 42 31	− 7
Trautenau = Trutnov	CS	50 33 48	15 55 00	ö	1 03 40	−10
Travemünde	D	53 57 44	10 52 58	ö	0 43 32	− 7
Travna	BG	42 52 21	25 30 10	ö	1 42 01	−17
Trebbin	D	52 12 55	13 12 38	ö	0 52 51	− 9
Trebichau	D	51 48 30	12 00 00	ö	0 48 00	− 8
Trebiste	AL	41 25 55	20 32 30	ö	1 22 10	−14
Trebitz	D	51 45 10	12 45 30	ö	0 51 02	− 8
Trebnig	D	50 49 28	16 51 43	ö	1 07 27	−11
Trebnitz	D	51 18 01	17 06 27	ö	1 08 26	−11
Tregony	GB	50 15 55	4 52 30	w	0 19 30	+ 3
Tregnier	F	48 46 54	3 13 33	w	0 12 54	+ 2
Trelleborg	S	55 22 15	13 10 00	ö	0 52 40	− 7
Tremessen	D	52 32 58	17 48 59	ö	1 11 16	−12
Trendelburg	D	51 34 28	9 24 19	ö	0 37 37	− 6
Trent	D	54 31 18	13 15 34	ö	0 53 02	− 9
Trento = Trient	I	46 03 59	11 04 52	ö	0 44 19	− 7
Treptow	D	54 03 50	15 16 06	ö	1 01 04	−10

Ort	Land	Breite ° ′ ″	Länge ° ′ ″	ö w	Zeitunter. h m s	SZK
Treuchtlingen	D	48 57 27	10 55 05	ö	0 43 40	− 7
Treuen	D	50 32 28	12 18 27	ö	0 49 14	− 8
Treuenbrietzen	D	52 05 54	12 50 42	ö	0 51 23	− 8
Treviso	I	45 39 41	12 13 48	ö	0 48 55	− 8
Trevoux	F	45 56 37	4 46 34	ö	0 19 06	− 3
Treysa	D	50 55 30	9 11 36	ö	0 36 46	− 6
Triangel	D	52 30 58	10 35 42	ö	0 42 23	− 7
Triberg	D	48 07 20	8 13 18	ö	0 32 53	− 5
Tribsees	D	54 05 45	12 45 50	ö	0 51 08	− 8
Triebel	D	51 38 30	14 49 24	ö	0 59 18	−10
Triebelwitz	D	51 07 40	16 08 58	ö	1 04 36	−11
Triefenried	D	48 58 24	13 03 56	ö	0 52 16	− 9
Trier	D	49 45 30	6 38 40	ö	0 26 35	− 4
Triesen	FL	47 06 40	9 31 32	ö	0 38 06	− 6
Triest	I-YU	45 38 45	13 45 42	ö	0 55 03	− 9
Trikeri	GR	39 05 19	23 03 30	ö	1 32 14	−15
Trikkala	GR	39 32 55	21 45 00	ö	1 27 00	−14
Triliessy	SU	49 58 51	30 48 58	ö	2 03 16	−20
Trim	IRL	53 32 55	6 47 30	w	0 27 10	+ 4
Tripolis	GR	37 30 31	22 22 33	ö	1 29 30	−15
Trnava	CS	48 22 55	17 35 00	ö	1 10 20	−12
Trnis	A	47 05 00	11 25 00	ö	0 45 40	− 7
Troia	I	41 50 00	15 22 48	ö	1 01 31	−10
Troisty	CS	49 50 00	13 02 58	ö	0 52 12	− 9
Troitzk	SU	54 11 55	43 40 15	ö	2 54 41	−29
Troitzk-Passad	SU	56 17 55	46 28 15	ö	3 05 53	−31
Troivierges	L	50 06 30	6 00 00	ö	0 24 00	− 4
Troizk	SU	54 04 34	61 33 25	ö	4 06 14	−40
Troisdorf	D	50 50 00	7 09 00	ö	0 28 36	− 4
Troizkossawsk	SU	50 20 55	108 46 15	ö	7 15 05	−71
Troki	SU	54 58 37	24 58 02	ö	1 39 52	−16
Trollhättan	S	58 16 55	12 17 59	ö	0 49 12	− 8
Tromö	N	58 26 20	8 57 15	ö	0 35 49	− 6
Tromsö	N	69 37 55	18 58 15	ö	1 15 53	−12
Trondheim	N	63 25 48	10 25 04	ö	0 41 40	− 7
Troon	GB	55 32 57	4 40 00	w	0 18 40	+ 3
Tropea	I	38 40 58	15 53 05	ö	1 03 32	−10
Troppau = Opava	CS	49 56 22	17 53 57	ö	1 11 37	−12
Trossingen	D	48 04 30	8 38 14	ö	0 34 33	− 6
Trostberg	D	48 01 55	12 32 54	ö	0 50 12	− 8
Trowbridge	GB	51 18 59	2 12 15	w	0 08 49	+ 2
Troyes	F	48 18 03	4 04 56	ö	0 16 02	− 3
Trübau	CS	49 45 30	16 40 12	ö	1 06 41	−11

Ort	Land	Breite ° ′ ″	Länge ° ′ ″	ö w	Zeitunter. h m s	SZK
Truhtschewsk	SU	52 34 46	33 46 19	ö	2 15 05	−22
Truro	GB	50 13 55	5 03 58	w	0 20 16	+ 3
Tschardschui	SU	39 01 34	63 36 10	ö	4 14 25	−42
Tscheidyn	SU	60 24 11	56 30 47	ö	3 46 03	−36
Tschérépovetz	SU	59 07 08	37 55 37	ö	2 31 42	−25
Tscherkassk	SU	47 24 39	40 05 53	ö	2 40 24	−26
Tscherkassy	SU	49 26 49	32 04 12	ö	2 08 17	−21
Tschern	SU	53 27 08	36 54 32	ö	2 27 38	−24
Tschernigof	SU	51 29 18	31 18 21	ö	2 05 13	−21
Tschernohye	SU	51 16 34	30 14 20	ö	2 00 57	−20
Tschernyi-Sar	SU	48 03 50	46 06 06	ö	3 04 28	−30
Tschetschen	SU	43 57 58	47 45 40	ö	3 11 03	−31
Tschigirin	SU	49 04 34	32 40 02	ö	2 10 40	−21
Tschimkent	SU	42 18 06	69 36 03	ö	4 38 24	−46
Tschinaz	SU	40 56 02	68 46 20	ö	4 35 05	−45
Tschischkowitz	CS	50 28 55	14 01 59	ö	0 56 08	− 9
Tschistopol	SU	55 20 30	50 38 26	ö	3 22 34	−33
Tschita	SU	52 01 48	113 30 03	ö	7 34 00	−75
Tschukoskoinos	SU	64 14 30	178 11 15	ö	11 52 45	-117
Tuam	IRL	53 31 55	8 50 58	w	0 35 24	+ 6
Tübingen	D	48 31 10	9 03 10	ö	0 36 13	− 6
Tuchola	PL	53 35 24	17 52 54	ö	1 11 32	−12
Tuchow	PL	49 55 00	21 02 58	ö	1 24 12	−14
Tuddington	GB	51 55 57	0 39 45	w	0 02 39	+ 9
Tukumus	SU	56 59 57	23 10 15	ö	1 32 41	−15
Tula	SU	54 11 40	37 37 15	ö	2 30 29	−25
Tulcea	R	45 10 45	28 48 18	ö	1 55 13	−19
Tullamore	IRL	53 15 58	7 30 00	w	0 30 00	+ 5
Tulle	F	45 16 06	1 46 19	ö	0 07 05	− 1
Tulln	A	48 20 00	16 02 58	ö	1 04 12	−11
Tunbridge	GB	51 07 58	0 15 57	ö	0 01 04	− 0
Tunbridge Wells	GB	51 05 56	0 11 58	w	0 00 48	+ 0
Tuntange	L	49 43 10	6 01 00	ö	0 24 04	− 4
Tura	SU	64 10 00	99 57 58	ö	6 39 52	−66
Turc Sv. Martin	CS	49 03 55	18 55 59	ö	1 15 44	−12
Turda	R	46 35 00	23 46 58	ö	1 35 08	−16
Turgai	SU	49 37 58	63 35 15	ö	4 14 21	−42
Türi	SU	58 50 00	25 24 15	ö	1 41 37	−17
Turin = Terino	I	45 04 08	7 40 48	ö	0 30 43	− 5
Turinsk	SU	58 11 54	63 40 01	ö	4 14 40	−42
Turkestan	SU	43 17 40	68 17 03	ö	4 33 08	−45
Türkheim	D	48 02 52	10 37 30	ö	0 42 30	− 7
Turku = Abo	SF	60 26 58	22 15 57	ö	1 29 04	−15

Ort	Land	Breite ° ′ ″	Länge ° ′ ″	ö w	Zeitunter. h m s	SZK
Turnheut	B	51 18 56	4 56 15	ö	0 23 45	− 4
Turnu Severin	R	44 37 55	22 40 00	ö	1 30 40	−15
Turrach	A	46 57 58	13 52 56	ö	0 55 32	− 9
Turtkul	SU	41 27 58	61 02 58	ö	4 04 12	−40
Turtola	SF	66 45 00	23 55 00	ö	1 35 40	−16
Turuchansk	SU	65 54 56	87 37 55	ö	5 50 32	−58
Tüssling	D	48 12 45	12 36 18	ö	0 50 25	− 8
Tuttlingen	D	47 59 15	8 49 50	ö	0 35 19	− 6
Tütz	D	53 11 40	16 09 06	ö	1 04 36	−11
Tutzing	D	47 54 35	11 16 57	ö	0 45 08	− 7
Tuusula	SF	60 21 55	25 00 00	ö	1 40 00	−16
Tvärmiune	SF	59 50 00	23 11 56	ö	1 32 48	−15
Twedt	DK	54 56 58	8 50 42	ö	0 35 23	− 6
Twer = Kalinin	SU	56 51 50	35 59 58	ö	2 25 40	−24
Twickenham	GB	51 27 04	0 18 16	w	0 01 13	+ 0
Twiste	D	51 20 55	8 57 59	ö	0 35 52	− 6
Twistringen	D	52 48 11	8 37 54	ö	0 34 32	− 6
Tylicz	PL	49 23 55	21 01 00	ö	1 24 04	−14
Tynemouth	GB	55 01 24	1 24 33	w	0 05 38	+ 1
Tyrlaching	D	48 04 30	12 34 30	ö	0 50 18	− 8
Tyrnau = Trnava	CS	48 22 55	17 35 00	ö	1 20 20	−13
Tyrtärsaari	SF	59 50 55	27 11 58	ö	1 48 48	−18
Tyrväa	SF	61 20 00	23 00 00	ö	1 32 00	−15
Tyumen	SU	57 10 55	65 30 00	ö	4 22 00	−43
Überlingen	D	47 46 18	9 09 30	ö	0 36 38	− 6
Uccle	B	50 47 59	4 21 57	ö	0 17 28	− 3
Uchte	D	52 30 00	8 54 12	ö	0 35 37	− 6
Ückermünde	D	53 45 10	14 04 30	ö	0 56 18	− 9
Uddevalla	S	58 21 12	11 56 27	ö	0 47 46	− 8
Üdem	D	51 40 03	6 16 50	ö	0 25 07	− 4
Udine	I	46 03 36	13 14 00	ö	0 52 56	− 7
Udinsk	SU	51 50 18	107 34 43	ö	7 10 19	−71
Udriku	SU	59 19 30	26 03 50	ö	1 44 15	−17
Uebersee	D	47 48 30	12 28 59	ö	0 49 56	− 8
Uelzen	D	52 57 58	10 33 38	ö	0 42 15	− 7
Uerdingen	D	51 21 52	6 38 30	ö	0 26 34	− 4
Ufa	SU	54 42 55	55 55 00	ö	3 43 40	−37
Uffenheim	D	49 32 33	10 13 57	ö	0 40 56	− 7
Ujest	D	50 22 58	18 20 59	ö	1 13 24	−12
Ujpest	H	47 35 00	19 06 58	ö	1 16 28	−12
Ukmerge	SU	55 13 55	24 45 59	ö	1 39 04	−16

Ort	Land	Breite ° ′ ″	Länge ° ′ ″	ö w	Zeitunter. h m s	SZK
Ulan Ude	SU	51 50 00	107 36 58	ö	7 10 28	−70
Ulkokalla	SF	64 20 00	23 26 59	ö	1 33 48	−15
Ullersdorf	D	50 21 42	16 42 30	ö	1 06 50	−11
Ulm	D	48 23 48	9 59 24	ö	0 39 58	− 7
Ulricehamm	S	57 47 57	13 25 00	ö	0 53 40	− 9
Ultuna	S	59 48 55	17 40 00	ö	1 10 40	−12
Ulvoberg	S	64 45 55	17 12 59	ö	1 08 52	−11
Ulyanowsk	SU	54 20 00	48 28 57	ö	3 13 56	−32
Umago	I	45 26 12	13 30 55	ö	0 54 04	− 9
Umba	SU	66 44 30	36 33 12	ö	2 26 13	−24
Umea	S	63 49 35	20 15 15	ö	1 21 08	−13
Understen	S	60 16 55	18 55 00	ö	1 15 40	−12
Ungstein	D	49 27 58	8 10 58	ö	0 32 44	− 5
Ungvar	H	48 36 57	22 18 59	ö	1 29 16	−15
Unna	D	51 32 10	7 41 32	ö	0 30 46	− 5
Unter-Berkovic	CS	50 23 55	14 26 58	ö	0 57 48	−10
Unter-Drauburg	YU	46 35 00	15 01 00	ö	1 00 04	−10
Unter-Hallau	CH	47 42 00	8 26 58	ö	0 33 48	− 5
Uppsala	S	59 51 29	17 38 00	ö	1 10 32	−12
Urach	D	48 30 00	9 24 12	ö	0 37 37	− 6
Uralsk	SU	51 13 55	51 21 57	ö	3 25 28	−34
Ura-tyube	SU	39 55 18	69 00 37	ö	4 36 02	−45
Urbino	I	43 43 30	12 38 17	ö	0 50 33	− 8
Urghendj	SU	41 33 58	106 57 27	ö	7 07 50	−70
Urgut	SU	39 31 55	67 20 15	ö	4 29 21	−44
Urk	NL	52 39 42	5 35 35	ö	0 22 22	− 4
Urluk	SU	50 05 00	107 53 57	ö	7 11 36	−71
Usedom	D	53 52 27	13 55 15	ö	0 55 41	− 9
Useldange	L	49 45 50	5 57 58	ö	0 23 52	− 4
Uslar	D	51 40 00	9 37 58	ö	0 38 32	− 6
Ussel	F	45 32 50	2 21 56	ö	0 09 28	− 2
Ussita	I	43 17 59	13 27 48	ö	0 53 51	− 9
Ustcon	PL	49 43 55	18 48 58	ö	1 15 16	−12
Ustjansk	SU	70 55 00	136 30 10	ö	9 06 01	−90
Ustjuk	SU	60 45 55	46 18 15	ö	3 05 13	−30
Ust-Kamenogorsk	SU	49 56 43	82 36 18	ö	5 30 25	−54
Ustmaya	SU	60 25 00	134 30 58	ö	8 58 04	−88
Ust-Sysolsk = Syktivkar	SU	61 40 00	50 50 58	ö	3 23 24	−33
Utajärvi/Juor.	SF	64 57 55	27 00 00	ö	1 48 00	−18
Utajärvi/Sosk.	SF	64 46 55	26 15 00	ö	1 45 00	−17
Utajärvi/Vaal.	SF	64 32 55	26 48 59	ö	1 47 16	−18
Utena	SU	55 28 55	25 36 57	ö	1 42 28	−17
Ütersen	D	53 40 45	9 39 50	ö	0 38 39	− 6

Ort	Land	Breite ° ′ ″	Länge ° ′ ″	ö w	Zeitunter. h m s	SZK
Utö	SF	59 46 55	21 21 58	ö	1 25 28	−14
Utrecht	NL	52 05 10	5 08 00	ö	0 20 32	− 3
Utsch-Kurgan	SU	40 13 58	72 02 45	ö	4 48 11	−47
Utsjoki	SF	69 35 00	25 56 58	ö	1 43 48	−17
Uttenhofen	D	48 18 12	10 33 24	ö	0 42 14	− 7
Uttenreuth	D	49 35 35	11 05 00	ö	0 44 20	− 7
Utting	D	48 01 36	11 04 50	ö	0 44 19	− 7
Unelöve	SU	58 21 10	22 49 30	ö	1 31 18	−15
Uusikaupuuki	SF	60 47 55	21 23 57	ö	1 25 36	−14
Uusikirko	SF	60 20 55	29 26 00	ö	1 57 44	−19
Uzés	F	44 00 46	4 25 15	ö	0 17 41	− 3
Vaasa	SF	63 05 00	21 31 57	ö	1 26 08	−14
Vaagsö	N	62 01 55	5 07 45	ö	0 20 31	− 3
Vac	H	47 46 58	19 07 58	ö	1 16 32	−13
Vacha	D	50 50 06	10 01 17	ö	0 40 05	− 7
Vada	I	43 19 11	10 21 55	ö	0 41 28	− 7
Vado	I	44 15 28	8 27 12	ö	0 33 49	− 6
Väddö	S	59 59 00	18 48 58	ö	1 15 16	−12
Väderöbo	S	58 32 55	11 01 57	ö	0 44 03	− 7
Vadsö	N	70 04 03	29 46 51	ö	1 59 07	−20
Vadstena	S	58 27 01	12 33 35	ö	0 50 14	− 8
Vaduz	FL	47 07 30	9 31 30	ö	0 38 06	− 6
Vaihingen	D	48 55 32	8 57 06	ö	0 35 48	− 6
Vaivara	SU	59 23 20	27 42 15	ö	1 50 49	−18
Vajangu	SU	59 06 45	26 02 05	ö	1 44 08	−17
Valdgano	I	45 37 59	11 17 48	ö	0 45 11	− 7
Valdepenas	E	38 45 57	3 22 58	w	0 13 32	+ 2
Valence	F	44 56 05	4 53 33	ö	0 19 34	− 3
Valencia	E	39 27 58	0 23 00	w	0 01 32	+ 0
Valenciennes	F	50 21 29	3 31 27	ö	0 14 06	− 2
Valentia	IRL	51 53 55	10 17 58	w	0 41 12	+ 7
Valigo-Cerreto	I	44 17 56	10 14 46	ö	0 40 59	− 7
Valina	FL	47 05 00	9 35 00	ö	0 38 20	− 6
Valinge	S	58 47 55	16 40 57	ö	1 06 44	−11
Valk	SU	57 46 30	26 01 45	ö	1 44 07	−17
Valkeakoski	SF	61 15 55	24 01 58	ö	1 36 08	−16
Vaikeala	SF	60 56 58	26 46 56	ö	1 47 08	−18
Valkenberg	NL	50 52 29	5 49 59	ö	0 23 20	− 4
Valki	SU	49 49 52	35 37 12	ö	2 22 29	−23
Valkjärvi	SF	60 33 55	29 40 59	ö	1 58 44	−20
Valladolid	E	41 39 14	4 42 34	w	0 18 50	+ 3

Ort	Land	Breite ° ′ ″	Länge ° ′ ″	ö w	Zeitunter. h m s	SZK
Vallendar	D	50 24 15	7 37 30	ö	0 30 30	− 5
Vallenhove	NL	52 40 51	5 57 16	ö	0 23 49	− 4
Vallepietra	I	41 55 00	13 13 48	ö	0 52 55	− 9
Vallmiera	SU	57 32 55	25 25 57	ö	1 41 48	−17
Vallstanäs	S	59 33 55	17 55 00	ö	1 11 40	−12
Vallträsk	S	65 07 55	16 47 58	ö	1 07 12	−11
Valmy	F	49 04 48	4 46 28	ö	0 19 06	− 3
Valognes		49 30 32	1 28 09	w	0 05 53	+ 1
Valona	AL	40 28 56	19 30 00	ö	1 18 00	−13
Valsinni	I	40 21 30	8 31 48	ö	0 34 07	− 6
Valtimo	SF	63 40 00	28 48 58	ö	1 55 16	−19
Valvasone	I	45 59 29	12 51 44	ö	0 51 27	− 8
Vandsburg	PL	53 20 48	17 28 54	ö	1 09 56	−11
Vänersborg	S	58 22 55	12 19 25	ö	0 49 18	− 8
Vannes	F	47 39 24	2 19 33	w	0 09 18	+ 2
Vaprio d'Adda	I	45 33 57	9 33 48	ö	0 38 15	− 6
Varallo	I	45 48 59	8 16 57	ö	0 33 08	− 5
Varano Borghi	I	45 45 55	8 43 48	ö	0 34 55	− 6
Varberg	S	57 06 55	12 15 00	ö	0 49 00	− 8
Varberget	S	58 31 55	14 26 58	ö	0 57 48	−10
Varde	DK	55 37 13	8 28 58	ö	0 33 56	− 6
Vardö	N	70 21 55	31 07 31	ö	2 04 30	−20
Vardöhuis	N	70 22 36	31 06 57	ö	2 04 28	−20
Varel	D	53 23 37	8 08 17	ö	0 32 33	− 5
Varese	I	45 48 50	8 49 26	ö	0 35 18	− 6
Vargatz	D	53 57 45	13 23 45	ö	0 53 35	− 9
Varkaus	SF	62 18 55	27 52 59	ö	1 51 32	−18
Varna	BG	43 12 06	27 55 03	ö	1 51 40	−18
Varnja	SU	58 23 20	27 11 58	ö	1 48 48	−18
Varpnäs	S	59 23 55	13 15 58	ö	0 53 04	− 9
Vasalemma	SU	59 14 27	24 15 30	ö	1 37 02	−16
Väsby	S	59 30 00	17 27 57	ö	1 09 53	−11
Vasknarva	SU	59 01 40	27 52 30	ö	1 51 30	−16
Vaskräama	SU	58 20 00	24 42 45	ö	1 38 51	−16
Vassbo	SU	60 31 55	15 31 56	ö	1 02 08	−10
Vassy	F	48 30 02	4 57 03	ö	0 19 48	− 3
Västeras	S	59 36 55	16 32 58	ö	1 06 12	−11
Västerhaninge	S	59 07 55	18 05 57	ö	1 12 24	−12
Västervik	S	57 46 58	16 35 59	ö	1 06 24	−11
Vastorf	D	53 11 30	10 33 15	ö	0 42 13	− 7
Vasvar	H	47 02 55	16 47 58	ö	1 07 12	−11
Vathy	GR	37 43 55	26 58 59	ö	1 47 56	−18
Vättis	CH	46 55 00	9 25 57	ö	0 37 44	− 6

Ort	Land	Breite ° ′ ″	Länge ° ′ ″	ö w	Zeitunter. h m s	SZK
Vaxholm	S	59 25 00	18 20 58	ö	1 13 24	−12
Växjo	S	56 52 55	14 48 57	ö	0 59 16	−10
Vechelde	D	52 15 45	10 22 06	ö	0 41 28	− 7
Vechta	D	52 43 43	8 17 10	ö	0 33 09	− 5
Vedum	S	58 10 00	13 00 00	ö	0 52 00	− 9
Veere	NL	51 32 51	3 40 09	ö	0 14 41	− 2
Vegesack	D	53 10 30	8 37 21	ö	0 34 29	− 6
Veitsch	D	47 35 00	15 28 57	ö	1 01 56	−10
Veitshöchheim	D	49 49 57	9 52 58	ö	0 39 32	− 6
Vejle	DK	55 42 24	9 32 46	ö	0 38 11	− 6
Velbert	D	51 20 35	7 02 45	ö	0 28 11	− 5
Velikije Luki	SU	56 20 32	30 31 57	ö	2 02 08	−20
Velletri	I	41 41 00	12 46 48	ö	0 51 07	− 8
Velzen	NL	52 27 59	4 38 57	ö	0 18 36	− 3
Venafro	I	41 52 55	15 00 46	ö	1 00 03	−10
Vendôme	F	47 47 30	1 04 08	ö	0 04 17	− 1
Venedig = Venecia	I	45 25 45	12 19 45	ö	0 49 19	− 8
Venersborg	S	58 22 54	9 51 31	ö	0 39 26	− 6
Venlo	NL	51 21 55	6 10 55	ö	0 24 44	− 4
Vent	A	46 51 57	10 55 00	ö	0 43 40	− 7
Ventspils	SU	57 23 55	21 33 57	ö	1 26 16	−14
Veprinac	I	45 20 00	14 15 59	ö	0 57 04	− 9
Verden	D	52 55 06	9 13 47	ö	0 36 55	− 6
Verdun	F	49 09 47	5 22 32	ö	0 21 30	− 4
Vergorac	YU	43 11 55	17 21 58	ö	1 09 28	−11
Verkö	S	63 10 00	14 08 59	ö	0 57 16	− 9
Vermac	YU	42 26 58	18 43 57	ö	1 14 56	−12
Vernawahlshausen	D	51 36 57	9 37 30	ö	0 38 30	− 6
Verolanuova	I	45 20 00	10 02 48	ö	0 40 11	− 7
Verona	I	45 25 59	10 58 48	ö	0 43 55	− 7
Versailles	F	48 47 56	2 32 59	ö	0 10 12	− 2
Verviers	B	50 35 55	5 50 57	ö	0 23 24	− 4
Vervins	F	49 50 08	3 54 31	ö	0 15 38	− 3
Vesanto	SF	62 51 55	26 33 59	ö	1 46 16	−17
Vesoul	F	47 37 26	6 09 21	ö	0 24 37	− 4
Vessiégousk	SU	58 41 17	37 16 07	ö	2 29 04	−25
Veszprem	H	47 05 55	17 53 59	ö	1 11 36	−12
Vetriano	I	44 30 00	9 56 45	ö	0 39 47	− 7
Vetriolo	I	46 02 58	11 17 58	ö	0 45 12	− 7
Vetschau	D	51 46 55	14 04 45	ö	0 56 19	− 9
Vevey	CH	46 27 58	6 50 57	ö	0 27 24	− 4
Viadana	I	44 55 59	10 32 48	ö	0 42 11	− 7
Viagrande	I	37 35 00	15 04 46	ö	1 00 19	−10

Ort	Land	Breite ° ′ ″	Länge ° ′ ″	ö w	Zeitunter. h m s	SZK
Vianden	L	49 55 35	6 12 30	ö	0 24 50	− 4
Vianen	NL	51 59 15	5 07 48	ö	0 20 31	− 3
Vianna do Castello	P	41 42 36	8 43 27	w	0 34 54	+ 6
Viareggio	I	43 51 51	10 14 41	ö	0 40 59	− 7
Viazma = Vyazma	SU	55 12 40	37 18 09	ö	2 17 13	−23
Viaznicki	SU	56 15 05	42 08 30	ö	2 48 34	−28
Viborg	DK	56 27 12	9 26 21	ö	0 37 45	− 6
Vicenza	I	45 32 36	11 33 48	ö	0 46 15	− 8
Vichten	L	49 47 30	6 00 00	ö	0 24 00	− 4
Vidin	BG	44 01 15	22 52 38	ö	1 31 31	−15
Vienne	F	45 31 28	4 52 26	ö	0 19 30	− 3
Viersen	D	51 15 10	6 23 50	ö	0 25 35	− 4
Viesti	I	41 53 17	13 50 59	ö	0 55 24	− 9
Vietz	D	52 40 15	14 54 37	ö	0 59 38	−10
Vigan	F	43 59 28	3 36 21	ö	0 14 25	− 2
Vigevano	I	45 19 01	8 51 32	ö	0 35 26	− 6
Vigo	E	42 11 20	8 43 16	w	0 34 53	+ 6
Vihti	SF	60 26 55	24 20 56	ö	1 37 24	−16
Viipuri	SF	60 43 02	28 43 50	ö	1 54 55	−19
Viitasaari	SF	63 02 55	25 50 00	ö	1 43 20	−17
Viken	S	56 08 45	10 14 05	ö	0 40 56	− 7
Vila Real	P	41 17 58	7 45 00	w	0 31 00	+ 5
Vilbel	D	50 11 10	8 45 15	ö	0 35 01	− 6
Vileika	PL	54 29 49	26 57 53	ö	1 47 52	−18
Vilich	D	50 45 38	7 07 38	ö	0 28 31	− 5
Viljandi	SU	58 22 55	25 35 00	ö	1 42 20	−17
Vilkaviskis	SU	54 34 28	23 01 30	ö	1 32 06	−15
Villach	A	46 36 48	13 50 54	ö	0 55 24	− 9
Villa de Condé	F	41 21 18	8 25 45	w	0 33 43	+ 6
Villa di Salo	I	45 35 00	10 28 48	ö	0 41 55	− 7
Villagarcia	E	38 20 00	6 01 15	w	0 24 05	+ 4
Villanueva d. l. S.	E	39 01 30	5 45 15	w	0 23 01	+ 4
Villefranch de Lauraguais	F	43 23 56	1 43 02	ö	0 06 52	− 1
Villefranch de Rouergue	F	44 21 10	2 02 13	ö	0 08 09	− 1
Villefranch sur Saône	F	45 59 21	4 45 11	ö	0 19 01	− 3
Villeneuve s. Lot.	F	44 24 31	0 42 25	ö	0 02 50	− 0
Villingen	D	48 03 30	8 27 30	ö	0 33 50	− 6
Villmar	D	50 23 37	8 11 42	ö	0 32 47	− 5
Villnow	D	53 52 21	16 18 58	ö	1 05 16	−11
Vilmnitz	D	54 21 06	13 30 36	ö	0 54 02	− 9
Vilsbiburg	D	48 27 08	12 21 17	ö	0 49 25	− 8
Vilseck	D	49 36 51	11 48 30	ö	0 47 14	− 8
Vilshofen	D	48 38 18	13 11 19	ö	0 52 45	− 9

Ort	Land	Breite ° ′ ″	Länge ° ′ ″	ö w	Zeitunter. h m s	SZK
Vimercate	I	45 36 57	9 23 48	ö	0 37 35	− 6
Vimmersby	S	57 39 59	13 31 23	ö	0 54 06	− 9
Vimpeli	SF	63 10 00	23 48 57	ö	1 35 16	−16
Vinge	S	57 37 57	11 35 56	ö	0 46 24	− 8
Vinnhorst	D	52 25 57	9 41 35	ö	0 38 46	− 6
Vinnitsa	SU	49 12 55	28 28 58	ö	1 53 56	−19
Vinzelberg	D	52 33 30	11 39 45	ö	0 46 39	− 8
Vire	F	48 50 21	0 53 24	w	0 03 34	+ 1
Virolahti	SF	60 31 55	24 32 56	ö	1 50 12	−18
Virrat/Kill.	SF	62 22 55	23 50 00	ö	1 35 20	−16
Virrat/Kirk.	SF	62 15 00	23 43 56	ö	1 35 56	−16
Virton	B	49 34 40	5 02 05	ö	0 20 08	− 3
Virtsu	SU	58 34 30	23 31 50	ö	1 34 07	−15
Visby	S	57 38 00	18 18 00	ö	1 13 12	−12
Visegrad	H	47 47 57	18 55 00	ö	1 15 40	−12
Visselhövede	D	52 58 52	9 34 16	ö	0 38 17	− 6
Vitebsk	SU	55 11 32	30 12 38	ö	2 00 51	−20
Viterbo	I	42 25 00	12 06 03	ö	0 48 24	− 8
Vitoria	E	42 50 41	2 39 45	w	0 10 39	+ 2
Vitré	F	48 07 32	1 12 24	w	0 04 50	+ 1
Vitry-le-Franc.	F	48 43 34	4 35 15	ö	0 18 21	− 3
Viviers	F	44 29 14	4 37 45	ö	0 18 31	− 3
Vizzola Ticino	I	45 37 59	8 42 48	ö	0 34 51	− 0
Vlaardingen	NL	51 54 30	4 20 41	ö	0 17 23	− 3
Vlissingen	NL	51 26 33	3 35 48	ö	0 14 23	− 2
Vlotho	D	52 10 03	8 51 20	ö	0 35 25	− 6
Vöcklabruck	A	48 00 00	13 40 00	ö	0 54 40	− 9
Vodja	SU	58 59 45	25 37 30	ö	1 42 30	−17
Voghera	I	44 59 23	9 01 05	ö	0 36 04	− 6
Vöhrenbach	D	48 02 33	8 18 23	ö	0 33 14	− 5
Vöhringen	D	48 16 38	10 04 21	ö	0 40 17	− 7
Vohwinkel	D	51 13 58	7 03 30	ö	0 28 14	− 5
Voigtstedt	D	51 23 38	11 18 37	ö	0 45 14	− 7
Voldi	SU	58 32 15	26 39 10	ö	1 46 37	−18
Volkach	D	49 52 21	10 13 30	ö	0 40 54	− 7
Völklingen	D	49 15 02	6 51 16	ö	0 27 25	− 5
Volkmarsen	D	51 25 15	9 06 12	ö	0 36 25	− 6
Vollmerz	D	50 18 40	9 36 06	ö	0 38 24	− 6
Volmarstein	D	51 22 15	7 22 59	ö	0 29 32	− 5
Volos	GR	39 21 59	22 55 57	ö	1 31 44	−15
Volpegliano	I	44 45 00	8 57 48	ö	0 35 51	− 6
Volpersdorf	D	50 35 15	16 33 34	ö	1 06 14	−11
Volterra	I	43 23 57	10 45 58	ö	0 43 04	− 7

Ort	Land	Breite ° ′ ″	Länge ° ′ ″	ö w	Zeitunter. h m s	SZK
Voltveti	SU	58 07 30	25 08 15	ö	1 40 33	−17
Von der Heydt	D	49 16 58	6 56 58	ö	0 27 48	− 5
Vorbuswald	SU	58 01 10	26 54 30	ö	1 47 38	−18
Vordingborg	DK	55 00 26	11 54 59	ö	0 47 40	− 8
Vorsfelde	D	52 25 57	10 50 30	ö	0 43 22	− 7
Vorst	D	51 18 05	5 25 10	ö	0 25 41	− 4
Voru	SU	57 51 55	27 01 45	ö	1 48 07	−18
Vöslau	A	47 57 59	16 12 54	ö	1 04 52	−11
Vouziers	F	49 23 53	4 42 21	ö	0 18 49	− 3
Vraca	BG	43 12 20	23 33 15	ö	1 34 13	−15
Vuonatjoiken	S	66 28 55	17 15 59	ö	1 09 04	−11
Vyazma	SU	55 12 40	37 18 09	ö	2 17 13	−23
Waal	D	48 00 00	10 47 00	ö	0 43 08	− 7
Wabern	D	48 09 54	10 58 58	ö	0 43 56	− 7
Wachenheim	D	49 26 05	8 10 49	ö	0 32 43	− 5
Wächtersbach	D	50 15 19	9 17 30	ö	0 37 10	− 6
Wadendorf	D	49 53 45	11 20 00	ö	0 45 20	− 7
Wadersloh	D	51 44 14	8 15 30	ö	0 33 02	− 5
Wadil	SU	40 10 00	71 42 15	ö	4 49 49	−47
Waffensen	D	53 07 39	9 17 22	ö	0 37 09	− 6
Wadowica	PL	49 38 57	19 30 00	ö	1 18 00	−13
Wageningen	NL	51 57 57	5 39 55	ö	0 22 40	− 4
Wagenitz	D	52 40 12	12 38 34	ö	0 50 34	− 8
Wagersrott	D	54 38 10	9 47 13	ö	0 39 09	− 6
Waging	D	47 56 05	12 43 33	ö	0 50 54	− 8
Wagram	A	48 16 57	16 35 00	ö	1 06 20	−11
Wahlheim	D	49 42 36	8 05 58	ö	0 32 24	− 5
Wahn	D	50 51 58	7 06 37	ö	0 28 26	− 5
Wahnebergen	D	52 54 15	9 13 56	ö	0 36 50	− 6
Wahrenholz	D	52 37 15	10 35 58	ö	0 42 24	− 8
Waiblingen	D	48 49 45	9 19 35	ö	0 37 18	− 6
Waibstadt	D	49 17 45	8 54 55	ö	0 35 40	− 6
Waidhofen	A	48 48 54	15 17 24	ö	1 01 10	−10
Wakefield	GB	53 40 55	1 24 30	w	0 05 38	+ 1
Wakendorf	D	53 31 30	10 21 50	ö	0 41 27	− 7
Walbeck	D	52 17 30	11 04 12	ö	0 44 17	− 7
Walchwil	CH	47 05 58	8 30 00	ö	0 34 00	− 6
Wald	D	51 11 50	7 01 00	ö	0 28 04	− 5
Waldau	D	51 13 24	15 17 04	ö	1 01 08	−10
Waldbillig	L	49 46 40	6 16 56	ö	0 25 08	− 4
Waldbröl	D	50 52 21	7 37 53	ö	0 30 32	− 5

Ort	Land	Breite ° ′ ″	Länge ° ′ ″	ö w	Zeitunter. h m s	SZK
Waldeck	D	51 12 44	9 02 45	ö	0 36 11	− 6
Waldei	SU	57 58 45	33 15 20	ö	2 13 01	−22
Waldenburg/Oschl.	D	50 45 45	16 17 48	ö	1 05 11	−11
Waldenburg/Sa.	D	50 52 40	12 36 12	ö	0 50 21	− 8
Waldheim	D	51 04 38	13 01 30	ö	0 52 06	− 9
Wald Hittenberg	CH	47 15 58	8 55 57	ö	0 35 44	− 6
Waldhöfe	D	52 49 15	7 33 58	ö	0 30 16	− 5
Waldkirch	D	48 05 06	7 57 49	ö	0 31 51	− 5
Waldmichelbach	D	49 34 19	8 48 45	ö	0 35 19	− 6
Waldmünchen	D	49 22 49	12 42 58	ö	0 50 52	− 8
Waldniel	D	51 12 40	6 13 57	ö	0 24 56	− 4
Waldowshof	D	52 56 30	15 52 59	ö	1 03 32	−10
Waldsassen	D	50 00 00	12 18 58	ö	0 49 16	− 8
Waldsee, Bad / Württ.	D	47 55 06	9 44 45	ö	0 38 59	− 6
Waldshut	D	47 36 42	8 12 51	ö	0 32 51	− 5
Walheim	D	50 42 53	6 10 10	ö	0 24 41	− 5
Wallasey	GB	52 35 00	3 03 58	w	0 12 16	+ 2
Wallau	D	50 55 51	8 29 20	ö	0 33 57	− 6
Walldürn	D	49 35 33	9 17 45	ö	0 37 11	− 6
Wallenrod	D	50 40 00	9 19 50	ö	0 37 19	− 6
Wallerfangen	D	49 19 45	6 42 47	ö	0 26 51	− 4
Wallerode	D	50 18 30	6 10 00	ö	0 24 40	− 4
Walsörarme	SF	63 25 00	21 03 57	ö	1 24 16	−14
Walsall	GB	52 35 00	1 58 57	w	0 07 56	+ 1
Walsrode	D	52 52 08	9 35 16	ö	0 38 21	− 6
Walsum	D	51 32 15	6 42 35	ö	0 26 50	− 4
Waltershausen	D	50 53 58	10 32 59	ö	0 42 12	− 7
Waltham	GB	52 48 56	0 48 30	w	0 03 14	+ 1
Walthamshow	GB	51 33 58	0 01 59	w	0 00 08	+ 0
Waltrop	D	51 37 40	7 24 15	ö	0 29 37	− 5
Waluiki	SU	50 12 37	38 06 02	ö	2 32 24	−25
Wandersleben	D	50 55 00	10 51 30	ö	0 43 26	− 7
Wandsbeck	D	53 34 29	10 04 23	ö	0 40 18	− 7
Wang	D	50 46 58	15 42 59	ö	1 02 52	−10
Wangen	D	47 41 20	9 50 30	ö	0 39 22	− 6
Wangerooge	D	53 47 30	7 51 15	ö	0 31 25	− 5
Wanne	D	51 31 44	7 11 07	ö	0 28 44	− 5
Wansen	D	50 48 50	17 12 25	ö	1 08 50	−11
Wanstead	GB	51 34 10	0 02 13	ö	0 00 09	− 0
Wanzleben	D	52 03 30	11 26 51	ö	0 45 47	− 8
Warbende	D	53 25 32	13 21 50	ö	0 53 27	− 9
Warberg	S	57 06 18	12 15 57	ö	0 49 04	− 8
Warburg	D	51 29 19	9 08 58	ö	0 36 36	− 6

Ort	Land	Breite ° ′ ″	Länge ° ′ ″	ö w	Zeitunter. h m s	SZK
Waren	D	53 30 50	12 41 20	ö	0 50 46	− 8
Warendorf	D	51 57 16	7 59 20	ö	0 31 57	− 5
Warmbrunn	D	50 51 57	15 40 48	ö	1 02 44	−10
Warnemünde	D	50 10 58	12 05 15	ö	0 48 21	− 8
Warngau	D	47 49 48	11 43 20	ö	0 46 53	− 8
Warnsdorf	D	50 55 00	14 36 58	ö	0 58 28	−10
Warnsveld	NL	52 07 59	6 13 59	ö	0 24 56	− 4
Warrington	GB	53 22 55	2 32 57	w	0 10 12	+ 2
Wartenberg	D	48 30 00	12 00 00	ö	0 48 00	− 8
Wartenburg	D	53 49 24	20 41 58	ö	1 22 48	−14
Warschau = Warszawa	PL	52 13 05	21 01 48	ö	1 24 07	−14
Warwick	GB	52 16 58	1 37 58	w	0 06 32	+ 1
Wasbeck	D	54 05 18	9 54 12	ö	0 39 37	− 7
Wasseralfingen	D	48 52 11	10 05 54	ö	0 40 24	− 7
Wasserbillig	L	49 42 58	6 30 20	ö	0 26 01	− 4
Wasserburg/Bod.	D	47 33 30	9 36 45	ö	0 38 27	− 6
Wasserburg/Inn	D	48 03 40	12 14 16	ö	0 48 57	− 8
Wasserleben	D	51 55 59	10 45 00	ö	0 43 00	− 7
Wassil	SU	56 07 46	45 59 39	ö	3 03 59	−30
Wassilkow	SU	50 10 48	30 19 18	ö	2 01 17	−20
Waterford	IRL	52 12 58	7 08 46	w	0 28 39	+ 5
Waterloo	B	50 42 57	4 23 58	ö	0 17 36	− 3
Wattenscheid	D	51 28 54	7 08 19	ö	0 28 33	− 5
Wechselburg	D	51 00 00	12 47 04	ö	0 51 08	− 8
Weener	D	53 09 54	7 21 58	ö	0 29 28	− 5
Weesp	NL	52 18 29	5 02 40	ö	0 20 11	− 3
Weetzen	D	52 17 59	9 38 57	ö	0 38 36	− 6
Weeze	D	51 07 40	6 11 58	ö	0 24 48	− 4
Weferlingen	D	52 18 50	11 03 30	ö	0 44 14	− 7
Wegberg	D	51 08 50	6 12 15	ö	0 24 49	− 4
Wegeleben	D	51 53 10	11 10 30	ö	0 44 42	− 7
Weggis	CH	47 01 58	8 25 57	ö	0 33 44	− 6
Wehlau	D	54 37 20	21 14 42	ö	1 24 59	−14
Wehrheim	D	50 18 58	8 33 54	ö	0 34 16	− 6
Wehrshausen	D	50 48 42	8 43 58	ö	0 34 56	− 6
Weichering	D	48 42 45	11 19 36	ö	0 45 18	− 7
Weichsel	PL	49 38 57	18 51 59	ö	1 15 28	−12
Weichselmünde	D	54 22 58	18 45 00	ö	1 15 00	−12
Weida	D	50 46 30	12 04 04	ö	0 48 16	− 8
Weiden	D	49 40 40	12 09 40	ö	0 48 39	− 8
Weidenau	D	50 54 25	8 02 30	ö	0 32 10	− 5
Weidenau	CS	50 22 30	17 11 30	ö	1 08 46	−11
Weigelsdorf	D	50 38 58	16 37 59	ö	1 06 32	−11

Ort	Land	Breite ° ′ ″	Länge ° ′ ″	ö w	Zeitunter. h m s	SZK
Weigmannsdorf	D	51 51 04	16 11 35	ö	1 04 46	−11
Weikersheim	D	49 29 03	9 53 30	ö	0 39 34	− 7
Weilbach	D	49 39 55	9 12 30	ö	0 36 50	− 6
Weilburg	D	50 29 20	8 15 40	ö	0 33 03	− 5
Weil der Stadt	D	48 45 00	8 52 45	ö	0 35 31	− 6
Weilheim	D	47 49 50	11 09 30	ö	0 44 38	− 7
Weilmünster	D	50 26 10	8 23 39	ö	0 33 35	− 6
Weimar	D	50 58 53	11 20 00	ö	0 45 20	− 7
Weinböhla	D	51 09 54	13 35 00	ö	0 54 20	− 9
Weingarten/Bad.	D	49 03 21	8 32 28	ö	0 34 10	− 6
Weingarten/Württ.	D	47 48 38	9 39 20	ö	0 38 37	− 6
Weinheim	D	49 33 10	8 40 10	ö	0 34 41	− 6
Weinsberg	D	49 09 45	9 17 42	ö	0 37 11	− 6
Weinzierl	A	47 53 59	14 07 58	ö	0 56 32	− 9
Weischlitz	D	50 26 58	12 04 04	ö	0 48 16	− 8
Weisenheim	D	49 30 30	8 12 30	ö	0 32 50	− 5
Weissenburg	D	49 01 58	10 57 59	ö	0 43 52	− 7
Weissenfels	D	51 12 04	11 58 35	ö	0 47 54	− 8
Weissenhorn	D	48 19 23	10 09 40	ö	0 40 39	− 7
Weissensee/Berl.	D	52 33 22	13 28 12	ö	0 53 53	− 9
Weissensee/Thür.	D	51 12 04	11 04 08	ö	0 44 17	− 7
Weissenstadt	D	50 06 04	11 53 15	ö	0 47 33	− 8
Weissenstein	CH	47 15 00	7 30 00	ö	0 30 00	− 5
Weissenstein	SU	58 53 26	25 34 15	ö	1 42 17	−17
Weisskirchen	YU	44 53 55	21 25 00	ö	1 25 40	−14
Weisskirchen	CS	49 33 12	17 44 24	ö	1 10 58	−12
Weisswampach	L	50 07 30	6 04 30	ö	0 24 18	− 4
Weisswasser	CS	50 30 00	14 47 58	ö	0 59 12	−10
Weitmar	D	51 27 18	7 11 54	ö	0 28 48	− 5
Weitra	A	48 41 59	14 53 57	ö	0 58 36	−10
Welda	D	51 27 18	7 11 54	ö	0 36 26	− 6
Welden	D	48 27 18	10 39 41	ö	0 42 39	− 7
Welikija-Luki	SU	56 20 32	30 30 52	ö	2 02 08	−20
Welisch	SU	55 36 36	31 11 49	ö	2 04 47	−21
Wellenstein	L	49 32 25	6 21 30	ö	0 25 26	− 4
Wells	GB	51 12 55	2 35 57	w	0 10 24	+ 2
Wels	A	48 10 00	14 01 00	ö	0 56 04	− 9
Welsk	SU	61 04 36	42 06 55	ö	2 48 28	−28
Welzheim	D	48 52 20	9 38 22	ö	0 38 33	− 6
Wemding	D	48 52 30	10 43 46	ö	0 42 55	− 7
Wemeldinge	NL	51 31 19	3 59 13	ö	0 15 57	− 3
Wendel, St.	D	49 28 08	7 10 18	ö	0 28 41	− 5
Wenden	SU	57 18 46	22 56 02	ö	1 31 44	−15

Ort	Land	Breite ° ′ ″	Länge ° ′ ″	ö w	Zeitunter. h m s	SZK
Wendisch-Warnow	D	53 13 45	11 39 06	ö	0 46 36	− 8
Wenew	SU	54 20 45	38 16 28	ö	2 33 06	−25
Wengern	D	51 23 56	7 20 10	ö	0 29 21	− 5
Werchnaja-Mischikha	SU	51 30 00	105 52 57	ö	7 03 32	−70
Werchne Udinsk = Ulan Lide	SU	51 48 55	107 35 00	ö	7 10 20	−71
Wercholensk	SU	54 07 55	105 29 50	ö	7 01 59	−69
Werchoturje	SU	58 51 48	60 47 12	ö	4 03 09	−40
Werden	D	51 23 30	7 00 30	ö	0 28 02	− 5
Werder	D	52 22 20	12 56 47	ö	0 51 47	− 9
Werdohl	D	51 15 40	7 46 58	ö	0 31 08	− 5
Werl	D	51 32 52	7 54 30	ö	0 31 38	− 5
Wermelskirchen	D	51 07 58	7 12 59	ö	0 28 52	− 5
Wermsdorf	D	51 17 15	12 55 52	ö	0 51 43	− 9
Wernberg	D	49 32 33	12 09 30	ö	0 48 38	− 8
Werne	D	51 40 15	7 38 30	ö	0 30 34	− 5
Wernigerode	D	51 49 55	10 47 48	ö	0 43 11	− 7
Werniji	SU	43 15 58	76 52 58	ö	5 07 32	−51
Wernswig	D	51 00 00	9 11 06	ö	0 36 44	− 6
Werschetz	YU	45 05 55	21 17 58	ö	1 25 12	−14
Wertheim	D	49 45 40	9 30 59	ö	0 38 04	− 6
Werther	D	52 04 30	8 12 21	ö	0 32 49	− 5
Wertingen	D	48 33 55	10 40 53	ö	0 42 44	− 7
Wesel	D	51 39 30	6 36 39	ö	0 26 27	− 4
Weseli	CS	49 11 08	14 42 03	ö	0 58 48	−10
Wesenberg	D	53 17 15	12 58 24	ö	0 51 54	− 9
Wesenberg	SU	59 20 56	26 21 20	ö	1 45 25	−17
Wesermünde	D	53 31 57	8 33 58	ö	0 34 16	− 6
Wesselburen	D	54 12 58	8 55 38	ö	0 35 43	− 6
Wesseling	D	49 59 50	6 58 59	ö	0 27 56	− 5
West Bromwich	GB	52 31 58	2 00 00	w	0 08 00	+ 1
Westerberg	D	52 16 58	8 01 00	ö	0 32 04	− 5
Westercelle	D	52 36 06	10 05 06	ö	0 40 21	− 7
Westerland	D	54 54 18	8 18 48	ö	0 33 15	− 5
Westerringen	D	48 07 58	10 45 30	ö	0 43 02	− 7
Westerstede	D	53 15 33	7 55 47	ö	0 31 43	− 5
Westervik	S	57 44 48	16 40 15	ö	1 06 41	−11
Westerwyhe	D	53 00 00	10 30 00	ö	0 42 00	− 7
West Ham	GB	51 30 55	0 01 00	ö	0 00 04	− 0
West Hartlepool	GB	54 40 57	1 12 00	w	0 04 48	+ 1
Westkirchen	D	51 53 34	8 03 10	ö	0 32 13	− 5
Westport	IRL	53 47 55	9 30 57	w	0 38 04	+ 6
Wettelsheim	D	48 58 45	10 53 07	ö	0 43 32	− 7
Wetter	D	51 23 30	7 23 30	ö	0 29 34	− 5

Ort	Land	Breite ° ′ ″	Länge ° ′ ″	ö w	Zeitunter. h m s	SZK
Wettin	D	51 35 15	11 48 22	ö	0 47 13	− 8
Wettringen	D	52 12 27	7 18 40	ö	0 29 15	− 5
Wetzlar	D	50 33 25	8 30 11	ö	0 34 01	− 6
Wexford	IRL	52 20 00	6 27 59	w	0 25 52	+ 4
Weymouth	GB	50 35 55	2 26 57	w	0 09 48	+ 2
Whitehaven	GB	54 32 56	3 35 30	w	0 14 22	+ 2
Wick	GB	58 26 57	3 10 58	w	0 12 44	+ 2
Wickersdorf	D	50 35 00	11 15 00	ö	0 45 00	− 7
Wicklow	IRL	52 28 55	6 00 57	w	0 24 04	+ 4
Widminnen	D	53 56 30	22 02 42	ö	1 28 11	−14
Wiedenbrück	D	51 50 06	8 18 57	ö	0 33 16	− 5
Wieliczka	PL	49 58 57	20 05 00	ö	1 20 20	−13
Wien	A	48 12 36	16 22 54	ö	1 05 32	−11
Wiener Neustadt	A	47 48 59	16 15 00	ö	1 05 00	−11
Wiepke	D	52 36 03	11 20 15	ö	0 45 21	− 7
Wieps	D	53 39 27	20 47 58	ö	1 23 12	−14
Wieren	D	52 52 58	10 39 06	ö	0 42 36	− 7
Wiesbaden	D	50 05 00	8 14 30	ö	0 32 58	− 5
Wieselburg	A	48 07 59	15 06 57	ö	1 00 28	−10
Wiesenbad	D	50 36 58	13 03 03	ö	0 52 12	− 9
Wiesenthau	D	49 42 53	11 05 30	ö	0 44 22	− 7
Wiesloch	D	49 17 45	8 41 59	ö	0 34 48	− 6
Wigstadtl	CS	49 46 58	17 45 00	ö	1 11 00	−12
Wigtown	GB	54 51 55	4 21 57	w	0 17 28	+ 3
Wilburgstetten	D	49 01 36	10 23 07	ö	0 41 32	− 7
Wildenbruck	D	52 02 15	14 37 30	ö	0 58 30	−10
Wildenranna	D	48 34 47	13 45 30	ö	0 55 02	− 9
Wildeshausen	D	52 53 59	8 26 30	ö	0 33 46	− 6
Wildhaus	CH	47 11 58	9 20 59	ö	0 37 24	− 6
Wildpoldsried	D	47 45 30	10 24 45	ö	0 41 39	− 7
Wildungen	D	51 07 20	9 07 38	ö	0 36 31	− 6
Wilhelmshaven	D	53 31 08	8 07 20	ö	0 32 29	− 5
Wilhermsdorf	D	49 29 14	10 42 58	ö	0 42 52	− 7
Wilkau/Sachsen	D	50 40 15	12 30 30	ö	0 50 02	− 8
Wilkau/Westpr.	D	53 37 58	19 08 30	ö	1 16 34	−13
Wilkersdorf	D	52 39 37	14 43 24	ö	0 58 54	−10
Wilkomir	SU	55 16 40	24 48 05	ö	1 39 12	−16
Willemsaard	NL	52 57 50	4 36 36	ö	0 18 26	− 3
Willemstad	NL	51 41 33	4 26 25	ö	0 17 46	− 3
Willenberg	D	54 00 12	19 02 18	ö	1 16 09	−13
Willershausen	D	51 47 05	10 06 19	ö	0 40 25	− 7
Willich	D	51 15 40	6 32 58	ö	0 26 12	− 4
Wilna	SU	54 40 59	25 13 30	ö	1 40 54	−17

Ort	Land	Breite ° ′ ″	Länge ° ′ ″	ö w	Zeitunter. h m s	SZK
Wilsdruff	D	51 03 25	13 32 35	ö	0 54 10	− 9
Wilsnack	D	52 57 08	11 56 51	ö	0 47 47	− 8
Wilster	D	53 55 14	9 23 44	ö	0 37 35	− 6
Wilthen	D	51 06 15	14 23 47	ö	0 57 35	− 9
Wiltz	L	49 57 15	5 55 30	ö	0 23 42	− 4
Wilzhofen	D	47 52 50	11 11 12	ö	0 44 45	− 7
Wimbledon	GB	51 25 00	0 12 59	w	0 00 52	+ 0
Wimpfen	D	49 13 15	9 09 06	ö	0 36 36	− 6
Winchelsea	GB	50 55 00	0 42 45	ö	0 02 51	− 0
Winchester	GB	51 03 55	1 18 15	w	0 05 13	+ 1
Windau	SU	57 20 05	21 35 30	ö	1 26 22	−14
Windesheim	D	49 57 15	7 49 30	ö	0 31 18	− 5
Windsbach	D	49 15 00	10 50 10	ö	0 43 21	− 7
Windsheim	D	49 30 00	10 25 05	ö	0 41 40	− 7
Windsor Castle	GB	51 28 59	0 35 15	w	0 02 21	+ 0
Winiary	PL	52 33 24	17 36 24	ö	1 10 26	−12
Winnenden	D	48 52 10	9 24 35	ö	0 37 38	− 6
Winsen a. d. Luhe	D	53 22 11	10 11 46	ö	0 40 47	− 7
Wintersingen	CH	47 30 00	7 40 30	ö	0 31 18	− 5
Winterswijk	NL	51 57 58	6 42 58	ö	0 26 52	− 4
Winterthur	CH	47 30 00	8 43 59	ö	0 34 56	− 6
Winterton	GB	52 42 45	1 41 56	ö	0 06 48	− 1
Winzig	D	51 28 05	16 37 15	ö	1 06 29	−11
Wipperfürth	D	51 07 10	7 23 58	ö	0 29 36	− 5
Wirtheim	D	50 12 27	9 15 57	ö	0 37 04	− 0
Wisby	S	57 39 12	18 26 27	ö	1 13 46	−12
Wishaw	GB	55 46 57	3 55 00	w	0 15 40	+ 3
Wismar	D	53 53 40	11 27 58	ö	0 45 52	− 8
Wissen	D	50 46 27	7 45 15	ö	0 31 01	− 5
Witten	D	51 26 49	7 20 15	ö	0 29 21	− 5
Wittenberg	D	51 52 04	12 38 47	ö	0 50 35	− 8
Wittenberge	D	53 00 30	11 46 00	ö	0 46 53	− 8
Wittenburg	D	53 30 38	11 04 49	ö	0 44 19	− 7
Wittichenau	D	51 22 49	14 19 55	ö	0 57 20	− 9
Wittingen	D	52 43 53	10 43 25	ö	0 42 54	− 7
Wittlich	D	49 59 55	6 52 30	ö	0 27 30	− 5
Wittmannsdorf	D	52 03 50	14 02 38	ö	0 56 11	− 9
Wittmund	D	53 34 28	7 47 10	ö	0 31 09	− 5
Wittstock	D	53 09 49	12 29 14	ö	0 49 57	− 8
Witzenhausen	D	51 20 58	9 51 59	ö	0 39 28	− 6
Wjätka	SU	58 36 13	49 41 09	ö	3 18 45	−33
Wjerchojansk	SU	67 33 31	133 51 05	ö	8 55 24	−88
Wladimir	SU	56 07 35	40 24 48	ö	2 41 39	−27

Ort	Land	Breite ° ′ ″	Länge ° ′ ″	ö w	Zeitunter. h m s	SZK
Wladiwostok	SU	43 06 51	131 53 20	ö	8 47 30	−87
Wloklawek = Leslau	PL	52 39 00	19 05 00	ö	1 16 20	−13
Woerden	NL	52 05 11	4 53 09	ö	0 19 33	− 3
Wohlau	D	51 20 15	16 39 02	ö	1 06 36	−11
Wohlenberg	D	52 49 47	11 37 30	ö	0 46 30	− 8
Woldegk	D	53 27 27	13 35 37	ö	0 54 22	− 9
Woldenberg	D	52 58 53	15 45 15	ö	1 03 01	−10
Wolenitz	CS	49 15 00	13 45 00	ö	0 55 00	− 9
Wolfach	D	48 18 56	8 12 49	ö	0 32 51	− 5
Wolfegg	D	47 51 45	9 47 58	ö	0 39 12	− 6
Wolfenbüttel	D	52 09 48	10 32 19	ö	0 42 09	− 7
Wolfersdorf	D	50 47 18	11 41 58	ö	0 46 48	− 8
Wolfpassing	A	48 05 00	15 03 58	ö	1 00 16	−10
Wolfratshausen	D	47 55 00	11 25 00	ö	0 45 40	− 8
Wolfsberg	A	46 50 00	14 50 00	ö	0 59 20	−10
Wolfsburg	D	52 24 32	10 48 00	ö	0 43 12	− 7
Wolfsegg	A	48 05 57	13 40 00	ö	0 54 40	− 9
Wolfsfeld	D	49 55 06	6 27 58	ö	0 25 52	− 4
Wolfshain	D	51 16 06	15 45 42	ö	1 03 03	−10
Wolgast	D	54 03 11	13 45 50	ö	0 55 03	− 9
Wolkenstein	D	50 39 27	13 04 05	ö	0 52 16	− 9
Wollin	D	53 50 41	14 37 15	ö	0 58 29	−10
Wolmirstedt	D	52 15 00	11 37 38	ö	0 46 31	− 8
Wologda	SU	59 13 30	39 59 45	ö	2 39 59	−26
Wolverhampton	GB	52 35 00	2 06 58	w	0 08 28	+ 1
Wolnzach	D	48 36 51	11 37 30	ö	0 46 30	− 8
Wolokolamsk	SU	56 02 22	35 56 57	ö	2 23 48	−24
Wolsk	SU	52 02 30	47 45 19	ö	3 11 01	−31
Woltschansk	SU	50 17 25	36 56 30	ö	2 27 46	−24
Wöra	SF	63 12 55	22 13 58	ö	1 28 56	−15
Worbis	D	51 25 03	10 21 51	ö	0 41 27	− 7
Worcester	GB	52 11 55	2 11 57	w	0 08 48	+ 1
Worksop	GB	53 17 55	1 07 58	w	0 04 32	+ 1
Workum	NL	52 27 39	6 03 48	ö	0 24 15	− 4
Wormditt	D	54 06 59	20 08 06	ö	1 20 32	−13
Wormeldange	L	49 36 45	6 24 45	ö	0 25 39	− 4
Worms	D	49 37 50	8 21 50	ö	0 33 27	− 5
Woronez	SU	51 39 44	39 12 02	ö	2 36 48	−26
Woroschilow	SU	43 46 59	131 55 00	ö	8 47 40	−87
Woroschilowgrad	SU	48 33 55	39 20 00	ö	2 37 20	−26
Woroschilowsk	SU	45 02 55	41 57 58	ö	2 47 52	−28
Wosseletz	CS	49 25 57	13 40 00	ö	0 54 40	− 9
Wriezen	D	52 43 05	14 07 45	ö	0 56 31	− 9

Ort	Land	Breite ° ′ ″	Länge ° ′ ″	ö w	Zeitunter. h m s	SZK
Wrohm	D	54 12 58	9 22 55	ö	0 37 32	− 6
Wulfen	D	54 24 24	11 09 48	ö	0 44 39	− 7
Wünschelburg	D	50 30 00	16 24 45	ö	1 05 39	−11
Wunsiedel	D	50 01 55	12 00 00	ö	0 48 00	− 8
Wunstorf	D	52 25 51	9 25 45	ö	0 37 43	− 6
Wuppertal	D	51 17 00	7 12 00	ö	0 28 48	− 5
Wuppertal-Barmen	D	51 16 21	7 11 55	ö	0 28 48	− 5
Wuppertal-Elberfeld	D	51 15 50	7 08 36	ö	0 28 34	− 5
Wurgwitz	D	51 01 55	13 37 15	ö	0 54 29	− 9
Wurmbrand	A	48 35 57	14 57 58	ö	0 59 52	−10
Wurmlingen	D	48 00 39	8 47 30	ö	0 35 10	− 6
Würselen	D	50 49 30	6 07 58	ö	0 24 32	− 4
Wurzach	D	47 54 45	9 54 13	ö	0 39 37	− 7
Wurzbach	D	50 28 05	11 32 32	ö	0 46 10	− 8
Würzburg	D	49 47 40	9 55 59	ö	0 39 44	− 7
Wurzen	D	51 22 20	12 43 50	ö	0 50 56	− 8
Wusterhausen	D	52 53 56	12 28 40	ö	0 49 55	− 8
Wustermark	D	52 32 36	12 56 58	ö	0 51 48	− 9
Wustrow	D	54 20 47	12 23 57	ö	0 49 36	− 8
Wyganowo	PL	51 43 48	17 16 54	ö	1 09 08	−11
Wyk a. Föhr	D	54 41 30	8 34 30	ö	0 34 18	− 6
Xanten	D	51 39 45	6 27 15	ö	0 25 49	− 4
Yambol	BG	42 29 04	26 30 30	ö	1 46 02	−17
Yamychewskaia	SU	51 52 55	77 21 15	ö	5 09 25	−51
Yarm	GB	54 31 55	1 11 57	w	0 04 48	+ 1
Yarmouth	GB	50 41 57	1 30 00	w	0 06 00	+ 1
Yastelüne	SU	57 43 15	27 13 45	ö	1 48 55	−18
Ybbs	A	48 10 58	15 05 00	ö	1 00 20	−10
Yeovil	GB	50 55 00	0 42 30	w	0 02 50	+ 0
Yerevan	SU	40 10 55	44 30 00	ö	2 58 00	−29
Yeu	F	46 42 24	2 19 33	w	0 09 18	+ 2
Yläma	SF	60 48 55	22 31 57	ö	1 30 08	−15
Yli Tornia	SF	66 21 55	23 56 59	ö	1 35 48	−16
Yoobsu	SU	58 06 10	27 19 30	ö	1 49 18	−18
York	GB	53 56 59	1 04 15	w	0 04 17	+ 1
Yoshkar-Ola	SU	56 40 00	47 55 00	ö	3 11 40	−31
Youghall	IRL	51 57 55	7 50 57	w	0 31 24	+ 5
Yourtchi	SU	38 20 00	67 50 10	ö	4 31 21	−45
Ypern = Ypers	B	50 50 58	2 53 05	ö	0 11 32	− 2

Ort	Land	Breite ° ′ ″	Länge ° ′ ″	ö w	Zeitunter. h m s	SZK
Yssengeaux	F	45 08 37	4 07 28	ö	0 16 30	− 3
Ystad	S	55 25 30	13 48 27	ö	0 55 14	− 9
Yttergrund	SF	61 58 55	21 17 58	ö	1 25 12	−14
Yverdon	CH	46 46 43	6 39 00	ö	0 26 36	− 3
Yvetot	F	49 37 03	0 45 13	ö	0 03 01	− 0
Zaandam	NL	52 26 21	4 49 25	ö	0 19 18	− 3
Zaandvoort	NL	52 22 20	4 31 51	ö	0 18 07	− 3
Zabern	F	48 38 00	7 22 00	ö	0 29 28	− 5
Zablotow	CS	49 52 57	13 12 57	ö	0 52 52	− 9
Zaborze	D	50 17 41	18 49 06	ö	1 15 16	−12
Zachun	D	53 30 00	11 19 49	ö	0 45 19	− 7
Zadowsk	SU	52 23 11	38 55 07	ö	2 35 40	−26
Zagreb	YU	15 59 00	45 50 00	ö	1 25 12	−14
Zahna	D	51 54 45	12 47 54	ö	0 51 12	− 8
Zähringen	D	48 01 18	7 52 51	ö	0 31 31	− 5
Zaisan	SU	47 27 57	84 55 15	ö	5 39 41	−56
Zakopane	PL	49 16 58	19 57 58	ö	1 19 52	−13
Zakynthos	GR	37 46 58	20 53 57	ö	1 23 36	−14
Zalau	R	47 10 55	23 03 58	ö	1 32 16	−15
Zalaegerszeg	H	46 50 55	16 50 59	ö	1 07 24	−11
Zaleszczyki	PL	48 42 56	25 46 05	ö	1 43 04	−17
Zamdorf	D	48 08 15	11 39 12	ö	0 46 37	− 8
Zamora	E	41 30 12	5 45 46	w	0 23 03	+ 4
Zams	A	47 10 00	10 35 57	ö	0 42 24	− 7
Zanow	D	54 14 03	16 17 10	ö	1 05 09	−11
Zantoch	D	52 43 53	15 24 37	ö	1 01 38	−10
Zapfendorf	D	50 01 07	10 56 30	ö	0 43 46	− 7
Zaporozhya	SU	47 47 57	35 10 00	ö	2 20 40	−23
Zappendorf	D	51 30 59	11 48 06	ö	0 47 12	− 8
Zapplin	D	54 02 24	15 10 37	ö	1 00 42	−10
Zara	I	44 07 06	15 14 01	ö	1 00 56	−10
Zaraisk	SU	54 45 31	38 52 41	ö	2 35 31	−26
Zaref	SU	48 39 42	45 22 24	ö	3 01 30	−30
Zaréwokokchajsk	SU	56 38 10	47 54 13	ö	3 11 37	−31
Zarnowitz	PL	54 47 21	18 05 12	ö	1 12 21	−12
Zarskoje-Selo	SU	59 43 03	30 24 11	ö	2 01 37	−20
Zasenbeck	D	52 40 15	10 50 30	ö	0 43 22	− 7
Zatec	CS	50 18 58	13 32 48	ö	0 54 11	− 9
Zauchtel	CS	49 38 57	17 55 58	ö	1 11 44	−12
Zawoja	PL	49 38 57	19 33 57	ö	1 18 16	−13
Zazy	SU	48 11 57	44 40 59	ö	2 58 44	−29

Ort	Land	Breite ° ′ ″	Länge ° ′ ″	ö w	Zeitunter. h m s	SZK
Zechendorf	D	53 53 56	16 30 58	ö	1 06 04	−11
Zedlitz	D	51 14 03	17 09 50	ö	1 08 39	− 8
Zehdenick	D	52 58 45	12 50 30	ö	0 51 22	− 8
Zeimeliai	SU	56 17 47	24 00 00	ö	1 36 00	−16
Zeithain	D	51 20 55	13 20 00	ö	0 53 20	− 9
Zeitz	D	51 03 07	12 08 09	ö	0 48 33	− 8
Zella-Mehlis	D	50 40 00	10 40 30	ö	0 42 42	− 7
Zell am See	A	47 18 59	12 47 58	ö	0 51 12	− 8
Zeltingen	D	49 57 46	7 01 58	ö	0 28 08	− 5
Zembowitz	D	50 46 15	18 19 50	ö	1 13 19	−12
Zemliansk	SU	51 53 57	38 24 07	ö	2 33 36	−25
Zengg	YU	44 59 37	14 53 43	ö	0 59 35	−10
Zerbst	D	51 58 15	12 05 10	ö	0 48 21	− 8
Zereb	SU	57 55 30	22 01 45	ö	1 28 07	−14
Zermatt	CH	46 01 58	7 45 00	ö	0 31 00	− 5
Zeulenroda	D	50 38 56	11 58 59	ö	0 47 56	− 8
Zeutern	D	49 10 14	8 41 58	ö	0 34 48	− 6
Zeuthen	D	52 21 04	13 37 58	ö	0 54 32	− 9
Zeven	D	53 27 27	9 14 44	ö	0 36 59	− 6
Zewen	D	49 43 45	6 35 30	ö	0 26 22	− 4
Zewitz	D	54 26 10	17 44 43	ö	1 10 59	−12
Zgozda	AL	41 15 00	20 22 30	ö	1 21 30	−13
Ziebingen	D	52 11 10	14 47 37	ö	0 59 10	−10
Ziegenberg	D	53 51 04	20 04 55	ö	1 20 20	−13
Ziegenhain	D	50 54 47	9 14 30	ö	0 36 58	− 6
Ziegenhals	D	50 19 30	17 20 51	ö	1 09 23	−11
Ziegenrück	D	50 36 42	11 38 39	ö	0 46 35	− 8
Zielenzig	D	52 26 40	15 06 58	ö	1 00 28	−10
Zienau	D	52 30 36	11 25 42	ö	0 45 43	− 8
Zienkow	SU	50 12 22	34 21 41	ö	2 17 27	−23
Zierikzee	NL	51 39 02	3 54 50	ö	0 15 39	− 3
Ziesar	D	52 15 55	12 17 22	ö	0 49 09	− 8
Zilina	CS	49 12 57	18 45 00	ö	1 15 00	−12
Zillendorf	D	49 21 15	12 40 00	ö	0 50 40	− 8
Zillerthal	D	50 50 00	15 46 58	ö	1 03 08	−10
Zillisheim	D	47 41 40	7 17 40	ö	0 29 11	− 5
Zilupe	SU	56 23 20	28 07 15	ö	1 52 29	−18
Zimony	YU	44 50 02	20 25 44	ö	1 21 43	−13
Zinnowitz	D	54 05 00	13 55 00	ö	0 55 40	− 9
Zinten	D	54 27 24	20 17 12	ö	1 21 09	−13
Zittau	D	50 53 50	14 48 30	ö	0 59 14	−10
Zivilsk	SU	55 52 10	47 28 28	ö	3 09 54	−31
Zizow	D	54 26 06	16 27 36	ö	1 05 50	−11

Ort	Land	Breite ° ′ ″	Länge ° ′ ″	ö w	Zeitunter. h m s	SZK
Zmerinka	SU	49 01 58	28 07 59	ö	1 52 32	−18
Zmief	SU	49 40 50	36 21 21	ö	2 25 25	−24
Znaim = Znojmo	CS	48 51 24	16 03 09	ö	1 04 13	−11
Zobten	D	50 53 57	16 44 30	ö	1 06 58	−11
Zofingen	CH	47 16 58	7 56 58	ö	0 31 48	− 5
Zola Predosa	I	44 26 57	11 11 48	ö	0 44 47	− 7
Zölling	D	51 43 42	15 37 54	ö	1 02 32	−10
Zoppot	D	54 25 30	18 33 45	ö	1 14 15	−12
Zörbig	D	51 37 11	12 07 15	ö	0 48 29	− 8
Zorge	D	51 38 08	10 37 45	ö	0 42 31	− 7
Zschackau	D	51 33 58	13 03 53	ö	0 52 16	− 9
Zschertnitz	D	51 03 12	13 43 59	ö	0 54 56	− 9
Zschooau	D	50 45 30	13 03 49	ö	0 52 15	− 9
Zuffenhausen	D	48 50 06	9 11 08	ö	0 36 45	− 6
Zug	CH	47 10 00	8 30 59	ö	0 34 04	− 6
Zühlsdorf	D	53 09 54	15 35 12	ö	1 02 21	−10
Züllchow	D	53 28 04	14 34 38	ö	0 58 19	−10
Züllichau	D	52 05 11	15 37 40	ö	1 02 31	−10
Zülpich	D	50 41 58	6 37 53	ö	0 26 32	− 4
Zürich	CH	47 22 38	8 32 59	ö	0 34 12	− 6
Zutphen	NL	52 08 24	6 11 52	ö	0 24 47	− 4
Zvolen	CS	48 35 00	19 06 58	ö	1 16 28	−13
Zweibrücken	D	49 14 48	7 21 50	ö	0 29 27	− 5
Zwenkau	D	51 13 34	12 19 39	ö	0 49 19	− 8
Zwettl	A	48 35 57	15 12 57	ö	1 00 52	−10
Zwickau	D	50 42 58	12 30 30	ö	0 50 02	− 8
Zwiesel	D	49 00 57	13 13 46	ö	0 52 55	− 9
Zwinge	D	51 33 30	10 22 45	ö	0 41 31	− 7
Zwischenalm	D	53 11 30	8 00 15	ö	0 32 01	− 5
Zwönitz	D	50 37 50	12 48 49	ö	0 51 15	− 8
Zwötzen	D	50 50 45	12 05 05	ö	0 48 20	− 8
Zwolle	NL	52 30 46	6 05 32	ö	0 24 22	− 4
Zymlianskaja	SU	47 30 30	42 14 11	ö	2 48 57	−28

Deutsche Sommerzeiten

Sommerzeit in Deutschland 1916

Reichsgesetzblatt Nr. 67/1916: »... der 1. Mai 1916 beginnt am 30. 4. 1916 nachmittags 11 Uhr (also 23 Uhr) nach der gegenwärtigen Zeitrechnung. Der 30. September 1916 endet eine Stunde nach Mitternacht, im Sinne dieser Verordnung.«
Berlin, 6. 4. 1916, gez. Dr. Helfferich

Sommerzeit in Deutschland 1917

Reichsgesetzblatt Nr. 30/1917: »§ 2. Die Sommerzeit beginnt am 16. April 1917 vormittags 2 Uhr nach der gegenwärtigen Zeitrechnung und endet am 17. September 1917 vormittags 3 Uhr im Sinne dieser Verordnung. Die öffentlich angebrachten Uhren sind am 16. April 1917, vormittags um 2 Uhr, im Sinne dieser Verordnung auf 3 Uhr vorzustellen; am 17. September 1917, vormittags um 3 Uhr, im Sinne dieser Verordnung auf 2 Uhr zurückzustellen.
Von der am 17. September 1917 doppelt erscheinenden Stunde von 2 bis 3 Uhr wird die erste Stunde als 2 A, 2 A 1 Minute usw. bis 2 A 59 Minuten, die zweite als 2 B, 2 B 1 Minute usw. bis 2 B 59 Minuten bezeichnet.«
Berlin, 16. 1. 1917, gez. Dr. Helfferich

Sommerzeit in Deutschland 1918

Reichsgesetzblatt Nr. 33/1918: »§ 2. Die Sommerzeit beginnt am 15. April 1918 vormittags 2 Uhr nach der gegenwärtigen Zeitrechnung und endet am 16. September 1918 vormittags um 3 Uhr im Sinne dieser Verordnung. Die öffentlich angebrachten Uhren sind am 15. April 1918, vormittags 2 Uhr, auf 3 Uhr vorzustellen; am 16. September 1918, vormittags 3 Uhr, im Sinne dieser Verordnung auf 2 Uhr zurückzustellen.
§ 3. Von der am 16. September 1918 doppelt erscheinenden Stunde von 2 bis 3 Uhr vormittags wird die erste Stunde als 2 A, 2 A 1 Minute usw. bis 2 A 59 Minuten, die zweite als 2 B, 2 B 1 Minute usw. bis 2 B 59 Minuten bezeichnet.«

Sommerzeit in Deutschland 1940/41

Reichsgesetzblatt I/1940, S. 232. Berlin, 23. Januar 1940. Inhalt: Allgemein gehaltene Sommer-Zeit-Einführung ohne Daten.
Reichsgesetzblatt I/1940, S. 298. Inhalt: Gültig für »... einschließlich deutsche Ostgebiete«.
Reichsgesetzblatt I/1940, Nr. 20/1940. Berlin, 30. 1. 1940. »§ 2: Die Zeitrechnung gemäß § 1 beginnt am 1. April 1940 vormittags 2 Uhr nach der gegenwärtigen Zeitrechnung. Zu diesem Zeitpunkt werden die öffentlichen Uhren um 1 Stunde, das heißt von 2 Uhr auf 3 Uhr, vorgestellt.«
Reichsgesetzblatt I/1940, S. 1322. Nr. 175. Berlin, 2. 10. 1940. Inhalt: Die deutsche Sommerzeit bleibt bestehen.«

Sommerzeit in Deutschland 1942

Reichsgesetzblatt I/Nr. 105/1942. Berlin, 16. 10. 1942. »§ 1: Die durch Verordnung über die Einführung der Sommerzeit vom 23. Januar 1940, Reichsgesetzblatt I/S. 232 bestimmte Zeitrechnung endet am 2. November 1942 vormittags um 3 Uhr. Zu diesem Zeitpunkt werden die öffentlichen Uhren um eine Stunde, das heißt von 3 Uhr auf 2 Uhr zurückgestellt.
Von der am 2. November 1942 doppelt erscheinenden Stunde von 2 bis 3 Uhr vormittags wird die erste Stunde als 2 A, 2 A 1 Minute bis 2 A 59 Minuten, die zweite als 2 B, 2 B 1 Minute usw. bis 2 B 59 Minuten bezeichnet.«

Sommerzeit in Deutschland 1943

»§ 2: Am 29. März 1943, vormittags 2 Uhr, beginnt wieder die Zeitrechnung gemäß § 1 der Verordnung über die Einführung der Sommerzeit vom 23. Januar 1940 (RGB 1, I, S. 232). Zu diesem Zeitpunkt werden die öffentlichen Uhren um eine Stunde, das heißt von 2 Uhr auf 3 Uhr, vorgestellt.
§ 3: Diese Verordnung gilt auch in den eingegliederten Ostgebieten, Böhmen und Mähren und Generalgouvernement Warschau.«
Reichsgesetzblatt, Teil I/1943, Nr. 86/1943, Berlin, 20. 9. 1943.: »Der Ministerrat für die Reichsverteidigung verordnet: ... Sommerzeit endet am 4. Oktober 1943, vormittags 3 Uhr. Zu diesem Zeitpunkt werden die öffentlichen Uhren um eine Stunde, das heißt von 3 Uhr auf 2 Uhr, zurückgestellt.

Von der am 4. Oktober 1943 doppelt erscheinenden Stunde von 2 bis 3 Uhr vormittags wird die erste Stunde als 2 A, 2 A 1 Minute usw. bis 2A 59 Minuten, die zweite als 2B, 2B 1 Minute usw. bis 2B 59 Minuten bezeichnet.«

Sommerzeit in Deutschland 1944

»§ 2: Am 3. April 1944, vormittags 2 Uhr, beginnt wieder die Zeitrechnung gemäß der Verordnung über die Einführung der Sommerzeit vom 23. Januar 1940 (RGB 1, I, S. 232). Zu diesem Zeitpunkt werden die öffentlichen Uhren um eine Stunde, das heißt von 2 Uhr auf 3 Uhr, vorgestellt.
§ 3: Diese Verordnung gilt auch für die Ostgebiete, Böhmen und Mähren Generalgouvernement Warschau und Krakau.
Reichsgesetzblatt Nr. 42/1944. S. 198. Berlin, 4. 9. 1944.: »Der Ministerrat für die Reichsverteidigung verordnet: Die Sommerzeit endet am 2. Oktober 1944 vormittags um 3 Uhr. Zu diesem Zeitpunkt werden die öffentlichen Uhren um eine Stunde, das heißt von 3 Uhr auf 2 Uhr, zurückgestellt.
Von der am 2. Oktober 1944 doppelt erscheinenden Stunde von 2 bis 3 Uhr vormittags wird die erste Stunde als 2 A, 2 A 1 Minute usw. bis 2A 59 Minuten, die zweite als 2B, 2B 1 Minute usw. bis 2B 59 Minuten bezeichnet.«

Sommerzeit in Deutschland 1945

»§ 2: Am 2. April 1945, vormittags 2 Uhr, beginnt wieder die Zeitrechnung gemäß Sommerzeit-Verordnung vom 23. Januar 1940 (RGB 1, I, S. 232). Zu diesem Zeitpunkt werden die öffentlichen Uhren um eine Stunde, das heißt von 2 auf 3 Uhr, vorgestellt.
§ 3: Diese Verordnung gilt auch in den eingegliederten Ostgebieten, im Protektorat Böhmen und Mähren und im Generalgouvernement Warschau und Krakau.
Bis zur Herausgabe besonderer Anweisungen ist in der Stadt Berlin nach Moskauer Zeit zu arbeiten (Arbeitszeit in Geschäften, Betrieben, Theatern usw.). In den Westzonen endete die Sommerzeit am 16. 9. 1945 2 Uhr DSZ = 1 h MEZ.
Für die Ostzone wird ab 2 Uhr am 18. 11. 1945 die Zeit A, d. h. MEZ, wieder eingeführt. (Direktive Nr. 15 vom 26. 10. 1945.)«

Sommerzeit in Deutschland 1946

In der 47.Sitzung des Kontrollrates wird bestimmt: »Am 14. April 1946 wird die deutsche Sommerzeit um 2 Uhr MEZ = 3 Uhr DSZ (Deutsche Sommerzeit) eingeführt. Am 7. Okto-ber 1946 um 3 Uhr DSZ werden die Uhren wieder um eine Stunde zurückgestellt auf 2 Uhr MEZ. Diese Zeitänderungen sind in ganz Deutschland gültig gewesen.«

Sommerzeit in Deutschland 1947

In der 113. Sitzung des Alliierten Kontrollrates wird bestimmt:
»Am 6. April 1947 um 3 Uhr MEZ müssen die Uhren um eine Stunde vorgestellt werden.
123. Sitzung des Kontrollrates:
Am 11. 5. 1947 um 3 Uhr DSZ werden die Uhren um eine weitere Stunde vorgestellt (doppelte Sommerzeit).«
Am 29. Juni 1947 um 3 Uhr doppelte Sommerzeit wird die Uhr wieder um eine Stunde zurückgestellt. (Es gilt also wieder die einfache Sommerzeit).«
135. Sitzung des Kontrollrates:
»Am 5. Oktober 1947 morgens 3 Uhr Sommerzeit werden die Uhren um eine weitere Stunde auf 2 Uhr MEZ zurückgestellt.«

Sommerzeit in Deutschland 1948

Auf der 140. Sitzung des Kontrollrates wird bestimmt:
»Am 18. April 1948 um 2 Uhr MEZ werden die Uhren um eine Stunde vorgestellt auf 3 Uhr DSZ.
Am 3. Oktober 1948 um 3 Uhr DSZ werden die Uhren wieder um eine Stunde zurückgestellt auf 2 Uhr MEZ.«

Sommerzeit in Deutschland 1949

»Am 10. April 1949 werden die Uhren um 2 Uhr MEZ um eine Stunde vorgestellt auf 3 Uhr DSZ.
Am 2. Oktober 1949 werden die Uhren um 3 Uhr DSZ um eine Stunde zurückgestellt auf 2 Uhr MEZ.«

Das Saargebiet hatte unter Völkerverbundstatut vom 10. 1. 1920 bis 28. 2. 1935 WEZ, dann seit 1. 3. 1935 MEZ und DSZ wie in Deutschland, jedoch 1948 und 1949 keine Sommerzeit.

Die Sommerzeiten galten in den Jahren 1940 bis 1944 auch für die Republik Österreich.

Erläuterungen

MEZ = Mitteleuropäische Zeit

DSZ = Deutsche Sommerzeit; sie geht der MEZ um eine Stunde voraus.

DDSZ = Doppelte Sommerzeit; sie geht der MEZ um 2 Stunden voraus. Sie ist gleich der OEZ = Moskauer Zeit.

Übersicht über die Sommerzeiten in Deutschland
zusammengestellt nach den vorausgegangenen Verordnungen

Beginn der DSZ			Ende der DSZ	
1916	30. 4. 1916,	23 h MEZ	1. 10. 1916,	1 h DSZ
1917	16. 4. 1917,	2 h MEZ	17. 9. 1917,	3 h DSZ
1918	15. 4. 1918,	2 h MEZ	16. 9. 1918,	3 h DSZ
1940	1. 4. 1940,	2 h MEZ	durchgehend	
1941	durchgehend			
1942	durchgehend		2. 11. 1942,	3 h DSZ
1943	29. 3. 1943,	2 h MEZ	4. 10. 1943,	3 h DSZ
1944	3. 4. 1944,	2 h MEZ	2. 10. 1944,	3 h DSZ*
1945	2. 4. 1945,	2 h MEZ	16. 9. 1945,	2 h DSZ
1945	Berlin und sowjetisch besetzte Zone:			
1945	24. 5. 1945,	2 h (?) MEZ	24. 9. 1945,	3 h (?) DDSZ

Doppelte Sommerzeit = Moskauer Zeit = OEZ
(Diese Anordnung wurde in vielen Orten nicht befolgt.
Einzelangaben darüber fehlen.)

	24. 9. 1945,	? h DDSZ	18. 11. 1945,	? h DSZ
	Hier galt nur einfache Sommerzeit			
1946	14. 4. 1946,	2 h MEZ	7. 10. 1946,	3 h DSZ
1947	6. 4. 1947,	3 h MEZ	umgestellt auf DSZ	
1947	11. 5. 1947,	3 h DSZ	umgestellt auf DDSZ	
1947	29. 6. 1947,	3 h DDSZ	umgestellt auf DSZ	
1947	umgestellt auf MEZ ab		5. 10. 1947,	3 h DSZ
1948	18. 4. 1948,	2 h MEZ	3. 10. 1948,	3 h DSZ
1949	10. 4. 1949,	2 h MEZ	2. 10. 1949,	3 h DSZ
	Ostzone ab	3 h MEZ		

* In einer Übersicht über die Sommerzeiten gibt die Universitäts-Sternwarte München für das Ende der Sommerzeit den 3. 10. 1944 um 3 h an. Die weiteren Angaben stimmen überein.